◆坝道工程医院

基础设施病害诊治
典型案例集

主　编　王复明

副主编　陈湘生　刘汉龙

重庆大学出版社

内容提要

为在"大土木"工程专业教学中实现全员育人、全程育人、全方位育人，达到水土交融、场网共享的目标，编委会编制了本书。本书梳理和总结了我国基础设施建设领域病害诊治18个典型案例技术。本书以国家科学技术进步奖等高水平学术成果为背景撰写工程案例，帮助学生学习到先进、前沿的学术成果；案例撰写简明易懂，便于学生着重了解案例的背景、原理、技术特点、应用效果等；案例撰写图文并茂，并提供关键技术的相关视频，便于学生更好地掌握案例的实施过程；书中还提供了专家简介和联系方式，学生在工程实践中若遇到相关问题可精准找到对应的专家，更加深入地了解解决方案。

本书可作为从事基础设施设计、施工、管理等专业教学的案例使用，也可作为行业工作人员培训或者自学参考用书。

图书在版编目（CIP）数据

基础设施病害诊治典型案例集.第一辑／王复明主编. -- 重庆：重庆大学出版社，2025.1

ISBN 978-7-5689-3875-4

Ⅰ.①基… Ⅱ.①王… Ⅲ.①基础设施—维修—案例

Ⅳ.①TU99

中国国家版本馆CIP数据核字（2023）第096314号

基础设施病害诊治典型案例集（第一辑）
JICHU SHESHI BINGHAI ZHENZHI DIANXING ANLIJI（DIYIJI）

主编：王复明

策划编辑：林青山

责任编辑：夏 雪　　版式设计：叶抒扬

责任校对：王 倩　　责任印制：赵 晟

*

重庆大学出版社出版发行

出版人：陈晓阳

社址：重庆市沙坪坝区大学城西路21号

邮编：401331

电话：（023）88617190　　88617185（中小学）

传真：（023）88617186　　88617166

网址：http://www.cqup.com.cn

邮箱：fxk@cqup.com.cn（营销中心）

全国新华书店经销

重庆永驰印务有限公司印刷

*

开本：787mm×1092mm　1/16　印张：16　字数：322千

2025年1月第1版　　2025年1月第1次印刷

ISBN 978-7-5689-3875-4　　定价：99.00元

本书编委会
BENSHU BIANWEIHUI

主　编：王复明

副主编：陈湘生　刘汉龙

编　委：杜彦良　谢先启　李术才　刘加平　唐洪武　许唯临

　　　　何　川　谭忆秋　周建庭　吴　波　王杜娟　罗兴锜

　　　　张春生　贾金生　汪双杰　贾连辉

近年来，我国基础设施建设得到快速发展，已建成许多举世瞩目的重大工程，形成了许多极具特色的工程案例。实践教学是产学研协同育人的重要环节，土木工程是一门实践性很强的学科，理论知识需要在工程实践中得到具体运用。早在战国时期，《荀子·儒效》就提出"见之不若知之，知之不若行之。学至于行之而止矣"的观点。2018年5月2日，习近平总书记在北京大学师生座谈会上的讲话中提到"学到的东西，不能停留在书本上，不能只装在脑袋里，而应该落实到行动上，做到知行合一、以知促行、以行求知"。案例教学法是将教学内容中的某些情景进行具体的描述，从而引发学生对于此项情景的探讨，进而深入了解教学内容。20世纪初期，美国哈佛大学商学院开始倡导案例教学法，通过提供逼真的模拟教学场景，让学生设身处地去体验别人的经历并学习。

为贯彻落实《国务院办公厅关于深化高等学校创新创业教育改革的实施意见》（国办发〔2015〕36号）和《国务院办公厅关于深化产教融合的若干意见》（国办发〔2017〕95号）精神，深化产教融合、校企合作，教育部高等教育司组织有关企业支持高校共同开展产学合作协同育人项目。《教育部关于加强专业学位研究生案例教学和联合培养基地建设的意见》（教研〔2015〕1号）要求：重视案例编写，提高案例质量；积极开展案例教学，创新教学模式；加强师资培训与交流，开展案例教学研究；完善评价标准，建立激励机制；整合案例资源，探索案例库共享机制；加强开放合作，促进案例教学国际化。

为在"大土木"工程专业教学中实现全员育人、全程育人、全方位育人，达到水土交融、场网共享的目标，本书编委会编制了《基础设施病害诊治典型案例集（第一辑）》。该案例集以国家科学技术进步奖等高水平学术成果为背景撰写工程案例，帮助学生学习先进、前沿的学术成果；案例撰写简明易懂，便于学生着重了解案例的背景、原理、技术特点、应用效果等；案例撰写图文并茂，并提供关键技术的相关视频，便于学生更好地掌握案例的实施过程；书中还提供了专家简介和联系方式，学生在工程实践中若遇到相关问题可精准找到对应的专家，更加深入地了解解决方案。

本书首次对我国基础设施建设领域病害诊治典型案例进行了梳理和总结，后续将会陆续出版最新的工程案例集。由于时间紧迫，书中疏漏之处在所难免，恳请读者批评指正。

编　者

2023 年 5 月

目 录
MULU

典型案例技术一：深埋复杂地质隧道 TBM 施工技术

> **技术名称**：深埋复杂地质隧道 TBM 施工技术
>
> **完成单位**：石家庄铁道大学
>
> **技术负责人**：杜彦良
>
> **联系人**：杜立杰
>
> **联系电话**：15030138731
>
> **邮箱**：1302354757@qq.com
>
> **通信地址**：河北省石家庄市北二环东路 17 号

1. 专家简况

专家姓名	杜彦良	专业或专长	轨道交通智能监测与安全控制

  杜彦良，中国工程院院士，第十三届全国人大代表，大型工程结构状态监测与安全控制专家。1993 年毕业于北京航空航天大学，获博士学位。曾任石家庄铁道大学党委常委、副校长，现任石家庄铁道大学学术委员会主任、河北省大型结构健康诊断与控制重点实验室主任。

  长期从事轨道交通领域智能监测与安全控制研究，率先将智能结构理论与方法融入铁道工程安全保障技术领域，提出了"监测—评估—预警—修复"一体化的状态监测与安全运维技术体系，围绕国家高速铁路、重载铁路、高原高寒铁路、既有线提速铁路、城市智慧交通等重大工程建设，开展了大型铁路桥梁、多年冻土路基、长大隧道及 TBM 施工装备状态监测、健康诊断与快速康复的理论研究、技术创新和应用推广，取得了多项创新成果。

  自 1998 年组建大型结构健康诊断与控制研究所以来，带领团队结合重大工程，推动自主创新，先后获国家科技进步奖特等奖 2 项、一等奖 1 项、二等奖 3 项，省部级科技进步奖一等奖 10 项；获国家教学成果奖一等奖 1 项、二等奖 2 项；授权发明专利 20 余项；出版专著/教材 20 余部；荣获河北省"巨人计划"创新团队称号。本人获国家杰出专业技术人才、国家教学名师、何梁何利科学技术奖和河北省突出贡献奖、河北省"巨人计划"领军人才等多项荣誉称号。

2. 技术简介

技术名称：深埋复杂地质隧道 TBM 施工技术

2.1 研发背景

超长深埋隧道是完善交通、提升效能、跨域调水、保护生态等重大基础设施的关键性工程，我国交通、水利、能源、国防等领域复杂地质超长深埋隧道工程数量迅速增长，超长深埋隧道修建风险大、建设周期长，钻爆法难以适应这一挑战，TBM（Tunnel Boring Machine）法具有安全、高效、环保等优点，逐步成为长大隧道修建的优选方法。然而，我国 TBM 装备和施工技术长期依赖国外，1995 年开始尝试 TBM 自主施工，2005 年基本掌握了一般地质下的 TBM 施工技术，但 2015 年之前 TBM 装备仍完全依赖进口，直到2015 年才实现 TBM 国产化，并在短时间内迅速实现了 TBM 装备的产业化。同时，近年来诸如新疆 EH 工程、陕西引汉济渭工程、大瑞铁路高黎贡山隧道、川藏铁路等超长深埋隧道面临软弱破碎、高地应力、高压富水等极端复杂地质的严峻挑战，常规 TBM 施工时变形、坍塌、岩爆、突涌等地质灾害频发，时常导致 TBM 装备被卡、被困，甚至威胁设备及人员的安全，亟待从 TBM 装备与施工技术上突破"信息感知难、装备适应难、施工控制难"三大世界难题，不断提升 TBM 装备适应性与施工技术水平。

图 1.1 特殊高海拔环境川藏铁路深埋复杂地质长大隧道工程

图 1.2 高海拔川藏铁路工程规划设计、TBM 施工适应性现场踏勘

图 1.3　复杂地质高海拔环境川藏铁路工程建造方案讨论

图 1.4　高海拔川藏铁路深埋复杂地质隧道 TBM 选型设计方案研讨

图 1.5　成功研发特殊地理环境下深埋复杂地质大直径双型支护 TBM

图 1.6　TBM 洞内掘进施工

图 1.7　超长深埋输水隧洞工程（85 km）TBM 施工现场科技攻关

2.2　技术原理与解决的工程难题

　　本项目针对上述工程技术难题，联合设计、装备、施工、高校及科研院所等单位组成创新团队，自 1995 年以来，依托西康铁路秦岭隧道、大伙房水库输水工程、辽西北供水工程、新疆 EH 工程、引松供水工程、引汉济渭工程、兰渝铁路、大瑞铁路、川藏铁路等多项重大隧道工程，历经 20 多年联合攻关，首创 TBM 隧道全时域"地质—装备—结构"感知技术，创建 TBM 自主设计理论与装备制造关键技术，构建复杂地质超长深埋隧道 TBM 全域施工技术体系，打破了国外技术垄断，形成了复杂地质超长深埋隧道 TBM 全域施工的"可知、可掘、可控"自主核心技术，实现了我国 TBM 重大工程装备与建造技术从"跟跑、并跑到领跑"的跨越，推动了我国隧道工程行业的科技进步。

图 1.8　断层破碎带塌方大块落石砸中 TBM 主梁

图 1.9　TBM 穿越断层破碎带的"储存夹层护盾 + 拱架钢筋排"连续封闭支护技术

本项目针对软弱破碎地层导致 TBM 装备被卡、被困的技术问题，揭示了 TBM 隧道围岩"变形、塌方、突涌"演化规律；提出了"超前预报、识别预警、超前处理、支护优化、分型分级"的 TBM 穿越软弱破碎围岩施工防控准则；基于"大尺度扩挖技术、拱架钢筋排封闭支护技术、前置自动应急喷混技术、嵌藏式优化超前处理技术"，构建了 TBM 安全高效穿越软弱破碎围岩的施工技术体系，破解了复杂地层隧道 TBM 施工速度慢、频繁被卡、被困的世界难题，颠覆了 V 级破碎围岩达 39.3% 的复杂频繁多变地层隧道不能采用 TBM 全域施工的行业认知。

针对岩爆地层 TBM 施工受阻、设备被毁、人员伤亡的世界难题，本项目通过数千次岩爆事件统计分析，揭示了 TBM 法隧道岩爆时空特征规律。根据 TBM 结构工法特点与岩爆时空规律，提出了"掘速、时空、风险、分级"四要素 TBM 施工岩爆防控准则。基于抗冲击夹层护盾设计、岩爆冲击转化原理、钢筋排连续封闭支护技术、微震监测分级预警方法，构建了"装备—掘进—支护"协同控制岩爆的 TBM 施工技术体系，系统性解决了 TBM 穿越岩爆地段的施工技术难题，突破了以往 TBM 遭遇强烈及以上等级岩爆无法穿越的技术瓶颈。

图 1.10　TBM 施工中岩爆发生，危及作业人员和设备安全

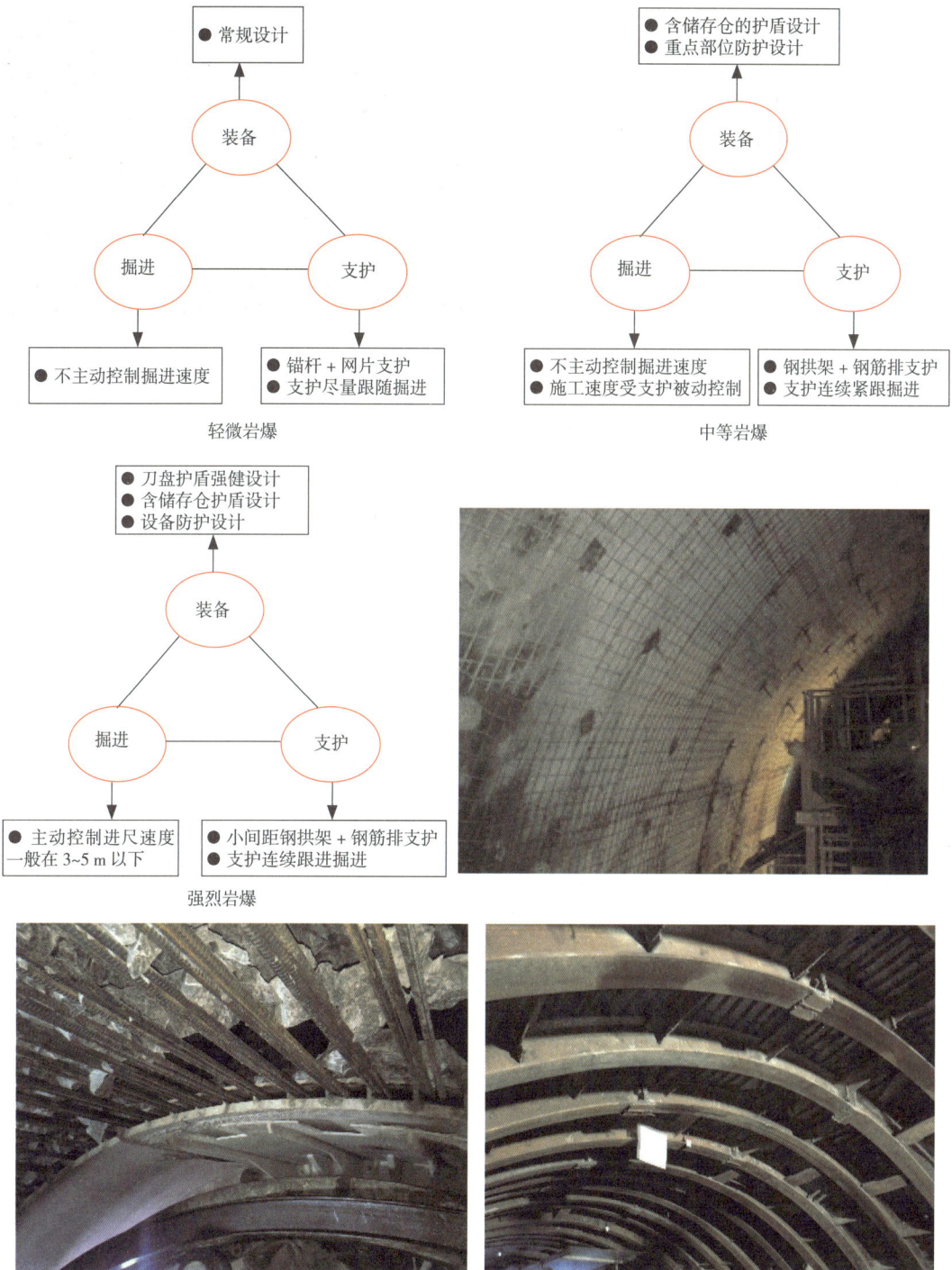

图 1.11　TBM 穿越岩爆洞段的"装备—掘进—支护"协调分级防控技术方案

2.3　技术经济指标

本项目针对TBM在复杂地质隧道施工中经常出现被卡、被困、被毁的世界难题，开发了软弱破碎地层防控"变、塌、涌"的TBM施工系列技术；发明了高地应力岩爆地层"装备—掘进—支护"协同控制的TBM施工方法；建立了TBM隧道多源异构数据协同融合互馈的施工智能决策系统；实现了复杂地质超长深埋隧道TBM全域施工的"可控"。TBM穿越了断层破碎带、涌

图1.12　TBM成功贯通130 km隧道工程，维护我国水利资源战略需求

水涌泥洞段占比高达60%的长距离软弱围岩隧道。在引汉济渭工程中，TBM成功穿越16 km岩爆洞段，未出现伤亡事故，解决了强岩爆地层TBM难以穿越的世界性难题。开发研制了集成多项新技术的"彩云号TBM"，以及川藏铁路"双型支护TBM"，TBM设备完好率达到90%以上的国际先进水平，TBM设备利用率相比过去提高了15%，创造了TBM施工月进尺1 868 m的掘进纪录。复杂地质TBM施工技术的应用，解决了铁路、公路、水利、水电等超长隧洞施工技术难题，使得过去特殊地理环境下难以实施的超长深埋复杂地质隧道工程的建设成为可能，工程建造技术正朝着安全、高效、智能、环保的方向发展，促进了我国水利、水电、铁路、公路等重大工程建设的科技进步，取得了显著的经济和社会效益。

2.4　推广应用情况

团队技术成果在大伙房水库输水、辽西北供水、引汉济渭、引洮供水、新疆EH、新疆ABH、广州北江引水、大瑞铁路高黎贡山、川藏铁路等国内外30余项重大隧道工程得到应用，累计掘进里程超过1 000 km，未发生重大安全事故，自主设计制造了TBM装备75台套，其中有10多台套出口到欧洲、亚洲、大洋洲。大瑞铁路高黎贡山隧道TBM连续穿越软弱破碎地层8 km，超前处理效率提高32%、及时支护效率提高67%，TBM直接穿越了原设计采用钻爆法施工的广陵坡、老董坡大断层，穿越工期由8.6个月缩短为1.5个月，节约工期83%；引汉济渭工程TBM连续安全穿越16 km岩爆洞段，其中强岩爆段超过5 km，创造了世界纪录；新疆EH工程TBM设备利用率达到了65%，引洮供水工程TBM创造了1 868 m/月的掘进纪录。该项目成果引领了我国TBM装备与施工技术的自立自强跨越发展，实现了习近平总书记在视察项目团队企业时所提出的"三个转变"重要指示，取

得了显著的经济效益和社会效益。同时，我国 TBM 装备已开始出口国际市场，并承包大量国际 TBM 施工工程，如东南亚、澳大利亚、欧洲、美洲等地区的工程项目。从国外承包商带着国外装备来中国承包工程的历史，逐渐变成了中国 TBM 装备与施工技术出口国外，我国成为国际 TBM 装备与施工技术的引领者。

图 1.13　欧洲发达国家首次购买我国研发的最小直径 TBM，用于大贝鲁特供水工程

图 1.14　TBM 成功穿越 16 km 岩爆洞段施工防控技术实施效果　图 1.15　TBM 穿越 8 km 长距离软弱破碎、突水涌泥洞段施工效果

2.5　科技成果成效

经评定，本项目成果整体达到国际领先水平，获得授权发明专利 72 件、软件著作权 17 件，编制国家标准 3 部、铁路行业标准 1 部、省级工法 5 部，出版专著 9 部、发表论文百余篇。2003 年秦岭特长铁路隧道修建技术获国家科技进步奖一等奖；2005 年，长大隧道全断面岩石隧道掘进机掘进技术与应用，获国家科技进步奖二等奖；2002 年，秦岭隧道全断面岩石掘进机掘进技术研究，获河北省科技进步奖一等奖；2014 年，复杂地质小直径开敞式 TBM 设计施工关键技术，获河北省科技进步奖三等奖；2019 年，深部复杂地层 TBM 安全高效掘进控制关键技术及应用，获湖北省科技进步奖特等奖；2020 年，极端复杂地质 TBM 法深埋长大隧道施工关键技术及应用，获河南省科技进步奖一等奖；2020 年，极端复杂地质隧道新型 TBM 研制及工程关键技术应用，获中国施工企业管理协会工程建

设科学技术进步奖一等奖；2020年，敞开式TBM安全高效施工关键技术研究及应用，获中国水力发电学会水力发电科学技术奖一等奖。

图1.16　TBM领域科研项目获国家科技进步奖一等奖

图1.17　TBM领域科研成果获国家科技进步奖二等奖

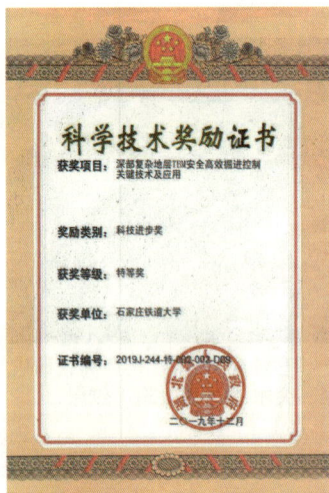

图1.18　TBM领域科研成果获湖北省科技进步奖特等奖

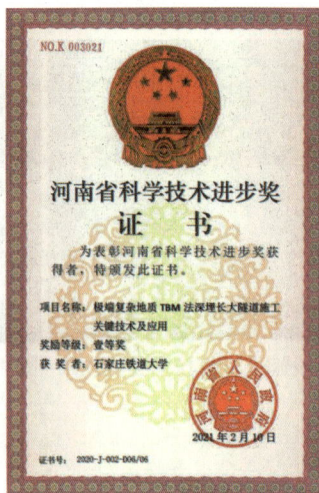

图1.19　TBM领域科研成果获河南省科技进步奖一等奖

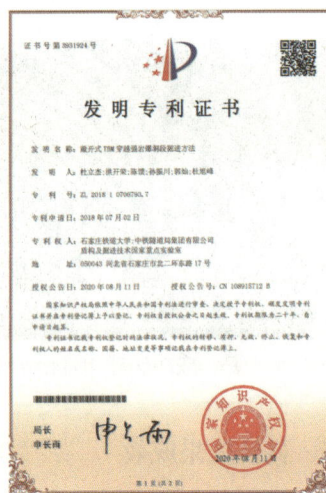

图1.20　TBM施工岩爆防控技术发明专利证书

2.6　人才培养成效

依托TBM重大工程和科研项目，通过本技术为本科生和研究生开设了TBM设计与施工、TBM掘进科学技术前沿等课程，累计培养本科毕业生2 000多人，培养研究生100多人。其中，多人成为国家重大工程的主要建设者，TBM装备国产化、产业化的主要参与者，一部分成为TBM领域知名专家，例如研究生毕业的贾连辉成为中铁工业装备集团总工程师、教授级高工，被授予国家"万人计划"科技创新领军人才和河南省优秀专家称号，获得国家科技进步奖、詹天佑铁道科学技术奖、茅以升科学技术铁道工程师奖；本科和研究生均毕业于石家庄铁道大学的王杜娟，成为盾构领域知名专家、全国人大代表；该团队培养的研究生齐志冲，是世界首台水压－滚刀耦合破岩 TBM、最长隧洞 EH 工程 TBM、竖井 TBM 的主要研发设计者之一；本科毕业于石家庄铁道大学的王雁军，已是国内知名 TBM 专家，曾任中铁十八局集团有限公司副总工程师，现任中国铁建股份有限公司川藏铁路指挥部总机械师；本科和研究生均毕业于石家庄铁道大学的齐梦学，是全国作出突出贡献的工程硕士学位获得者，天津市五一劳动奖章获得者，现任中铁十八局集团隧道工程有限公司副总经理、正高级工程师，参加过 21 项 TBM 法隧道工程建设，是国内知名的 TBM 专家。

通过本技术的产学研结合，为我国培养的 TBM 施工队伍有 10 余家集团公司，改变了由国外承包商带着国外 TBM 装备来我国承包工程的局面，累计为我国企业培养工程设计、装备、施工等各类人才 3 000 多人，他们成为企业总经理、总工程师、项目经理、项目总工，以及现场一线工程师、技术人员和关键岗位技师。这些骨干带动新人成长，可以辐射到数万人从事 TBM 法隧道工程建设，目前培养的 TBM 装备企业和施工企业人才已能够满足国内外 TBM 工程市场需求。

3. 案例介绍

案例 1　大瑞铁路高黎贡山隧道工程应用案例

（1）工程简介

新建大理至瑞丽铁路（简称大瑞铁路）位于云南省西部地区，线路全长约 330 km，设计时速 140 km。大瑞铁路的建成对于带动沿线民族地区经济社会发展，助力乡村振兴和民族团结进步，服务"一带一路"建设具有重要意义。制约大瑞铁路贯通的关键性工程——高黎贡山隧道，位于云南省保山地区，全长 34.5 km，是国内在建第一特长单线铁路隧道、世界第七长大隧道，具有"三高"特点，即高地应力、高地热、高地震烈度，TBM 施工遭遇长距离断层破碎塌方、软弱围岩大变形、突水涌泥等复杂地质问题。

高黎贡山隧道出口段采用"主洞大直径 TBM+ 平导小直径 TBM"施工。主洞 TBM 开挖直径 9.03 m，掘进全长 12.37 km，最大坡度为 –9‰，最大埋深为 1 155 m。平导 TBM 开挖直径约 6.28 m，掘进全长 10.18 km。2017 年底平导小直径 TBM 进入掘进，2018 年 2 月大直径"彩云号"TBM 始发掘进。截至 2022 年 8 月，高黎贡山隧道正洞施工累计 16.7 km，工程进度近半，其中 TBM 在极端复杂地质中已掘进里程超过 8 km。

TBM 施工穿越地层主要为燕山期花岗岩（长度 8.81 km，占比 75%），片岩、板岩、千枚岩夹石英岩、变质砂岩（长度 1.44 km，占比 12%）。Ⅳ、Ⅴ级围岩软弱破碎围岩占比高达 60% 以上。隧道正洞正常涌水量 12.77 万 m³/d，最大涌水量 19.2 万 m³/d。软弱破碎围岩塌方、变形、涌水涌泥是困扰 TBM 施工的主要技术难题，TBM 面临被卡、被淹等安全风险。

图 1.21　研发的高黎贡山隧道"彩云号"TBM 获得　图 1.22　大瑞铁路高黎贡山隧道 TBM 工程现场
　　　　　"2017 年十大国之重器"殊荣

（2）病害情况

高黎贡山隧道 TBM 施工穿越片岩、板岩、千枚岩夹石英岩、变质砂岩地层，通过傈粟田断层、塘坊断层。隧道正洞及平导软岩大变形洞段总长约为 3 185 m。隧道通过蚀变岩洞段及花岗岩节理密集带或断层角砾岩洞段，岩体极为破碎，自稳能力差，易坍塌，若处理不当，会存在卡机、埋机风险。正洞 TBM 施工段共有 20 段，长 1 280 m，属于岩体破碎 – 极破碎地段；平导 TBM 掘进段共有 15 段，长 980 m，属于岩体破碎 – 极破碎地段。

敞开式 TBM 施工隧道的断层破碎带、软弱围岩洞段长度占比通常小于 20%，而大瑞铁路高黎贡山隧道面临的地质条件是长距离高地应力下的软弱破碎围岩，同时叠加破碎带涌水涌泥，占比高达 60%。TBM 穿越断层、软弱破碎地层，极易发生围岩变形、坍塌、突涌，使 TBM 被卡、被困、被砸，施工进度受阻，给作业人员和设备带来极大的安全风险。若 TBM 穿越突涌水地层，TBM 设备和人员面临被淹风险，断层破碎带涌水，可能叠加突泥，TBM 存在长期的被困风险，难以穿越。以上这些地质灾害，将造成 TBM 施工穿越受阻、工期增加、安全风险提高。

（3）实施效果

2016 年开始，针对高黎贡山隧道的施工技术难题，施工单位与 TBM 装备企业、高校、研究设计院组成科研团队，专门立项研究为工程提供技术支持。从 TBM 装备创新设计入手，研发出具有超前探测、大尺度扩挖、全周超前处理、前置自动喷混功能的"彩云号"大直径 TBM，并结合施工方法的创新，解决 TBM 施工中的技术难题。

图 1.23　高黎贡山隧道软弱破碎围岩坍塌 TBM 掘进被卡、被困

图 1.24　高黎贡山隧道 TBM 施工遭遇突涌，泥渣从刀盘经主梁内涌出

图 1.25　高黎贡山隧道 TBM 盾尾后主梁上方破碎带支护区涌水

图 1.26　高黎贡山隧道从 TBM 刀盘经主梁下方开口突涌水

该项目针对软弱破碎地层导致 TBM 被卡、被困的技术问题，揭示了 TBM 隧道围岩变形、塌方、突涌的演化规律；提出了"超前预报、识别预警、超前处理、支护优化、分型分级"的 TBM 穿越软弱破碎围岩施工防控准则。基于大尺度扩挖技术、拱架钢筋排不间断封闭支护技术、前置自动应急喷混技术、嵌藏式优化超前处理技术，构建了 TBM 安全高效穿越软弱破碎围岩的施工技术体系，破解了复杂地层隧道 TBM 施工速度慢、频繁被卡被困

的世界难题，颠覆了极端软弱破碎围岩占比高、地层复杂多变隧道不能采用 TBM 全域施工的传统认知。

截至 2022 年 8 月，该技术成果一直在高黎贡山隧道工程被应用，TBM 连续穿越软弱破碎地层 8 km，超前处理效率提高 32%、及时支护效率提高 67%，TBM 直接穿越了原设计采用钻爆法施工的广陵坡、老董坡大断层，穿越工期由 8.6 个月缩短为 1.5 个月，节约工期 83%。目前，TBM 还在掘进中，向预期目标挺进。

图 1.27　高黎贡山隧道"彩云号"TBM 掘进施工效果

图 1.28　高黎贡山隧道 TBM 施工软弱破碎围岩超前处理技术实施效果

（4）经济和社会效益

尽管高黎贡山隧道 TBM 施工遇到了极大困难，但是综合而言，得益于高黎贡山隧道 TBM 装备与施工技术的应用，其总体施工速度和施工性能优于钻爆法，消除了环境、地理地貌等因素的制约，解决了特殊环境、超长隧道难以实施的传统钻爆法的施工难题，突破了以往严重软弱破碎围岩、突水涌泥等不良地质占比大的超长隧道无法应用敞开式 TBM 的认知，使具有特殊地理地貌环境、难以布置施工支洞或施工支洞过长、环保限制等情况的超长隧道建设成为可能。此外，它还促进了国产 TBM 的创新升级，在国际上引领了 TBM 装备技术的发展趋势，为滇中引水工程、川藏铁路等世界级难点工程的建设奠定了基础，促进了我国隧道行业和 TBM 装备领域的科技进步，经济效益和社会效益显著。

案例 2　陕西引汉济渭工程应用案例

（1）工程简介

陕西引汉济渭工程是由汉江向渭河关中地区调水的省内南水北调骨干工程，以补充西安、宝鸡、咸阳等 5 个大中城市的给水量，是缓解关中渭河沿线城市和工业缺水问题的根本性措施，能使 1 400 多万人喝上汉江水，500 亩耕田恢复灌溉，对遏制渭河生态环境恶化具有重大作用。该工程是经国务院批复的《渭河流域重点治理规划》中的水资源配置骨干项目，也是国务院批准颁布的《关中—天水经济区规划》的重大基础设施建设项目。工程主要由黄金峡水库枢纽、黄金峡水源泵站、黄金峡至三河口输水工程、三河口水库和秦岭隧洞五部分组成。

引汉济渭关键控制性工程——秦岭隧洞，总长 98.3 km，埋深 1 300 ~ 2 012 m，采用 2 台敞开式 TBM 与钻爆法结合施工。TBM 开挖直径 8.0 m，施工 35 km。岭北段以千枚岩、炭质千枚岩、变质砂岩等为主；岭南段主要是花岗岩、石英岩和闪长岩等。TBM 施工中遭遇的主要地质问题是极硬岩、强岩爆、突涌水、断层破碎带、有害气体等，岩石抗压强度高达 240 MPa；长距离发生高地应力轻微、中等、强烈、极强烈岩爆，累计发生岩爆 4 000 余次，中等以上 3 000 余次，最大震级 1.6 级；岭南段下坡掘进出现单点单次涌水量 20 000 m³/d，掘进段最大 42 000 m³/d 的涌水量。TBM 施工面临缓慢的施工进度与极大的安全风险。2014 年 6 月 15 日岭北段 TBM 试掘进，2015 年 2 月 17 日岭南段 TBM 试掘进，2022 年 2 月 TBM 掘进全线贯通。

图 1.29　引汉济渭工程秦岭隧洞现场　　图 1.30　引汉济渭工程秦岭隧洞 TBM 施工

（2）病害情况

秦岭隧洞岭北段断层破碎带问题比较突出，而岭南段极硬岩问题突出，地层岩性以花岗岩、石英岩、闪长岩为主，岩石抗压强度高，在 160 MPa 左右，最高达 240 MPa 以上。极硬岩带来的问题有：刀具磨损快、消耗量大、换刀次数多，掘进贯入难、贯入度极低、掘进速度慢，这严重增加了 TBM 施工工期和施工成本，而且加重了刀盘振动、磨损、开裂。刀盘磨损、开裂及主轴承寿命成为影响 TBM 能否贯通隧洞的极大风险因素。

岭南段另一个突出的地质灾害是岩爆。在 TBM 掘进 18 km 的过程中，几乎均存在岩爆威胁，强岩爆洞段长约 5 km。爆裂岩石弹射冲击，极易导致人员伤亡、设备和支护损坏，施工速度大大降低，面临机毁人亡的安全风险。此外，岭南段 TBM 下坡掘进穿越突涌水地层，设备和人员面临被淹风险。

图 1.31 引汉济渭工程 TBM 施工发生岩爆

图 1.32 岩爆造成 TBM 设备被砸、支护毁坏

图 1.33 引汉济渭工程 TBM 掘进掌子面突涌水

图 1.34 引汉济渭 TBM 施工突涌水，部分人员及设备被淹

（3）实施效果

在引汉济渭工程 TBM 施工技术攻关过程中，针对岩爆地层 TBM 施工受阻、设备被毁、人员伤亡的巨大风险，提出了"施工速度、时空规律、风险控制、分级防控"四要素 TBM 施工岩爆防控准则；建立了基于抗冲击夹层护盾设计、岩爆冲击转化原理、钢筋排连续封闭支护技术、微震监测分级预警方法的"装备—掘进—支护"协同控制岩爆的 TBM 施工技术体系。对于强岩爆，主动控制 TBM 掘进进尺速度，使岩爆主要发生在盾体至掌子面区域，由 TBM 刀盘和盾体承受岩爆冲击，将支护承受岩爆的冲击转为承受落石破碎岩块的重量，盾尾后实施"拱架＋钢筋排＋喷混"连续封闭支护技术控制破碎围岩，保证了岩爆洞段稳步安全推进，系统性解决了 TBM 穿越岩爆地段的施工技术难题，突破了以往 TBM 遭遇强烈及以上岩爆无法穿越的技术瓶颈。在引汉济渭工程中应用该技术，TBM 连续安全穿越 18 km 岩爆洞段，其中强岩爆段超过 5 km，未出现人员伤亡事故，创造了世界纪录。

针对引汉济渭 TBM 极硬岩施工技术难题，优化了 TBM 刀具设计制造，建立了一整套 TBM 刀具优化更换技术和刀盘磨损开裂维修技术，实施了 TBM 主轴承油液监测诊断技术，保证了 TBM 关键部件寿命能够成功贯通 18 km 极硬岩隧洞。TBM 施工中遭遇 42 000 m³/d 的突涌水，经抢险和采用基于风险防控的新堵排水技术方案后，TBM 恢复正常掘进，未再发生 TBM 设备被淹的安全事故。

图 1.35　引汉济渭工程 TBM 施工岩爆防控技术效果

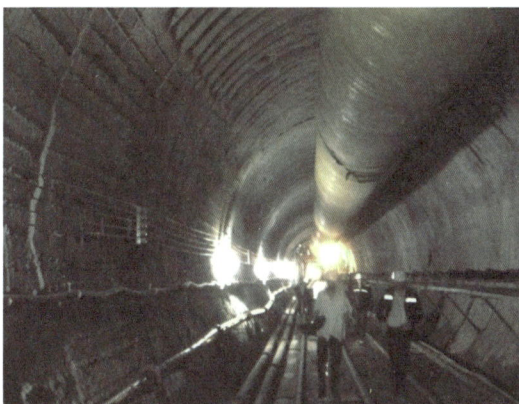

图 1.36　引汉济渭工程 TBM 穿越岩爆洞段掘进支护防控效果

图 1.37　引汉济渭工程秦岭隧洞 TBM 掘进贯通

图 1.38　引汉济渭工程秦岭隧洞全线贯通

（4）经济和社会效益

引汉济渭工程 TBM 施工技术的成功应用，解决了引汉济渭工程深埋超长隧洞的"卡脖子"技术难题，排除了工程建设中进度与安全方面的重大风险隐患，使引水工程更快、更早地惠及 1 400 多万人的生产和生活。在深埋超长隧洞极硬岩、岩爆条件下 TBM 施工防控方面，有了更多、更深、更新的理论认知和工程实践经验，使我国更有信心、更有办法建造以往难以实施的重大工程，为川藏铁路等超长深埋复杂地质隧道建设提供了技术支撑和借鉴，促进了我国 TBM 装备与施工技术的创新发展，经济效益和社会效益显著。

案例 3　新疆 EH 供水二期工程应用案例

（1）工程简介

新疆 EH 供水二期工程，线路全长 540 km，其中主洞长 516 km，占全长的 95.6%，由 3 段隧洞组成，长度分别为 141 km、283 km、92 km，为世界最长隧洞。隧洞平均埋深 420 m，最大埋深 774 m。洞线穿越中低山区、低山丘陵区，地形起伏不大。主洞采用 18 台新硬岩 TBM 和 3 台盾构机施工，开挖直径分别为 7.8 m、7.0 m、5.5 m，掘进长度占隧洞总长的 80%。工程沿线共设置 49 条各类支洞和竖井，其中 24 条施工支洞长度为 0.86 ~ 6.44 km；25 条竖井深度为 46 ~ 714 m；2 条最长支洞为 5.2 km、6.44 km，采用 2 台旧 TBM 掘进。水资源是新疆地区人民生产生活和社会可持续发展的命脉，该工程的建设对推动新疆的经济和社会发展、保障民族团结和社会稳定具有重要意义。

新疆 EH 供水二期工程，地层以花岗岩、片麻岩、凝灰质砂岩、凝灰岩等岩性为主，Ⅱ、Ⅲ类围岩占 82.7%，抗压强度为 30 ~ 160 MPa。工程区地处褶皱系地质构造单元内，隧洞穿越 8 条区域性断裂构造，构造带地表宽度一般为 100 ~ 200 m，最宽为 800 m。同时，还分布 129 条次一级断层破碎带。

图 1.39　新疆 EH 工程 TBM 施工现场　　图 1.40　研究团队在新疆 EH 工程 TBM 施工现场调研

新疆 EH 工程是名副其实的世界第一的大规模 TBM 集群施工工程，考虑支洞长度、竖井深度、环保等因素，规划设计单台 TBM 达到 25 km 以上超长距离的独头掘进、通风、出渣和物料运输，且首次采用"一洞双机"施工布置方案，施工技术难度大。同时，该工程为首次大规模采用国产 TBM 超长距离掘进，TBM 关键部件（如刀盘、主轴承）的可靠

性和寿命面临严峻挑战和考验，施工面临断层塌方、岩爆、突涌水等不良地质风险。2017年 TBM 集群陆续进场掘进，截至 2022 年 9 月，已完成 80% 以上的隧洞掘进任务，其中一台 TBM 完成 24.5 km 掘进并成功贯通。

（2）病害情况

新疆 EH 工程地处偏远边疆地区，冬季极寒且时间长，各方面供应易受到较大影响。该工程主洞总长 516 km，单洞长 283 km，独头掘进达到 25 km 以上，采用 18 台 TBM 和 3 台盾构掘进主洞，这种超长距离大规模 TBM 集群施工为当今世界之最。同时，该工程部分洞段采取了"一洞双机" TBM 掘进，另有 2 台旧 TBM 掘进 –12% 大坡度、5.2 km 和 6.44 km 两条超长施工支洞，这在国内为首次。TBM 设备、出渣、通风、运输等装备系统技术方案难度大，寿命和可靠性要求高，面临风险和考验。而且该工程存在断层破碎带、突涌水、岩爆等不良地质问题，TBM 施工难度大，存在被卡、被困、被砸、被淹等重大风险，严重制约 TBM 施工进度。

首先，18 台主洞 TBM 掘进多数都经历了断层破碎带、软弱围岩的困扰，围岩坍塌、变形造成 TBM 被卡、被困，其中最严重的 TBM 塌腔深度超过 30 m。一台敞开式 TBM 掘进软弱破碎围岩长度占比达到了 60% 以上，给 TBM 施工速度带来了很大影响，也给作业人员和设备带来极大的安全风险。其次，有多台 TBM 穿越的岩爆地层达到了中等岩爆等级，而该工程岩爆的特点是：岩爆多数发生在盾尾至掌子面之间，且大都是长距离洞段连续大面积岩爆。爆裂岩石弹射冲击，极易导致人员伤亡、设备和支护损坏，施工速度降低。另外，该工程多数 TBM 施工还遭遇了突涌水问题，其中一台 TBM 掘进长期连续受涌水影响，排水量持续在 500 ~ 1 000 m³/h，施工速度受到了较大制约；还有一台 TBM 遭遇 25 000 m³/d 的

图 1.41　新疆 EH 工程洞内 TBM 掘进施工

图 1.42　新疆 EH 工程断层破碎带塌方 TBM 被砸、
侧壁撑靴无法支撑前行

大涌水，造成"一洞双机"下游另一台 TBM 出现被淹险情。以上这些地质灾害均给 TBM 施工进度带来较大影响，并带来极大的工期与安全风险。

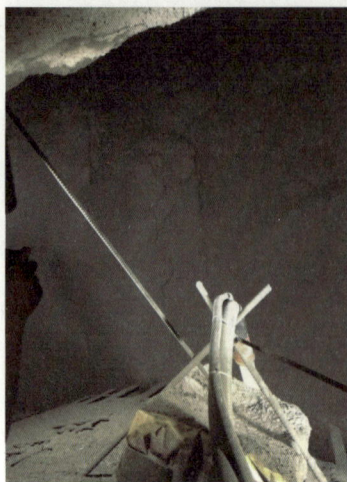

图 1.43　新疆 EH 工程 TBM 遭遇断层破碎带，刀盘、护盾上方超 30 m 深的大塌方

图 1.44　新疆 EH 工程突涌水经 TBM 刀盘从主梁内涌出

图 1.45　新疆 EH 工程 TBM 施工发生岩爆

（3）实施效果

当 TBM 遭遇断层破碎带、软弱围岩塌方时，对于 TBM 直接穿越有较大被困、被卡风险的情况，采取了超前注浆管棚加固处理后 TBM 再掘进穿越的技术方案。对于被卡、被困风险较小的洞段，TBM 掘进同时在盾尾施加"拱架 + 钢筋排 + 喷混"的连续封闭支护技术；对于隧洞侧壁塌腔及软弱无法支撑前行的技术难题，采取了"拱架立模 + 速强灌注混凝土"技术，加快了 TBM 穿越速度。同时，在长距离占比大的一台敞开式 TBM 施工中还首次采用了钢管片支护技术，促进了川藏铁路"双型支护 TBM"的研制。

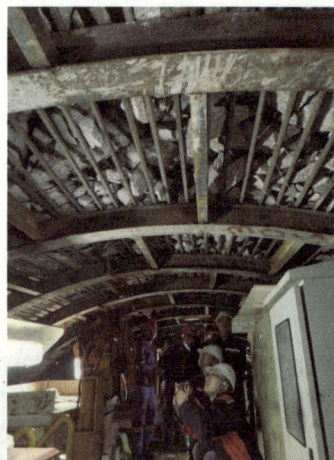

图 1.46　新疆 EH 工程 TBM 穿越中等岩爆施工防控效果

针对新疆 EH 工程岩爆大多发生在盾尾之前，且有大面积连续岩爆的特点，不论是轻微岩爆还是中等岩爆，均采取了"拱架 + 钢筋排"的连续封闭支护技术，只是将拱架间距适当调整。这样一来，岩爆洞段在确保安全的前提下实现了快速施工，在岩爆的情况下 TBM 掘进仍然达到了 300 ～ 500 m 的月进尺速度。在引汉济渭工程的基础上，新疆 EH 工程进一步发展了人们对岩爆施工防控的认识。

对于突涌水洞段，在超前地质预报、超前注浆堵水、预先设置强排水的技术方案保证下，当 TBM 遭遇 500 ~ 1 000 m³/h、2.5 万 m³/d 的大涌水的情况时，避免了下游 TBM 被淹，确保了 TBM 施工安全和稳步掘进。

图 1.47　新疆 EH 工程敞开式 TBM 穿越极软破碎围岩采用钢管片支护效果

（4）经济和社会效益

新疆 EH 工程自 2017 年 TBM 集群陆续投入掘进至 2022 年 9 月，TBM 完成了 80% 以上的掘进任务，仍然保持良好的性能状态，成功穿越了所有断层破碎带、突涌水、岩爆洞段，5 台 TBM 已完成掘进任务并贯通。其中，一台直径为 7.0 m 的 TBM 独头掘进长度达到 24.5 km，另一台直径为 5.5 m 的 TBM 掘进 20 km，最高月进尺 1 280 m，平均月进尺 720 m，于 2020 年 7 月提前 9 个月贯通。

典型案例技术二：道路无损检测与非开挖快速维修技术

技术名称： 道路无损检测与非开挖快速维修技术

完成单位： 坝道工程医院

技术负责人： 王复明

联系人： 钟燕辉

联系电话： 13303719050

邮箱： zhong_yanhui@163.com

通信地址： 河南省郑州市科学大道 100 号

1. 专家简况

专家姓名	王复明	专业或专长	基础工程设施安全维护理论与技术

王复明，1957 年 3 月生，河南沈丘县人。教授，博士生导师。1987年博士毕业于大连理工大学，1996 年获国家杰出青年科学基金，2015年当选中国工程院院士。现任重大基础设施检测修复技术国家地方联合工程实验室主任，地下基础设施非开挖技术国际联合研究中心主任，中国非开挖技术协会主席，全国政协委员，坝道工程医院院长。

长期从事基础工程设施安全维护理论与技术研究，在基础工程渗漏涌水防治和隐蔽病害诊治方面取得了系统创新成果。提出了构建土质堤坝柔性防渗体的新方法，建立了非水反应高聚物扩散理论，发明了堤坝及地下工程防渗堵涌高聚物注浆成套技术及装备。建立了层状结构介电特性及力学特性反演理论，提出了基于无损检测的高聚物精细注浆方法，开发了高速公路、高铁无砟轨道及地下管道快速非开挖修复技术。研究成果广泛应用于基础工程防渗修复及应急抢险，解决了多项重大工程难题。

获国家技术发明二等奖 1 项、国家科技进步二等奖、三等奖各 1 项，并获国际非开挖学术研究奖、中国专利金奖和河南省科学技术杰出贡献奖。

2. 技术简介

技术名称：道路无损检测与非开挖快速维修技术

2.1 研发背景

20 世纪 90 年代以来，我国高速公路建设发展十分迅速，工程建设质量受到广泛关注，养护管理任务日益繁重。道路开裂、脱空、积水、唧泥、翻浆等病害隐蔽性强，形态复杂多变，诊治困难，对公路检测评价及维修新技术的需求十分迫切。传统检测方法如梁式弯沉仪依赖人工操作，检测效率低。钻孔取芯法对交通干扰大，检测结果为"一孔之见"，代表性差，难以全面、快速识别隐蔽病害。"开膛破肚"式开挖维修方法工期长、造价高、对交通干扰大。加铺罩面方法难以根治隐蔽病害，对无病害路段实施加铺浪费资金资源。水泥压浆方法养生周期长，水泥浆液固化后形成的刚性固结体抗拉强度低、耐久性差。因此，发展道路检测维修新技术和新装备意义重大。

针对上述背景，团队经过长期深入系统研究，在反演理论、无损检测和高聚物注浆技术方面取得了多项创新，形成了道路无损检测与非开挖维修成套技术。

2.2 技术原理与解决的工程难题

（1）技术原理

首先采用落锤式弯沉仪（Falling Weight Deflectometer，FWD）及探地雷达（Ground Penetrating Radar，GPR）无损检测技术对道路进行动力和电磁检测，根据检测数据反演路面结构层材料力学特性和介电特性，进而诊断道路脱空、松散等隐蔽病害，然后进行注浆修复方案设计，确定注浆位置、注浆量、孔深、孔距等参数，最后利用高聚物注浆技术实施针对性快速修复，并应用无损检测技术评价和控制注浆维修效果。

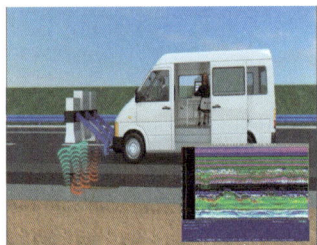

图 2.1　探地雷达检测　　　图 2.2　落锤式弯沉仪检测　　图 2.3　高聚物注浆修复道路隐蔽病害

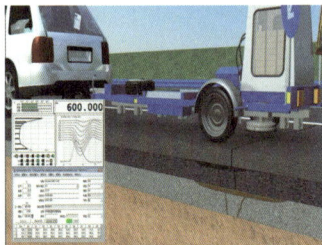

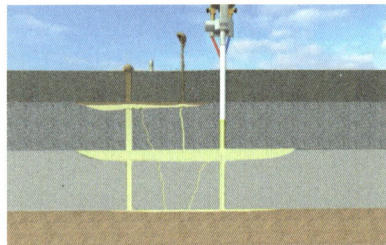

（2）解决的工程难题

①创建了基于系统识别原理的路基路面材料力学特性和介电特性反演方法，解决了反演方程病态求解难题，开发了具有自主知识产权的工程化软件，研发了基于落锤式弯沉仪、探地雷达的道路病害无损检测技术，实现了对道路隐蔽病害的快速诊断。

②通过多学科联合攻关，研发了水不敏感型高聚物注浆材料，解决了高聚物材料在有水环境下反应体积收缩问题，研制了集成化高聚物注浆系统，开发了与无损检测技术密切结合的高聚物注浆施工工艺，形成了具有自主知识产权的道路快速检测维修主导技术和配

套装备，为修复道路松散、脱空等隐蔽病害开辟新途径。

2.3 技术特点

与传统维修技术相比，道路无损检测与非开挖快速维修技术具有以下特点：

①快速高效：应用无损检测技术对路段进行快速检测，在此基础上采用高聚物注浆技术进行针对性快速维修，施工效率高，而且不需要"养生"，从而大幅度节省工期，减少了交通干扰，实现对道路隐蔽病害的快速处治。

②节省造价：采用高聚物注浆技术，针对性强，一次注浆，多层修复，实现了维修范围和维修工艺双精细，避免了无病害路段加铺导致的资金资源浪费，不开挖路面，充分利用现有路面资源，显著节省维修经费，且不产生施工垃圾，有利于环境保护，符合"双碳"战略和绿色发展理念。

2.4 推广应用情况

该成果于 2004、2005 年被列入国家重点科技成果推广计划（项目编号 2004EC000214、2005EC000247），2012 年被列入交通运输建设科技成果推广目录（证书编号 2012005），在京港澳高速、京沪高速、京沈高速、连霍高速、沈大高速、大广高速、沪陕高速、龙城高速、吐和高速等 25 个省、市、自治区 300 多项工程中得到成功应用，累计处治病害面积约 300 万 m^2，产生了重大经济、社会和环境效益。

2.5 科技成果

出版专著 1 部，发表论文 90 余篇；取得国家授权发明专利 6 项，软件著作权 3 项；形成国家工法 1 项，行业标准 1 项；获国家科技进步二等奖、三等奖、国际非开挖学术研究奖、中国专利金奖、河南省科技进步一等奖各 1 项。

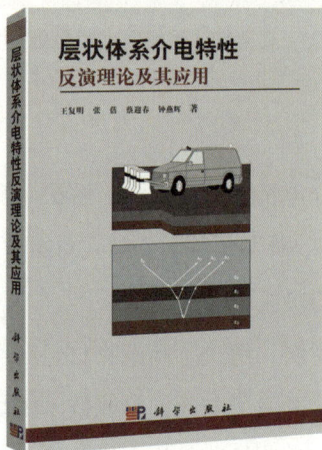

图 2.4 《层状体系介电特性反演理论及其应用》

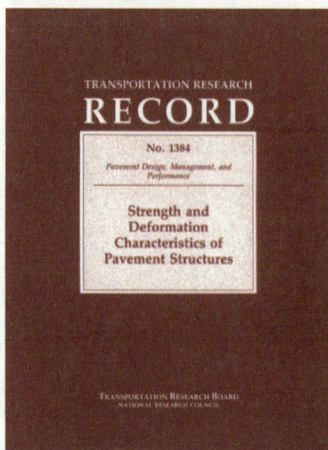

图 2.5 *System Identification Method for Backcalculating Pavement Layer Properties*

图2.6　发明专利

图2.7　路面结构介电特性及厚度反算软件

图2.8　路面结构模量反算软件

图2.9　Pulse雷达数据后处理软件

图 2.10 道路深层病害非开挖处治技术规程

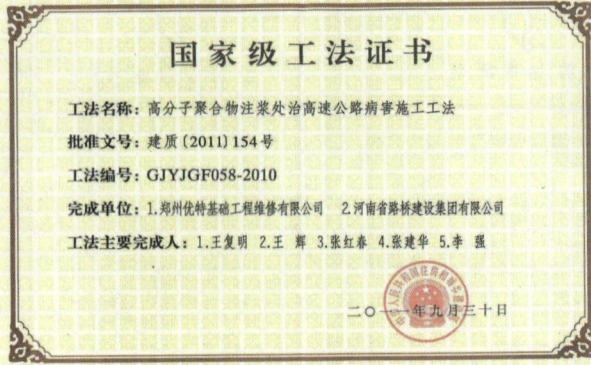

图 2.11 高分子聚合物注浆处治高速公路病害施工工法

图 2.12 国家科技进步二等奖

图 2.13 国家科技进步三等奖

图 2.14 河南省科技进步一等奖

图 2.15 中国专利金奖

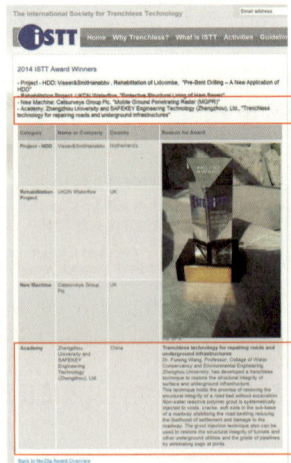

图 2.16 国际非开挖学术研究奖

3. 案例介绍

案例 1 安新高速公路病害快速检测修复示范工程

（1）工程简介

安新高速公路（京港澳高速公路安阳—新乡段）为国家高速公路主干线和河南省公路网主骨架的重要组成部分。路线北起河北、河南两省交界处的安阳市西灵芝村，向南经安阳市、汤阴县、鹤壁市、淇县、卫辉市至新乡市关堤乡，全长 121.704 km，双向 4 车道，设计行车速度 120 km/h，采用沥青混凝土路面，路基宽度 26 m，设计年限 15 年。全线于 1994 年 9 月 14 日开工，1997 年 11 月 28 日建成通车，是河南最早建成的高速公路之一。

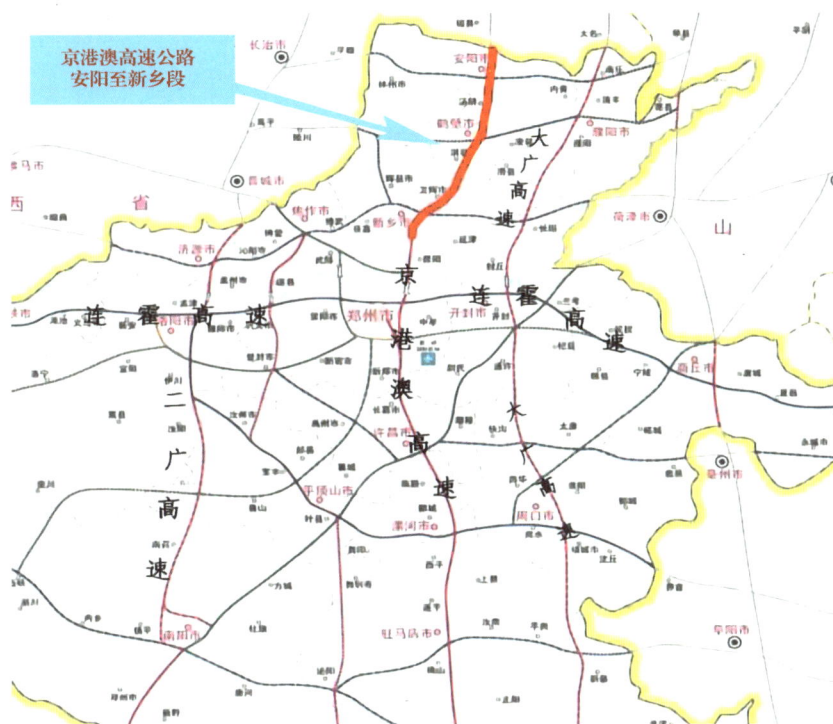

图 2.17 安新高速公路位置图

（2）建设期施工过程检测

在安新高速公路建设施工过程中利用该技术对 12 个路段的路基、底基层、基层及面层进行逐层检测和分层反演。

路段 A 的弯沉检测结果和模量分析结果分别如图 2.18 和图 2.19 所示，发现该路段石灰土底基层反演模量普遍低于土基反演模量，施工质量存在问题。根据检测结果，施工单位对该路段底基层进行了返修。

路段 C 的 35 cm 厚石灰土底基层分两层摊铺施工完毕，其弯沉检测结果如图 2.20 所示，首先将石灰土基层作为一层材料进行模量反演，结果如图 2.21 所示，发现石灰土底基层模量只略高于土基模量，且分布不均，然后将石灰土底基层分为两层（上层 15 cm，下层 20 cm）进行模量反演，结果如图 2.22 所示，发现下层石灰土模量普遍小于 100 MPa，与土基模量接近。但该路段石灰土底基层没有进行返修，直接铺设了上部结构层，通车半年后路面病害严重，开始大修，取芯发现底基层下部松散（图 2.23 和图 2.24）。

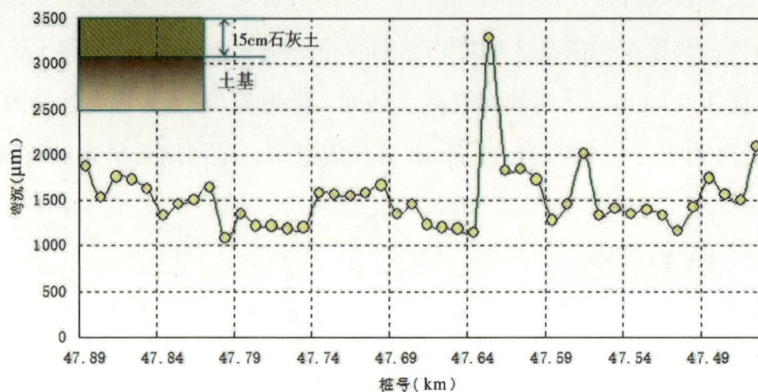

图 2.18　路段 A 弯沉检测结果

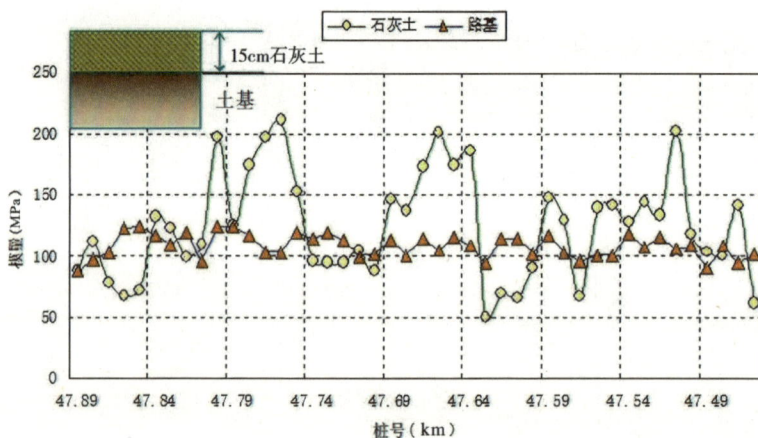

图 2.19　路段 A 模量分析结果

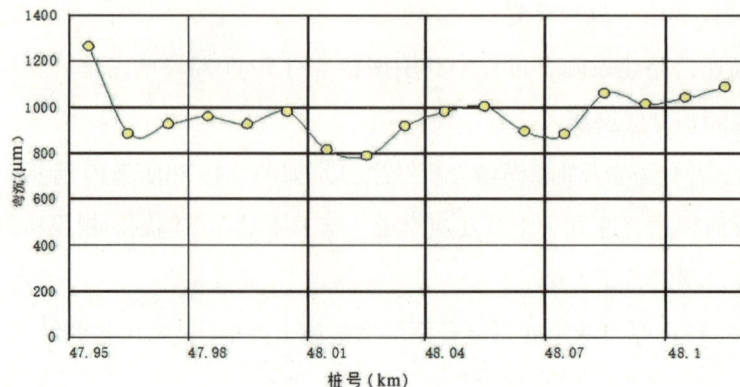

图 2.20　路段 C 弯沉检测结果

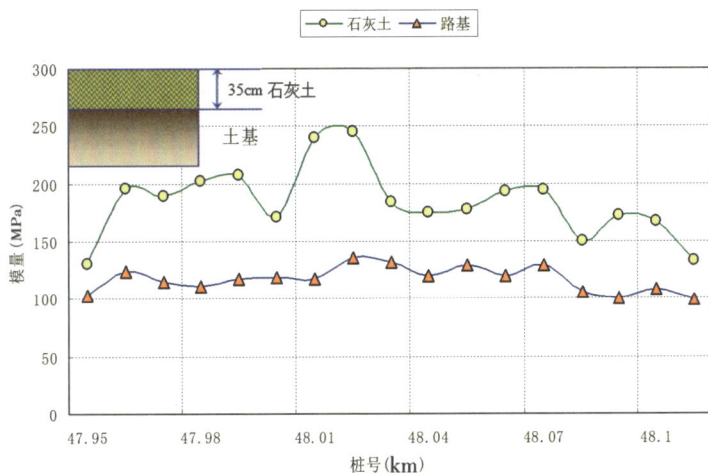

图 2.21 路段 C 模量分析结果（底基层整体作为一层反演）

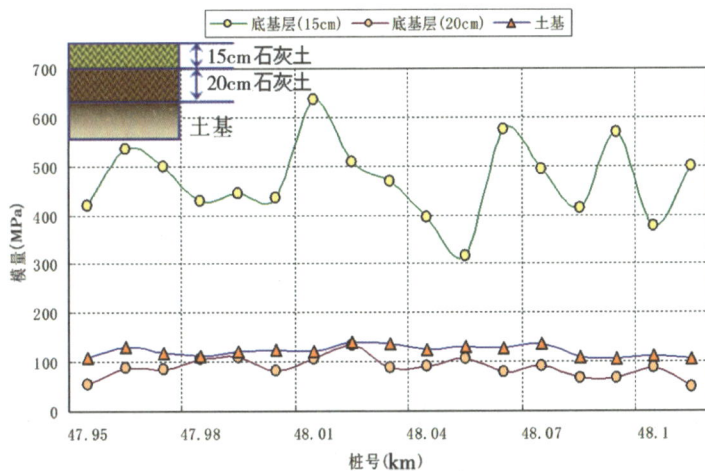

图 2.22 路段 C 模量分析结果（底基层分两层反演）

图 2.23 路段 C 通车半年即开始大修

图 2.24 路段 C 取芯不完整

（3）运营期病害情况

安新高速地理位置重要，自通车以来，交通流量不断增大，尤其是随着重载车辆通行的日益增多，已不能满足交通量快速增长的需要，裂缝、雨后唧泥等道路病害日趋严重，特别是雨后唧泥问题已成为安新高速公路的"顽疾"，在春融期和雨季，最多时全路段唧泥翻浆达数千处之多。

管养单位采取水泥压浆、基层开挖换填混凝土、加铺面层等多种措施进行了处治。截至 2006 年底，应用水泥压浆方法累计处治病害面积近 100 万 m^2，采用水泥混凝土基层换填方法累计处治病害面积达 36 万 m^2，年均投入维修经费近 6000 万元，但未达到根治病害的目的。

图 2.25　唧泥

图 2.26　横缝、坑槽

图 2.27　唧泥、横缝、纵缝

图 2.28　沉陷

（4）运营期检测维修实施效果

① 试验段实施效果

2006 年底，在安新高速公路选择约 900 m 病害严重路段开展现场高聚物注浆修复试验，对其中 600 m 实施了修复，剩余 300 m 用于对比，检验修复效果。注浆后的检测结果表明，路面弯沉值平均降低 54%。经过半年的观测，实施注浆修复的路段未出现唧泥现象，未注浆路段，虽然做了沥青灌缝处治，但次年春融期间仍有大量唧泥出现。

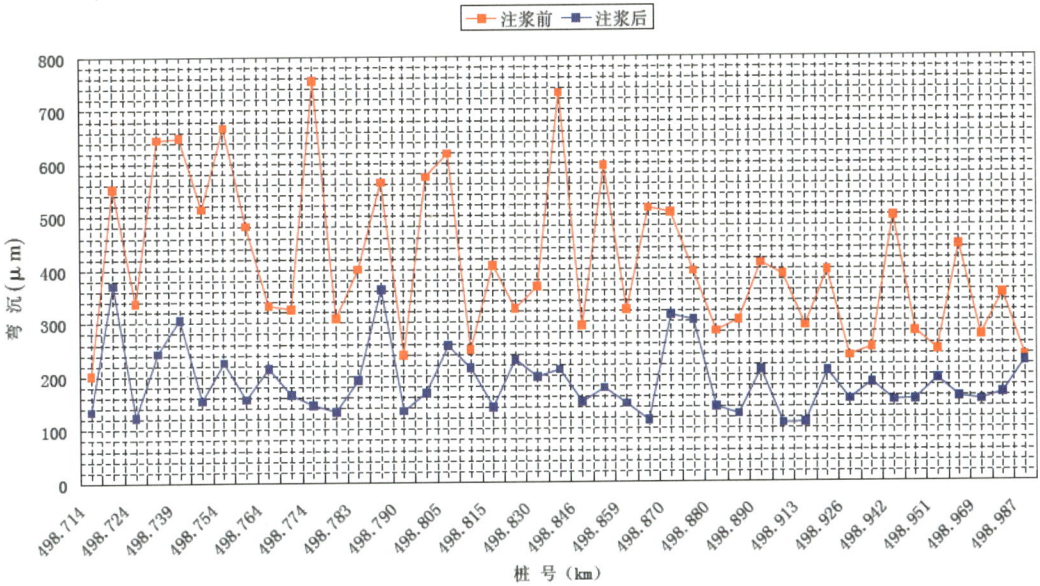

图 2.29　高聚物注浆前后路面弯沉

（a）未注浆路段雨后第二天情况　　　　　（b）高聚物注浆路段雨后第二天情况

图 2.30　未注浆与注浆路段雨后情况对比

② 示范工程实施效果

鉴于试验段取得的良好修复效果，采用道路无损检测与非开挖快速维修技术对安新高速全段实施检测修复。首先采用落锤式弯沉仪和探地雷达对路段进行了全面检测。利用落锤式弯沉仪进行弯沉检测时，检测位置为车道右轮迹处，荷载设为 5 t，测点间距 6 m，遇到裂缝处加密检测。探地雷达天线频率选用 1 GHz 和 450 MHz，均在病害路段车道右轮迹位置进行检测。

根据探地雷达检测结果，并结合落锤式弯沉仪测试分析，发现安新高速公路路基路面病害主要为基层不密实、脱空、松散，底基层松散等。

根据检测结果，对安新高速病害路段实施了针对性高聚物注浆修复，注浆维修工作从2007年6月开始，8月结束，工期80天，累计完成注浆维修面积30万 m^2。

钻孔取芯表明，高聚物注浆修复后，道路基层与底基层、底基层与路基之间的脱空被很好地填充，松散结构层材料通过高聚物胶结在一起形成稳定的板体结构，路基路面整体性得以提高。

两年后，成果应用单位组织召开了高速公路快速检测修复技术示范工程验收总结会。与会专家一致认为：高速公路快速检测维修技术是我国公路交通领域的代表性创新成果，开拓了高速公路病害治理的新途径，具有针对性强、耐久性好、对交通干扰小、综合效率高等特点，符合我国高速公路养护管理的迫切需要；安新高速公路通车时间较早，交通量大，重载车辆多，病害典型，选择该路段作为技术示范依托工程，具有充分的代表性和针对性；在不封闭交通的条件下，应用该成果80天内处治基层脱空、唧泥等病害24073处，一次处治完好率达95%，从根本上改善了该路段的使用性能和路容路貌；该示范工程是我国高速公路养护维修技术成果转化的重大实践和成功范例。

图 2.31 用 GPR 和 FWD 实施无损检测

图 2.32 病害路段实施高聚物注浆修复

图 2.33 修复过程中积水积泥外排

图 2.34 修复后现场开挖效果

图 2.35　修复后现场取芯

图 2.36　芯样显示层间孔隙被高聚物填充

（5）经济和社会效益

2010 年国家发展和改革委员会综合运输研究所经济社会效益分析报告指出，根据交通部提供的高速公路养护综合单价定额标准，与开挖维修相比，节省造价 30% 以上。高聚物注浆技术在河南安新高速公路的典型案例证明，与采用开挖式维修技术比较，应用该成果可以节约直接费用 53%，节约间接费用 75%，节省工期 70% 以上，具有明显的经济效益。高聚物注浆快速维修技术作为我国自主研发的高新技术成果之一，其产业化和在全国范围的推广应用对于提高自主创新能力、提高高速公路服务水平、保护环境、降低能源消耗、促进学科建设和人才培养等方面都具有重大社会效益。

在安新示范工程的带动作用下，道路无损检测与非开挖快速维修技术在郑漯高速公路、安徽界阜蚌高速公路、连霍高速民权段等一系列高速公路病害处治中得到了推广应用，之后在全国范围内高速公路检测修复工程中得到广泛推广，产生了显著的经济社会效益。

案例 2　威青高速水泥混凝土路面检测维修工程

（1）工程简介

S24 威青高速公路是国家重点公路威海—乌海线威海至青岛支线的重要组成部分，是山东省公路网主框架"五纵四横一环"中"一环"的重要路段。其中威青高速烟台段起点（K93+350）位于留格庄镇，终点（K163+882）位于店集镇，全长 70.53 km。威青高速烟台段由原一级公路经高速化改造而来，整体工程于 2006 年改造完毕通车，设计行车速度 100 km/h，双向四车道，包括沥青路面和水泥混凝土路面两种路面结构。其中，水泥混凝土结构路段长度 35.055 km，桩号为 K106+076 ～ K108+199、K130+950 ～ K163+882，路面结构层为 24 cm 水泥混凝土、16cm 水泥稳定碎石、16cm 水泥稳定砂砾。

图 2.37　威青高速地理位置图

（2）病害情况

通车以来，威青高速烟台段交通量一直保持着较高的增长速度，加之路段内超载现象严重，使得该路段路面出现裂缝（部分伴有唧浆）、板角断裂、沉陷、错台、边角剥落等不同程度的表观病害，道路整体服务性能逐年降低。根据道路交通量、轴载发展趋势和路面破损情况，为提高路面整体性能，延长路面使用寿命，改善路面外观质量，提高车辆行驶舒适度，需采取专项措施进行养护，否则不但路用性能难以维持，路面结构承载能力也将受到严重影响。

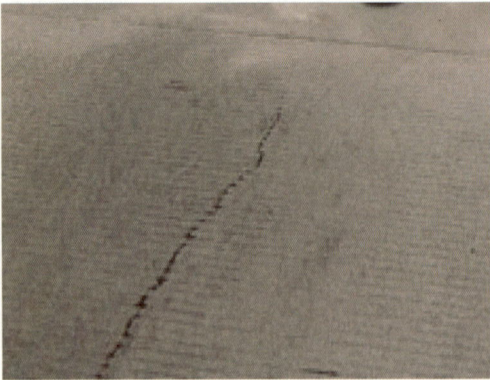

图 2.38　断板

图 2.39　板底脱空

（3）实施效果

经过方案比选论证，采用道路无损检测与非开挖快速维修技术对威青高速实施检测修复。首先用落锤式弯沉仪和探地雷达对路段进行了全面检测。落锤式弯沉仪测点位置为右板角，距板边约 25 cm，裂缝处测点距裂缝 25 cm。探地雷达测线布置在车道板块的左、右板边轮迹线（每车道两条测线）。根据检测结果分析判断混凝土板下是否存在脱空病害，确定需要注浆处治的位置。

总共测试了 26 836 块水泥混凝土板，其中 7 601 块板存在脱空，脱空率为 28.33%，采用高聚物注浆技术对脱空板进行了处治。

注浆修复工程自 2017 年 9 月 7 日开始，至 11 月 14 日结束，全部维修工程 60 d 完成（国庆节期间未施工）。其中 9 月份完成工程量 33 391.02 m^2，10 月份完成工程量 80 010.02 m^2，11 月份完成工程量 38 618.96 m^2，累计完成高聚物注浆维修工程量 152 020 m^2。

注浆完成后，再次使用落锤式弯沉仪和探地雷达对注浆路段进行复测。结果表明，注浆修复后，路面弯沉平均下降 69.1%，弯沉值截距平均值由修复前的 190 μm 降至修复后的 7.8 μm，全部小于 50 μm，一次修复完好率达到 98% 以上。

图 2.40　落锤式弯沉仪检测

图 2.41　三维探地雷达检测

图 2.42　病害路段实施高聚物注浆修复

图 2.43　修复过程中积水积泥外排

图 2.44　芯样显示松散层被高聚物填充胶结

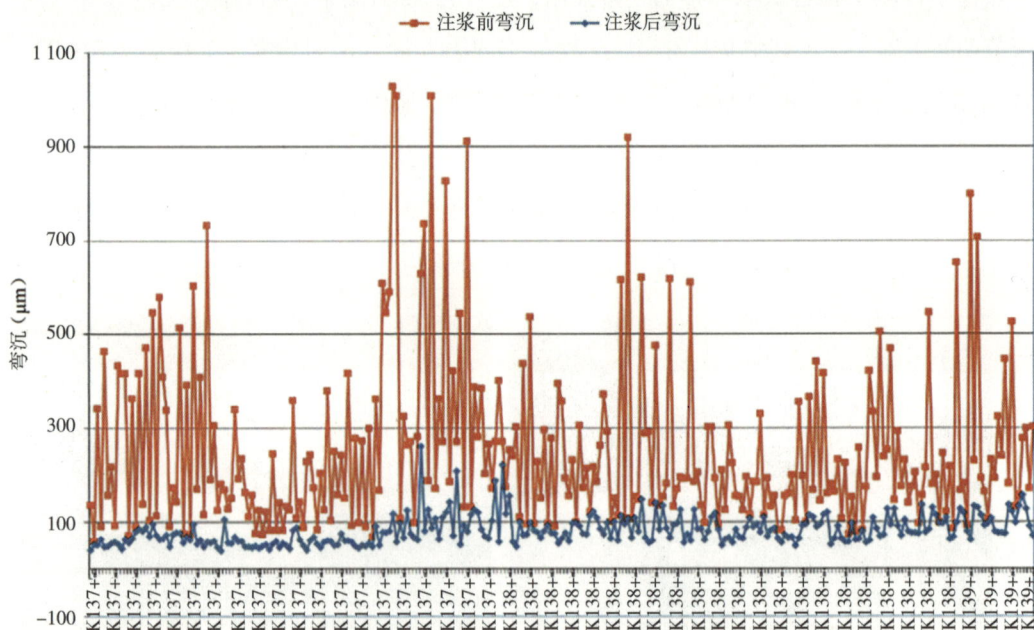

图 2.45　部分路段注浆前后弯沉对比图

高聚物注浆修复工程结束后，对该路段进行了持续跟踪观测。2019 年 12 月份管理单位对威青高速水泥混凝土路面进行全面普查，结果表明，未脱空不需维修板块断板率为 9.67%，脱空板块注浆修复后断板率为 1.84%。2020 年 7 月份威青高速管理单位组织第三方对注浆维修的水泥混凝土路面进行了第二次检测，评价结果为优良。

（4）经济社会效益

自 2017 年以来，威青高速（S24）烟台段的水泥混凝土路面维修工程中应用"道路无损检测与非开挖快速维修技术"，取得了良好的经济效益。采用"白改黑"方案需经费 21 033 万元，应用高聚物注浆技术维修，仅投入经费 2 288 万元就恢复了道路使用性能，同时由于维修过程不用封闭交通，减少了通行费用损失。

案例3 某机场道面检测修复工程

（1）工程简介

某机场跑道道面结构为水泥混凝土道面，基础形式为石灰粉煤灰稳定碎石基层＋压实土基；跑道两端部水泥混凝土道面板厚度为38 cm，基层厚度40 cm，中部水泥混凝土道面板厚度为34 cm，基层厚度为35 cm。平滑道水泥混凝土道面板厚度为38 cm。

（2）病害情况

2015年机场二期工程施工过程中，停机坪雨后出现多处塌陷。机场道面建成运营后，部分停机坪、跑道、滑行道出现水泥板块开裂或沉降错台现象，影响正常使用。

图2.46 停机坪塌陷

图2.47 道面板开裂

随着航空运输量增长，一期工程南飞行区受飞机荷载作用及雨水下渗影响，部分跑道、联络通道、滑行道的水泥混凝土板底出现不同程度脱空，造成道面板出现断裂、下沉等病害，影响飞机起降安全。为满足日益增长的航空运输需求，提升货运吞吐量，机场对南飞行区实施白改黑改造工程。

（3）实施效果

针对机场施工、运营过程中出现的道面病害问题，采用本成果对机场道面实施了检测维修。

①施工过程中停机坪基层脱空抢修

利用探地雷达对扩建工程停机坪塌陷区域周围进行全面探测，探测范围如图2.48所示，总面积超过30 000 m²。采取深、浅结合的方式实施探测，浅层探测深度不小于3 m，深层探测深度不小于10 m。测线间距1 m，采样点距0.02 m；对检测过程中发现的异常部位进行加密测试，并布置垂直测线，以确定缺陷范围和严重程度，测线布置如图2.48所示。

同时利用重锤式弯沉仪对停机坪重点区域进行检测。测点沿探地雷达测线布置（图2.49），每间隔1.5 m布置一个弯沉测试点，施加荷载为15 t。

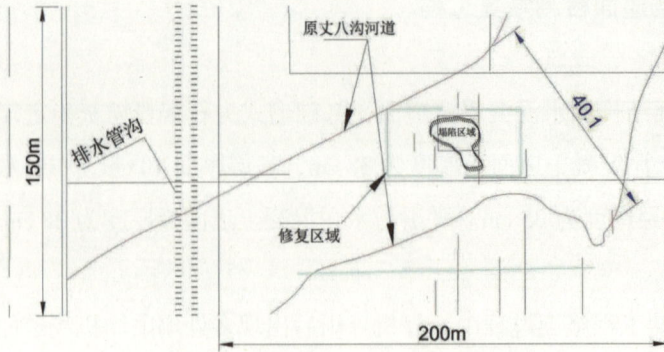

图 2.48　探地雷达检测区域示意图

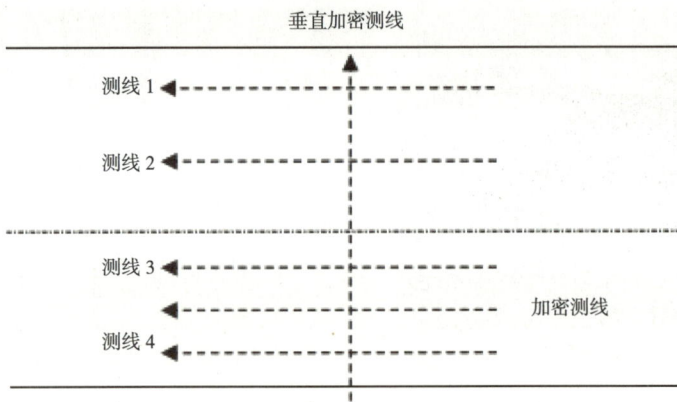

图 2.49　探地雷达测线布置示意图

（a）浅层探测

（b）深层探测

图 2.51　重锤式弯沉仪现场检测

图 2.50　探地雷达现场检测

　　通过分析检测数据，综合判定结论为：缺陷区域集中在原丈八沟河道及附近，缺陷深度主要集中在浅层，大多在水稳层下部附近，最深不超过水稳层下方深度 1m，主要表现为土基中部分位置松散、不密实，承载力低，水稳层下部不密实、脱空等病害。根据检测结果，采用高聚物注浆技术对存在问题的区域实施了加固处治，共处治病害区域 1200 多 m^2。

图 2.52　确定注浆孔位置

图 2.53　钻注浆孔

图 2.54　高聚物注浆

（a）探地雷达检测

（b）重锤式弯沉仪检测

图 2.55　注浆后复测

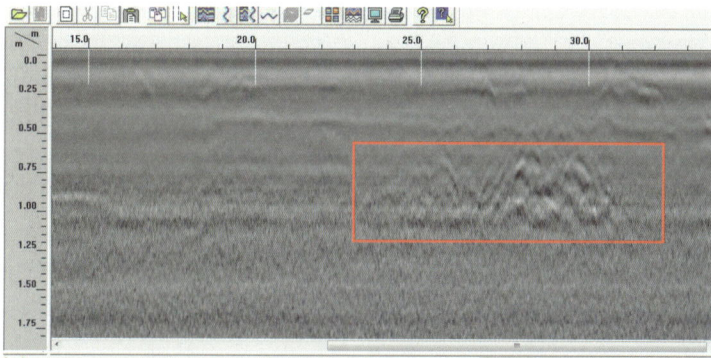

（a）注浆前探地雷达检测结果，发现空洞

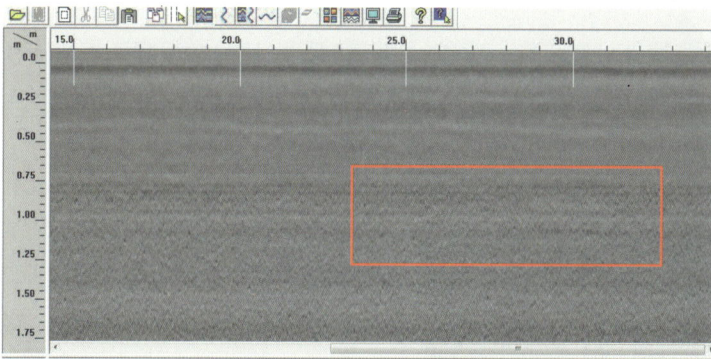

（b）注浆后探地雷达检测结果，空洞消失

图 2.56　注浆前后探地雷达检测结果

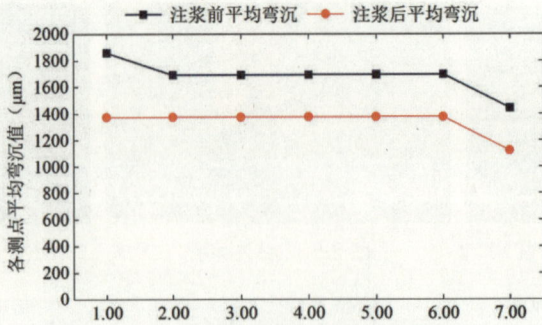

图 2.57　注浆前后重锤式弯沉仪检测数据对比

雷达检测结果显示，注浆处治后土基中脱空和不密实部位被填充；弯沉检测结果显示，注浆处治后各测点弯沉值都显著降低，平均下降 22.6%，最大下降 42.9%。

②运营期检测修复

采用探地雷达和重锤式弯沉仪对停机坪、跑道、滑行道、联络道进行检测，先后发现 34 块混凝土板存在松散、脱空病害，另有 20 块板存在明显沉降、错台病害。

（a）探地雷达检测　　　　　　　　　　（b）重锤式弯沉仪检测

图 2.58　停机坪检测

采用高聚物注浆技术对停机坪、跑道、滑行道的 34 块脱空混凝土板（面积为 780.5 m²）进行了处治，注浆修复后雷达和弯沉检测结果显示，高聚物注浆处治后，脱空病害部位

得到了填充与加固，各测点弯沉显著降低，弯沉截距平均值由修复前 246 μm 降至修复后 20.7 μm，均小于 50 μm，板下脱空情况消失，病害得到有效处治；对跑道、联络道的 20 块沉降混凝土板（面积为 392 m²）实施了抬升修复，最大抬升量达到 2 cm。

图 2.59　停机坪高聚物注浆修复

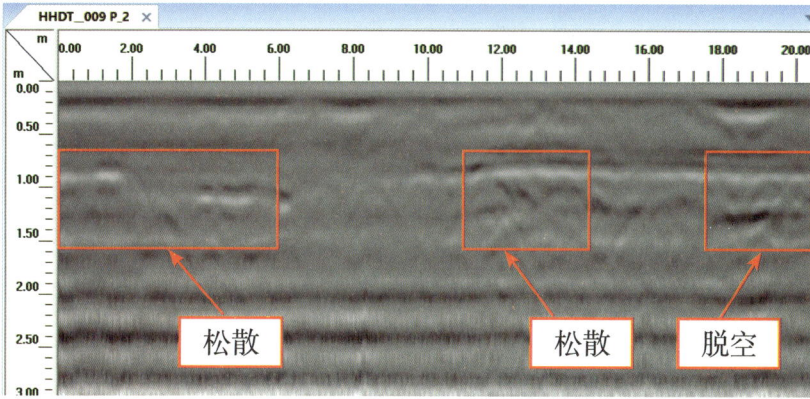

（a）注浆前探地雷达检测结果，发现松散、脱空

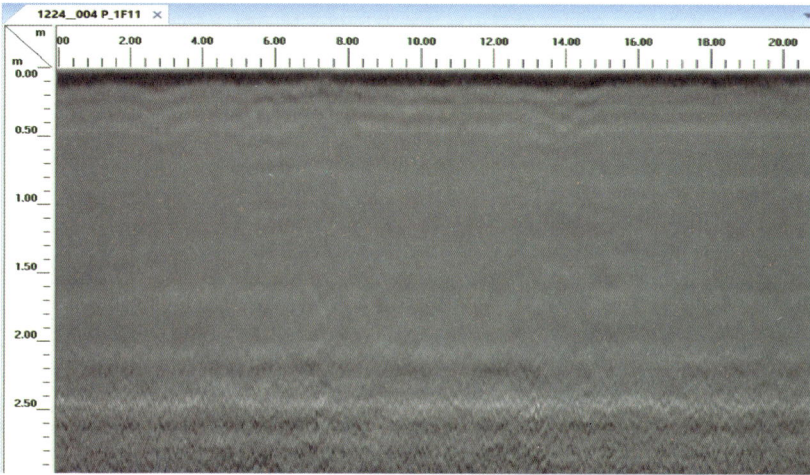

（b）注浆后探地雷达检测结果，松散、脱空消失

图 2.60　停机坪注浆前后探地雷达检测结果

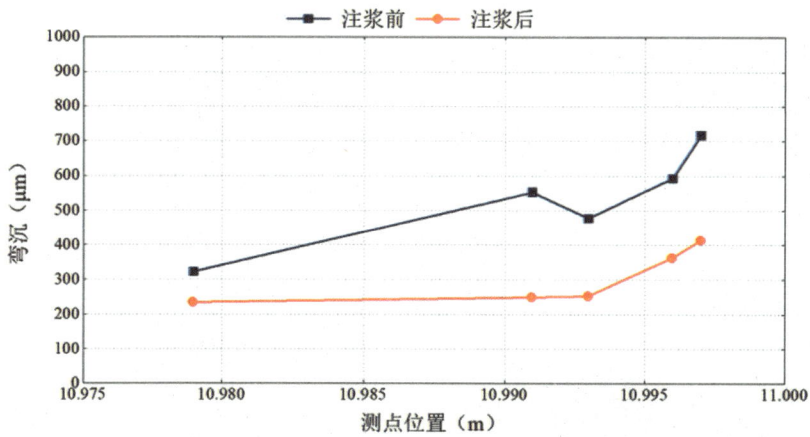

图 2.61　停机坪混凝土板注浆前后弯沉对比（荷载 18t）

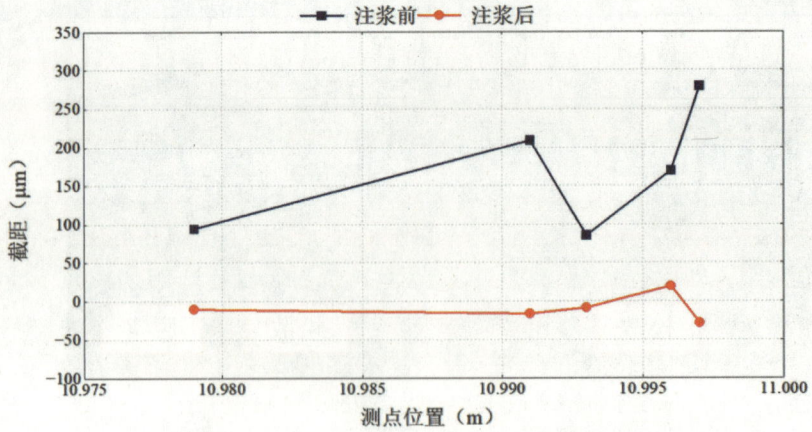

图 2.62　停机坪混凝土板注浆前后弯沉截距对比

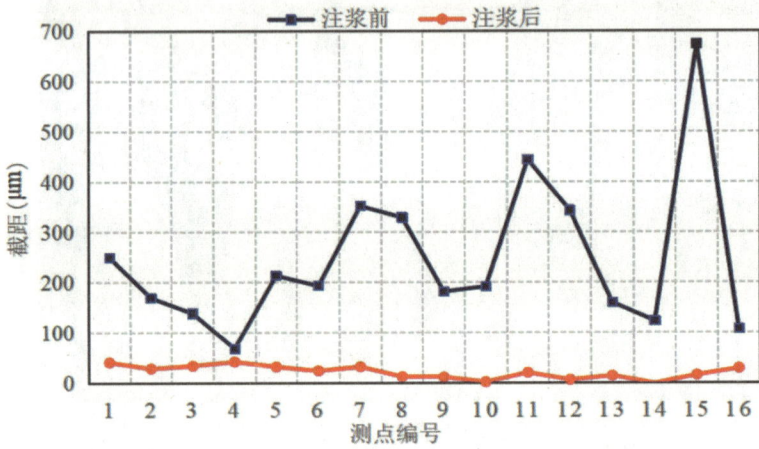

图 2.63　跑道、滑行道、联络道混凝土板注浆前后弯沉截距对比

图 2.64　混凝土板沉降修复施工现场

（a）注浆修复前　　　（b）注浆修复后

图 2.65　混凝土板沉降修复前后对比

③ 南飞行区扩建改造工程检测修复

为保证机场南飞行区扩建改造工程施工质量，在加铺沥青面层前，对现有道面进行检测，诊断道面病害情况，实施针对性加固措施。

首先采用三维探地雷达和重锤式弯沉仪对道面板进行检测，根据检测结果进行注浆处理，然后再次进行检测评价注浆效果。检测范围包括机场南飞行区跑道、平滑道、联络道等。

（a）

（b）

图 2.66　三维探地雷达现场检测

（a）

（b）

图 2.67　重锤式弯沉仪现场检测

检测结果表明，部分水泥混凝土道面板存在不同程度脱空病害，需在沥青罩面前进行处治。采用高聚物注浆技术对病害区域实施了加固处治，测线及注浆孔布置方案如图 2.68 和图 2.69 所示。

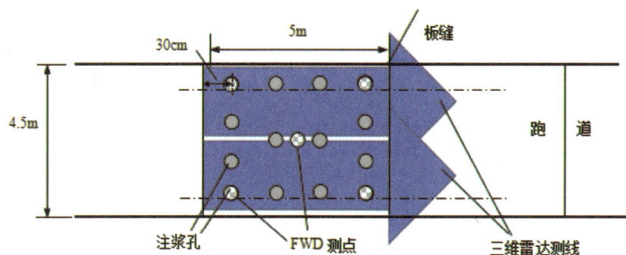

图 2.68　混凝土道面板注浆孔布置示意图

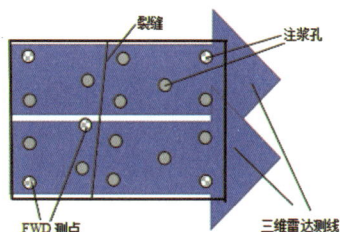

图 2.69　断裂混凝土道面板注浆孔布置示意图

2020年3月5日至3月31日，采用高聚物注浆技术完成了南飞行区跑道基础加固工程，处治脱空板块 647 块，面积 14 557.5 m²。2020 年 3 月 24 日至 4 月 4 日，采用高聚物注浆技术完成了平滑道基础加固工程，处治脱空板块 740 块，面积 12 539 m²。

图 2.70　高聚物注浆维修

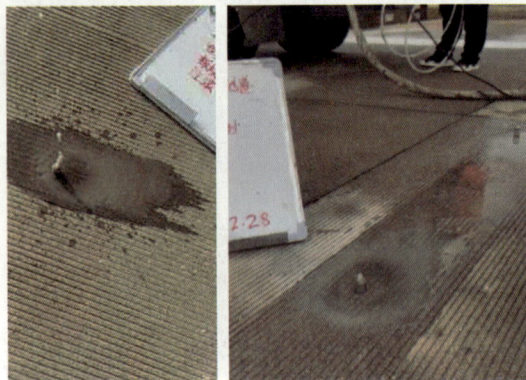

（a）　　　　　　　　　　（b）

图 2.71　注浆后道面板底部积水被排出

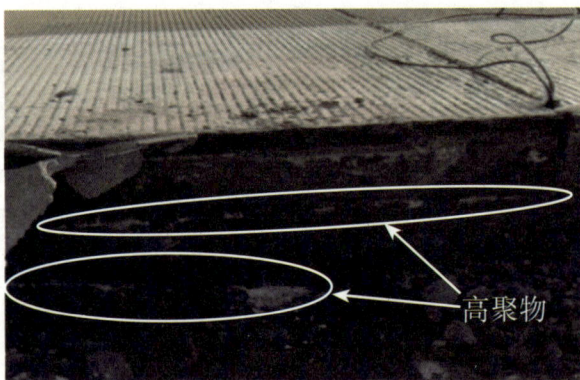

图 2.72　现场开挖检验

注浆完成后，再次对道面板实施了检测，并选取部分区域进行了开挖检验。结果表明：注浆前弯沉大于 300 μm 的板块弯沉均值为 428.9 μm，注浆后弯沉均值降为 259.9 μm，板弯沉值平均下降幅度约为 39.4%；板底脱空被高聚物充分填充，道面板与基层通过高聚物黏结在一起形成整体结构。

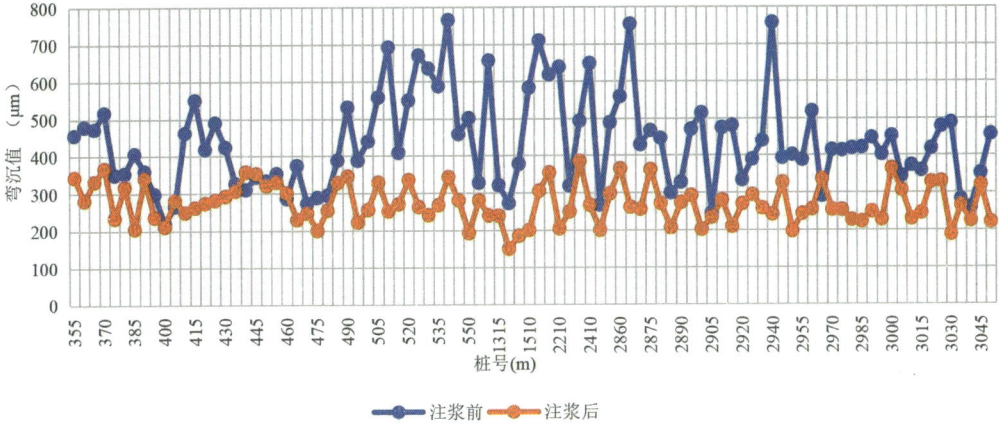

图 2.73　高聚物注浆维修前后混凝土道面板弯沉对比

（4）经济和社会效益

在机场施工、运营及扩建改造过程中，采用本成果对机场道面进行检测维修，及时发现病害并快速处治，不仅保障了道面施工质量和机场运营安全，同时节约了大量维修经费。与开挖换板维修方式相比，采用高聚物注浆技术每块板维修费用节省约 3 万元以上，减少维修时间约 6 h，仅南飞行区扩建改造一项工程修复 1 387 块板，节约维修经费至少 4 161万元，并显著缩短了维修工期。

典型案例技术三：近运营地铁隧道深大基坑变形控制关键技术

技术名称：近运营地铁隧道深大基坑变形控制关键技术

完成单位：深圳大学

技术负责人：陈湘生

联系人：包小华

联系电话：13825284314

邮箱：bxh@szu.edu.cn

通信地址：广东省深圳市南山区南海大道 3688 号

1. 专家简况

专家姓名	陈湘生	专业或专长	隧道与地下工程

陈湘生，博士，深圳大学特聘教授，博士导师，中国工程院土木、水利与建筑工程学部院士，俄罗斯工程院外籍院士，隧道与地下工程、城市轨道交通工程、智能岩土工程、特殊岩土工程、人工冻土力学、建井工程专家。

1982 年 1 月毕业于淮南矿院，2000 年 1 月获得清华大学博士学位（在职，全国优秀博士论文），先后访学于柏林工业大学、鲁尔大学和剑桥大学。历任煤炭科学研究总院北京建井研究所所长和总院副总工程师，深圳市地铁集团有限公司总工程师（副总经理）。先后获国家科技进步奖特等奖 1 项、二等奖 2 项，省部级和一级学会科技进步奖 14 项，深圳市科技进步奖一等奖 2 项，詹天佑工程大奖 4 项；出版专著 8 部、国内外正式刊出论文 100 余篇。

长期从事地下工程控制地层变形技术的研发工作。建立了人工冻土物理力学基本体系；构建了深井冻结壁和冻结管变形极限双控的时空设计理论体系和公式，解决了防控冻结管断裂淹水难题；研制了首套离心机土壤冻-融循环模拟装置并提出了抑制冻-融的实用技术；研发了水平冻结技术，为地下工程中防控突水涌砂提供了"金钥匙"；创建了地铁隧道下穿建筑物的"掘—测—智—控"群泵注浆矫正建筑物的控制变形技术；带领研发了跨地铁运营隧道的地下空间施工"加固—跳挖—反压—隔离—精测"的控制地层变形组合技术，将运营隧道规范控制限值降到 3 m 以内，释放了地铁安保区原来无法利用的大量土地资源。

研究领域涉及隧道及地下工程、韧性地下结构工程、特殊岩土工程、地下近接（跨地铁运营隧道）工程、井巷工程、人工冻土力学及应用、现代施工技术（地层冻结、综合注浆、矿山法与盾构法智能技术）、地层位移与变形控制技术、智能岩土工程、地铁隧道结构损伤与修复研究、地下结构状态实时诊断与数字孪生智能化研究、地铁运营安全智慧监控与预警、土工离心试验机模拟技术、城市空间 HOD 协同规划研究。

2. 技术简介

技术名称：近运营地铁隧道深大基坑变形控制关键技术

2.1 研发背景

随着我国城市化进程的加速，对城市地下空间的开发利用日益深化，基坑开挖工程的规模不断扩大，向着更深的地层发展，深基坑开挖开始在工程建设中普遍出现。如何更有效地抵抗侧向土压力、维持基坑稳定越来越受到重视。同时，城区基坑开挖还需考虑既有构筑物变形控制要求，如地铁线路变形控制，如图 3.1 所示。而传统基坑支护采用固定式钢框架结构，一旦组装完成，无法快速调节支护轴力以应对水土压力变化，常导致周边地层出现较大位移，对既有构筑物的安全性产生威胁，如图 3.2 所示。传统技术已无法满足深大基坑、复杂地质条件、施工微扰动要求下的基坑支护。

基于此，该研究提出了一套近运营地铁隧道深大基坑变形控制关键技术，综合了地质勘察、原位试验、数值敏感性分析、支护轴力伺服控制等多项技术，并在深圳恒大中心基坑工程、深圳弘毅·全球 PE 中心基坑项目、深圳地铁 11 号线前海湾站等工程中实现应用，取得了良好的工程应用效果。

图 3.1 基坑近邻既有构筑物施工风险巨大

图 3.2　基坑垮塌引起地铁隧道受损（广州地铁）

2.2　技术原理与解决的工程难题

如何在确保地铁安全运营的前提下释放开发地下空间，对于实现城市的可持续发展意义重大。在如何高效利用邻近结构密集分布的地下空间土地资源方面，存在机理不明、理论缺失、技术空白的瓶颈。为实现这一目标，亟须解决如下关键的科学问题和工程技术难题：

①分次扰动地层开挖卸载力学特性时空演化机理不明，导致基坑周围地层变形难以预测和精准控制；

②经历分次施工扰动的地层与新老地下结构相互协同变形互馈机制不明，地层、运营隧道和新建结构变形综合控制难度大。

该项目提出了一套复杂地质条件及既有地下构筑物微扰动要求下的近运营地铁隧道深大基坑变形控制技术，该项技术综合了工程勘察、原位试验、数值仿真、施工、监控量测

图 3.3　运营隧道控制保护区示意图

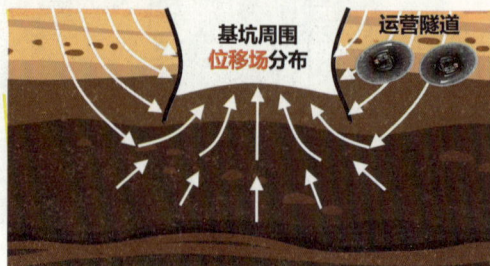

图 3.4　控制保护区施工灾变

等技术，可实现对深大基坑的安全支护，同时降低基坑开挖引起的周边地层变形位移，实现了对邻近地下构筑物的微扰动施工。

2.3 技术特点和主要技术经济指标

依据前期准备工作开展基坑支护及地铁隧道保护设计，对地铁隧道侧采用"护壁隔离保护桩＋地连墙＋护槽旋喷桩"的施工方案，有效控制地下水位下降，使用伺服系统灵活控制支护轴力以有效降低地铁线路位移，解决了深大基坑开挖支护变形过大、基坑涌水控制、邻近地层构筑物大变形的技术难题。技术实施流程如图 3.5 所示。

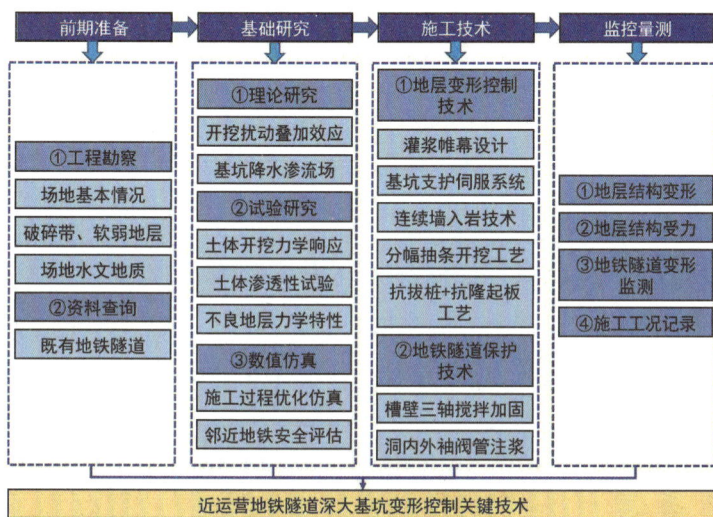

图 3.5　技术实施流程

①针对传统支护手段无法满足深大基坑变形控制要求的问题，如图 3.6 所示，研制了控制支护轴力的伺服系统。经试验验证，该系统承载力可达 550 t 荷载，无断裂屈曲现象，表明在千斤顶失效的情况下该系统可有效保证基坑支护系统的稳定。

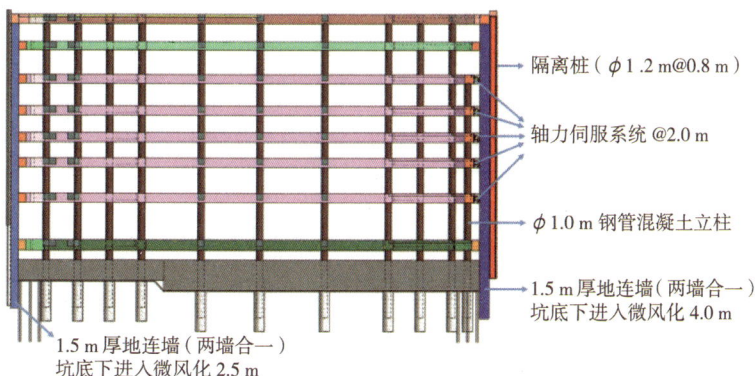

图 3.6　典型基坑支护系统布置

②提出灌浆施工、帷幕施工控制关键技术，破碎带灌浆应自中风化面起灌，且起灌位置不应低于基坑底；帷幕相邻孔搭接长度不得少于 6 m；帷幕与地下连续墙搭接长度不得少于 2 m。

③针对深大基坑地下水渗流难控制问题，提出止水灌浆施工控制关键技术。

④针对地层中存在的地铁隧道变形控制要求，开展数值模拟分析。经验证，在设计的预加力及轴力伺服的条件下，可控制地铁隧道全过程基本无变形。

2.4 推广应用情况

本项技术在深圳市恒大中心基坑支护工程中开展应用，经现场监测、专家研讨会、数值模拟确认，使用本项技术可有效控制基坑开挖变形，保障邻近地铁隧道的安全性。该项技术被广泛地应用于北京、上海、深圳等多项深大基坑建设工程中，产生了巨大的经济和社会效益，近三年采用该项技术累计产生经济效益达 20 亿元。该项技术带来的社会和经济效益主要体现在以下几个方面：

①提高深大基坑建设安全性。有效控制深大基坑支护变形位移，伺服支护系统更能有效应对水土压力变化，提高工程建设安全性。

②实现对邻近隧道的微扰动。保障了邻近地铁隧道不因基坑施工而中断运营，维持城市交通线的平稳运行。

③促进科技进步。项目授权的发明专利、发表的大量高水平国际论文等，极大地促进了深大基坑建设基础理论的发展，促使行业加快技术迭代。

2.5 科技成果成效

该项技术已授权国家专利 4 项，出版专著 2 部，软件著作权 2 项，获省部级奖项 1 项，学会奖 1 项，参与编制地方标准 2 项。

2.6 人才培养成效

通过该项目的研发和应用，培养了一批高层次科研和工程技术人才。国家级科研人才包括中国工程院院士、国家杰出青年科学基金获得者、国家优秀青年科学基金获得者；工程技术人员包括地质勘探人才、地层灌浆控制关键技术研究人员、深大基坑支护设计及安全分析人员等，为工程建设企业培养了大批企业高级工程师和技术骨干。此外还培养了 10 余名博士研究生和 90 余名硕士研究生，为我国地下工程领域的科技发展作出了突出贡献。

图 3.7　授权专利

图 3.8　广东省科技
进步奖一等奖

图 3.9　学会科技进步奖
特等奖

3. 案例介绍

案例 1　恒大中心基坑支护及地铁保护设计

（1）工程简介

该工程案例为施工建造类，具体为深圳市恒大集团未来新总部基坑建设工程，该项目是恒大集团 1 号工程，也被深圳市发展改革委员会列入深圳市重大项目。项目位于深圳市南山区深圳湾超级总部基地核心区，深湾三路与白石四道交汇东南角，如图 3.10—图 3.12 所示。总用地面积为 10 376 m²，容积率为 27，总建筑面积为 34 万 m²，其中地上规定建筑面积为 28 万 m²，塔楼建筑高 393.9 m，地上 71 层，地下 6 层。结构底板面相对标高 −37.7m，塔楼底板厚 4.5 m。

图 3.10　项目地理位置

图 3.11　工程现场

图 3.12　工程效果

（2）病害情况

深圳恒大中心基坑工程最大开挖深度达 42.25 m，开挖面积约 5 451 m²，支护总长约 370 m，属深大基坑工程。地层存在填土、砾砂、粉质黏土、全风化及强风化花岗岩，为软弱土地区，基坑支护位移控制难度大，存在支护倾倒风险。项目下穿强风化花岗岩破碎带，破碎带宽 5 ~ 10 m，倾向北东，倾角为 50° ~ 70°。破碎带含水量相对丰富，在强降雨条件下存在坑底涌水的潜在风险，对基坑坑底变形控制、灌浆堵水施工要求高，工程难点如图 3.13 所示。同时，项目北侧邻近深圳地铁 9 号、11 号线，最小水平距离为 3 m，如图 3.14 所示。基坑工程的围护结构横向变形、地连墙施工扰动以及基坑外地下水位下降均可能引起邻近地铁隧道产生整体侧移及横向椭变，基坑开挖对地层位移控制要求严格。

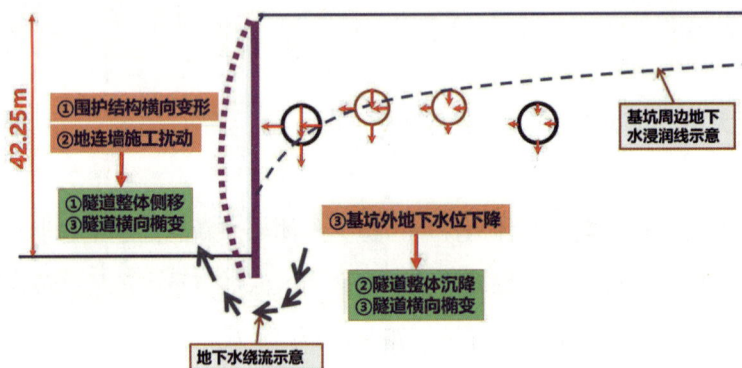

图 3.13　工程难点

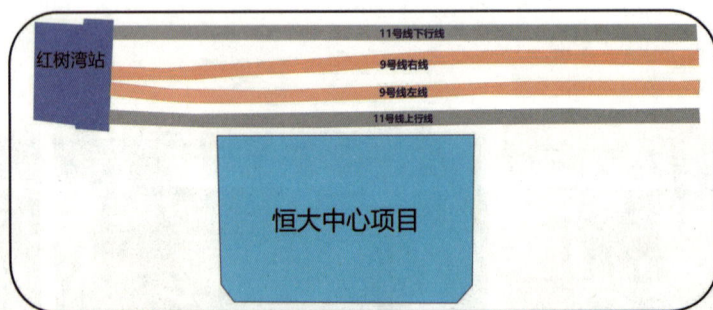

图 3.14　工程邻近地铁线路

（3）实施效果

深圳恒大中心基坑工程于 2017 年 12 月 19 日土地摘牌，2018 年 2 月 1 日正式动工，2019 年 1 月 20 日完成地连墙施工，2019 年 3 月开始基岩灌浆，同年 10 月完工。该基坑工程采用分层开挖方案，自北向南开挖，在邻近地铁侧设置分层留土台并跳块开挖，同时地铁侧维护结构采用"护壁隔离保护桩 + 地连墙 + 护槽旋喷桩"的施工方案，如图 3.15 所示，以有效控制土层位移及地下水位下降。支撑结构采用伺服系统，在千斤顶失效的情况下，该系统可有效保证基坑支护系统的稳定，如图 3.16—图 3.18 所示，并可快速调节支护轴力以应对水土压力变化。利用数值模拟技术，开展基坑施工全过程支护地铁隧道变形位移计算，分析在设计的预加力及轴力伺服两种支护状态下的隧道变形量，结果显示地铁变形均满足要求。采用水泥净浆进行帷幕及破碎带封底灌浆，按照"三序施工、跳孔灌浆"的原则施作，在破碎带端头及底部形成密实连续的封底，同时给出了帷幕相邻孔搭接长度、帷幕与地下连续墙搭接长度的限值。

经现场监测验证，通过封底灌浆技术成功降低地层渗透性，其中微风化地层渗透系数由 0.034 m/d（深 42 ~ 62 m）、0.016 m/d（深 62 ~ 100 m）均下降至 0.005 m/d，破碎带渗透系数由 0.3 m/d（深 42 ~ 62 m）、0.1 m/d（深 62 ~ 100 m）均下降至 0.01 m/d，该套灌浆技术可有效避免基坑涌水风险。地铁变形位移控制在 –1.6 ~ 2.5 mm，实现了深大基坑开挖对邻近构筑物微扰动的目标。

（4）经济和社会效益

深圳恒大中心基坑工程建设过程中应用了复杂地质条件深大基坑支护及邻近地铁保护设计技术，实现了对支护结构变形、地铁隧道变形的有效控制，保障了邻近运营隧道的安全，共产生经济效益 2 300 万元。该技术的实施将运营隧道两侧的控制保护区由 50 m 的限值科学地减小到 3 m（甚至更小），顶部降到 2 m，释放了大量的土地资源，实现了对控制保护区土地的成片开发利用；成功解决了轨道交通密集占用土地资源的世界性难题，践行了土地集约利用和低碳发展的国家战略。该技术在深圳、广州、杭州、厦门、成都等地区 50 多项地下工程中广泛应用，生态和经济社会效益显著，节省投资近 20 亿元。

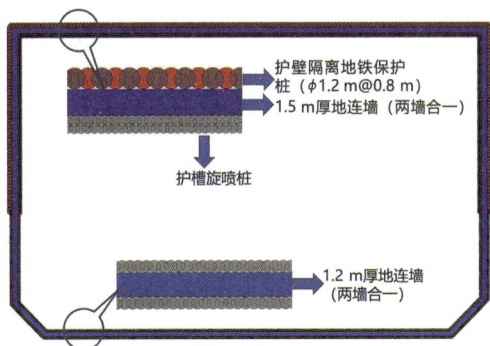

图 3.15 围护结构平面图

图 3.16 现场伺服系统

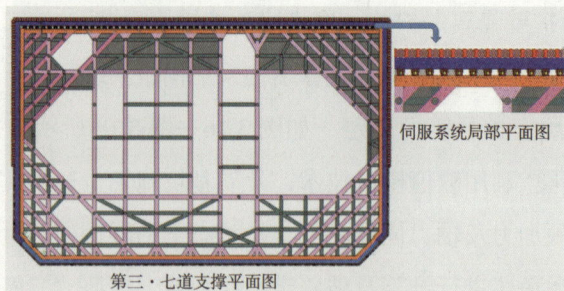

伺服系统局部平面图

第三·七道支撑平面图

图 3.17　内支撑主动伺服支护

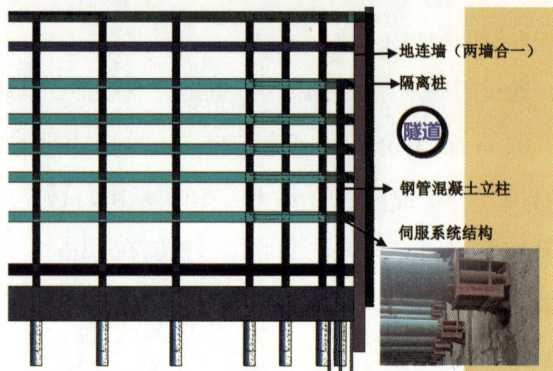

地连墙（两墙合一）

隔离桩

隧道

钢管混凝土立柱

伺服系统结构

图 3.18　内支撑主动伺服支护效果（施工全过程水平位移 ≤ 3 mm）

案例 2　深圳弘毅·全球 PE 中心基坑设计及地铁保护

（1）工程简介

深圳弘毅·全球 PE 中心基坑项目位于深圳市南山区前海片区二单元五街坊，场地位于深圳地铁 5 号线和 11 号线的保护区内，占地面积约为 11 700 m²，拟建两栋建筑物，一栋为高约 153 m 的写字楼，另一栋为高约 92.5 m 的公寓，分别设地下室 1 层和 3 层，基坑开挖深度分别约为 8.3 m 和 15.3 m。基坑面积约 13 480 m²，周长为 483 m。基坑支护安全等级为一级。

项目地下 1 层地下室位于地铁保护区段，地下 1 层地下室在地铁 11 号线上方，垂直距离为 10 m，地下 3 层地下室在地铁 11 号线西侧，最小距离为 4.2 m，设计方案如图 3.19 所示。地铁 5 号线南延段在地下 1 层地下室与地下 3 层地下室西侧，最小距离为 1.97 m。同时，该工程位于前海填海片区，如图 3.20、图 3.21 所示，场地范围人工填石多，淤泥层厚，还有孤石、液化砂层等不良地质（图 3.22），对工程桩、连续墙与支护桩的成孔施工极为不利，施工难度大。

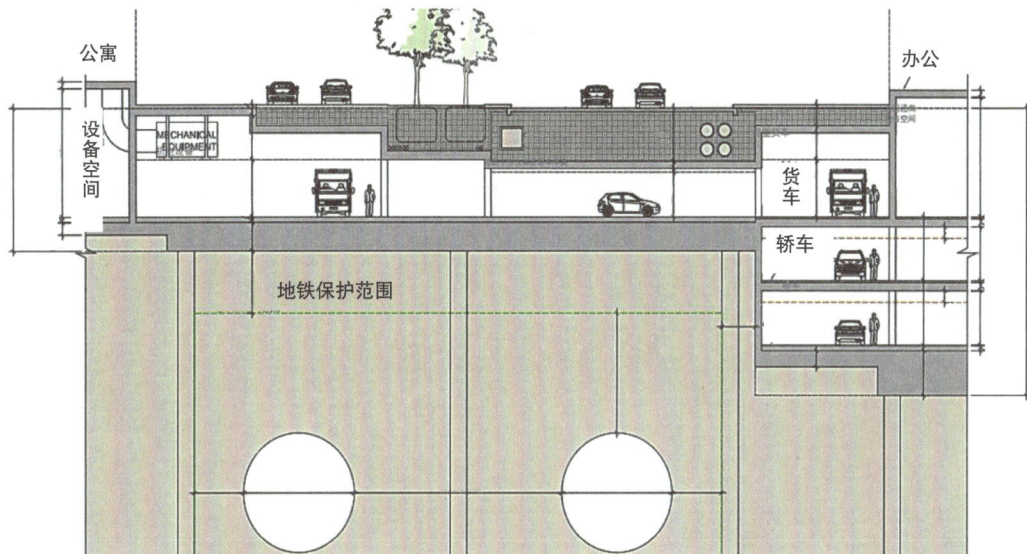

图 3.19　弘毅·全球 PE 中心地块概念设计方案图

图 3.20　工程现场

图 3.21　项目效果

（2）病害情况

项目基坑被在建项目合围，西侧为听海路工程与即将施工的地铁 5 号线南延线工程，施工单位多，相互影响较大。地铁 11 号线已从本项目 1 层地下室基坑底部穿过，3 层地下室基坑土方开挖时，如基坑支护结构发生侧移超过允许值，将对地铁隧道结构产生位移风险，1 层地下室土方开挖时，坑底会产生隆起，存在地层回弹引起隧道上浮的风险。地铁 5 号线位于基坑西侧，紧邻西侧围护结构，最小净距 1.7 m。基坑开挖时，如基坑支护结构发生侧移和地下水下降超过允许值，将对地铁隧道结构产生位移、沉降等风险。项目难点如图 3.23 所示。

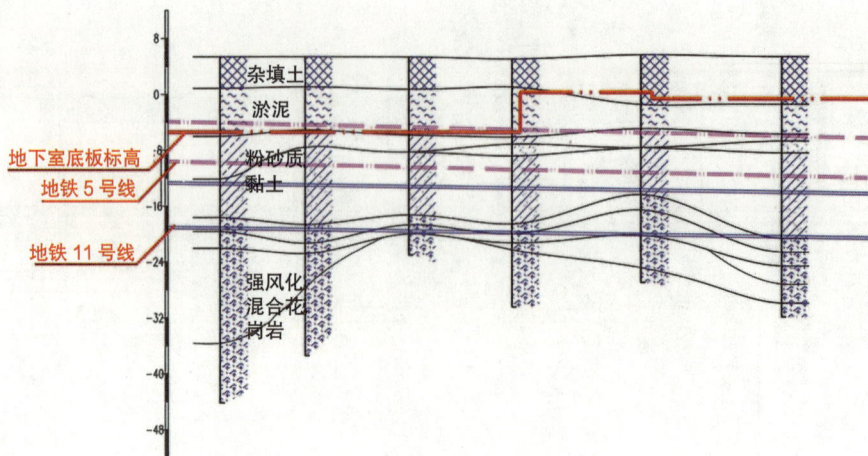

图 3.22　典型工程地质剖面

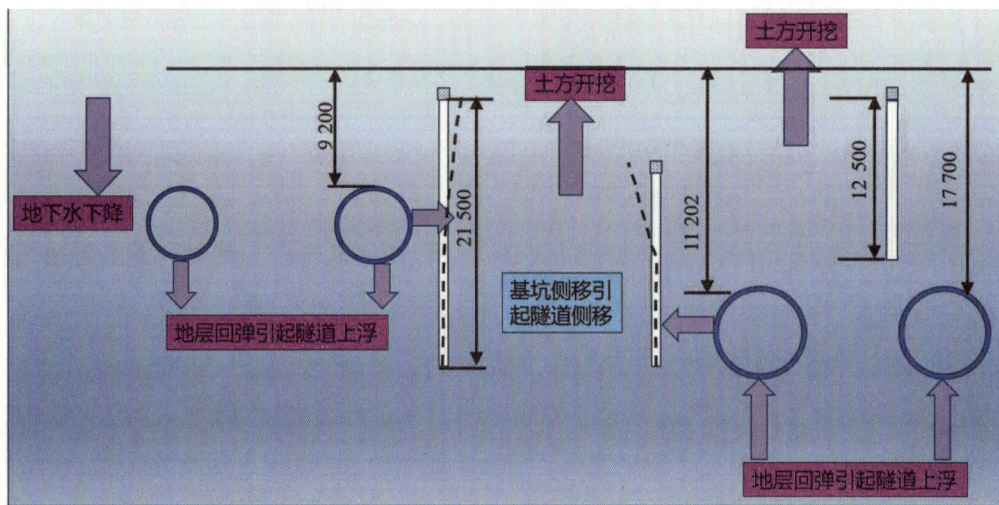

图 3.23　工程难点

（3）实施效果

深圳弘毅·全球PE中心基坑项目于2015年12月15日开工，至2016年12月15日完工。基坑支护结构采用ϕ1.2 m@1.0 m咬合桩、1 m厚地下连续墙与钢筋混凝土内支撑结构形式，如图3.24所示。

地下连续墙施工前，对靠近地铁11号线盾构区间段进行槽壁三轴搅拌加固，同时严格控制施工时间，减少连续墙成孔后的暴露时间。此外，采用"跳二挖一"的顺序进行施工，以此减少基坑开挖引起的地层变形。桩基工程则采用全套管旋挖成孔，控制施工顺序，保证每次成孔进尺在护筒内部，以此减少水土流失。同时，对盾构隧道洞内、洞外采用水泥-

水玻璃双浆液进行袖阀管注浆，其中洞内注浆压力控制在 0.3 MPa，钢管前部 60 cm 范围内钻 3 组出浆孔，每组 3 个孔，孔组间距为 20 cm，如图 3.25 所示。洞外注浆先进行竖直注浆管注浆，再进行斜向袖阀管注浆，并加固隧道下方土体。注浆孔沿隧道纵向 1 m 间距布置，垂直隧道纵向方向布置 12 排。注浆深度为隧道底部以下 3 m，注浆范围为盾构隧道两侧 9 m 内，如图 3.26 所示。

通过数值计算手段对支护结构进行模拟，评估施工过程中地铁线路的变形情况以及地层变形情况。评估发现，地铁隧道最大变形为 4.72 mm（允许值为 10 mm），地铁钢轨最大沉降为 2.61 mm（允许值为 4 mm），均满足地铁隧道微扰动的要求。监控量测发现，地铁 11 号线最大累计沉降量右线为 +6.30 mm，左线为 +6.70 mm，最大累计位移量右线为 +6.30 mm，左线为 +6.60 mm，如图 3.27 所示。施工过程中未出现地铁隧道开裂、渗漏水等病害，整体施工过程能够满足地铁结构及运营安全要求。

图 3.24 基坑支护结构

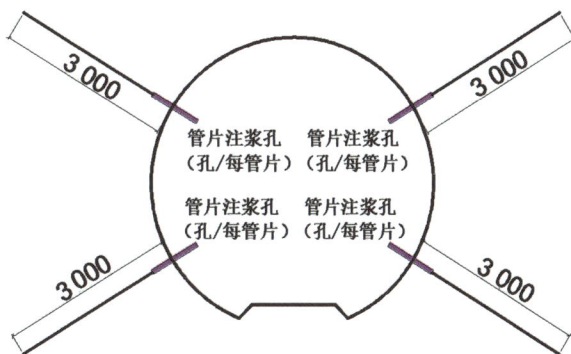

图 3.25 洞内注浆

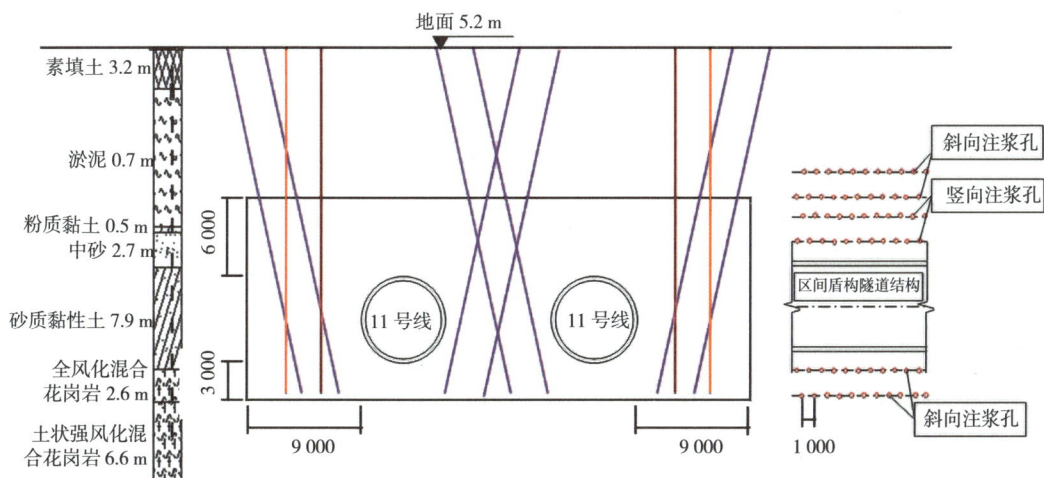

图 3.26 洞外注浆

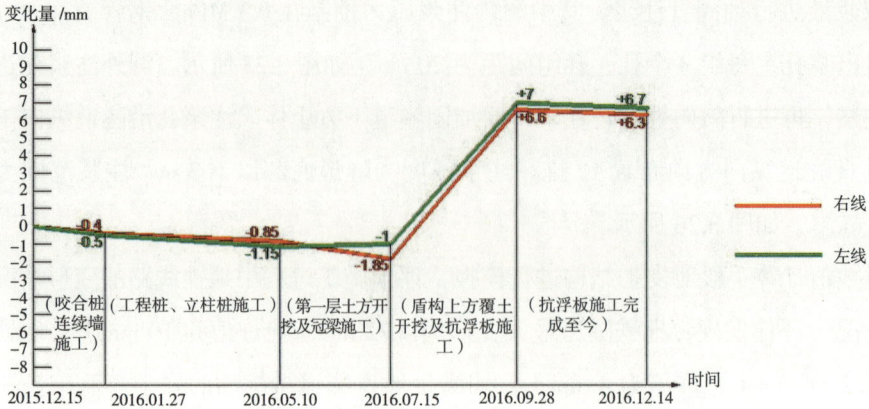

图 3.27 地铁隧道沉降变形时程曲线

（4）经济和社会效益

近运营地铁隧道深大基坑变形控制关键技术在施工中得到较好的应用，有效保障了施工过程中地铁隧道结构和运营安全，取得了较好的经济效益和社会效益。

通过科研活动，积极探索施工新方法，优化施工方案，在施工过程中有效保证了地铁隧道结构安全，提高了施工效率，缩短了施工工期，各个方面合计经济效益在 500 万元以上。总结的科研成果、新材料、新工艺工法对后续的邻近既有线盾构区间深基坑施工有较强的指导意义，为企业、社会提高了经济效益并增加了经验储备。

案例 3　深圳地铁 11 号线前海湾站基坑设计及地铁保护

（1）工程简介

该工程案例为施工建造类，具体为深圳地铁 11 号线前海湾站基坑工程，前海湾站位于与香港隔海相望的深圳前海深港合作区，如图 3.28 所示。合作区占地面积 14.92 km²，

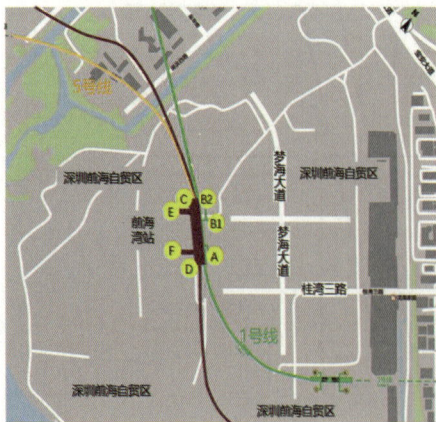

图 3.28　项目位置

是深圳特区中的特区，是未来深圳最具潜力的高端发展用地，规划中的深港服务业合作区是深港两地在"一国两制"和"深港合作"框架下的深化合作，将重点发展金融业、现代物流业、信息服务业、科技服务业四大产业。前海湾地铁车站是前海综合交通枢纽工程建设中的一个重要组成部分，前海枢纽建成后将形成穗莞深城际线、深港西部快线、深圳地铁 1、5、11 号线在此交汇平行换乘，如图 3.29、图 3.30 所示。

深圳地铁 11 号线前海湾站为关键控制性工程之一，对全线的按期建成至关重要。前海湾站全长 830 m，宽 25.7 m，深 18.1 m，地下 3 层为双柱三跨岛式车站，建筑面积 7.8 万 m^2，工程造价 11.79 亿元，规模相当于 3 ~ 4 个标准地铁车站，是国内目前最长的车站。

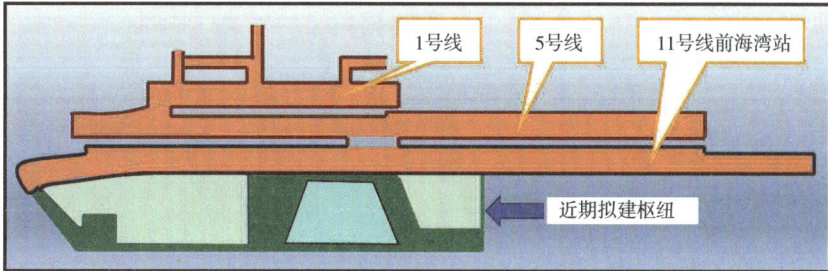

图 3.29 工程平面图

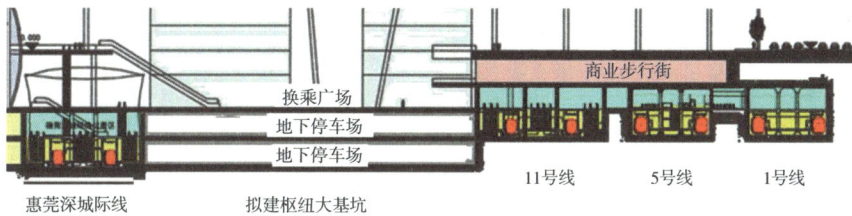

图 3.30 工程剖面图

（2）病害情况

前海湾站毗邻海边，地层为典型的填海地层，地下水与海水的水力联系紧密，地下水位高。地层复杂，存在人工填筑建筑垃圾、填石（碎石、块石）层、海积淤泥、硬岩突起等不良地层，如图 3.31 所示，其软硬不均且分布无规律，造成车站总体施工难度大、安全风险高。前海湾站长达 830 m，相当于 3 ~ 4 个标准长度车站，施工采用的搅拌桩、旋喷桩加固以及围护结构钻孔桩、抗拔桩、盖挖逆作结构、土石方开挖、支撑体系架设、地下工程防水等工程体量大、交叉工序多，对施工组织管理要求高。前海湾站在长 720 m 范围内与东侧已建成运营轨道交通 5 号线平行，围护结构最小净距仅有 9.1 m，在填海区复

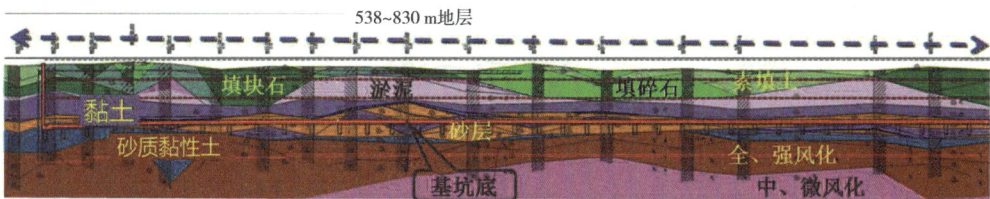

图 3.31 不良地质

杂不良地层中施工，对车站深基坑和既有线运营安全控制要求高，项目面临的工程难点如图 3.32 所示。

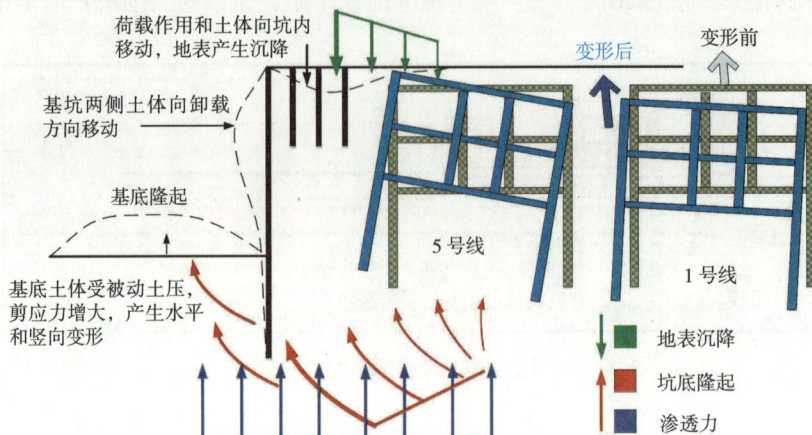

图 3.32　基坑开挖引起地表沉降和基底隆起

（3）实施效果

车站主要采用盖挖逆作法，基坑工程采用"围护桩 + 内支撑自动轴力补偿系统"的支护形式。

基于前海湾站复杂软土地质的特点，软基处理针对不同的地质条件分别对基坑内外和围护结构内外采用单轴搅拌桩、双旋喷桩加固以及三管旋喷桩的止水、帷幕，增加基坑地层的强度与整体性，如图 3.33 所示，控制基坑开挖过程中围护结构的变形以及邻近既有地铁线的变形，保证基坑的安全稳定性和既有地铁线的安全运营。开挖过程中基坑围护结构侧壁未出现涌水、涌泥，基坑内外淤泥未产生涌动，基坑施工风险得到有效控制，保障了深基坑开挖的安全，给今后填海区地基加固提供了一种可参考的综合解决方案。采用旋挖钻机成孔，并对地质情况较差的区域采用液压震动锤打设 18 m 长护筒，从而克服淤泥、填石地层中成孔难题。通过采用旋挖钻机配备钛合金牙轮钻头，即两次"钻芯法"套钻取芯，从而克服硬岩突起成孔问题。利用钢支撑自动轴力补偿系统对支撑轴力进行全天候不间断监测，并根据高精度传感器所测参数值对支撑轴力进行适时的自动或手动补偿来达到控制基坑变形目的，具有能力强、精度高、速度快的优点。其中，钢支撑轴力实时补偿响应精度达 95% 以上，响应时间缩短至 2 s。创新车站盖挖逆作"矮支架 + 竹胶板"工法，侧墙采用单侧悬臂液压式模板台车有效地解决了复杂地层中盖挖逆作结构的成型质量问题。通过数值计算，根据支撑、地层与结构受力变形，获得了填海淤泥地层条件下近接基坑施工的相互影响规律，如图 3.34 所示。

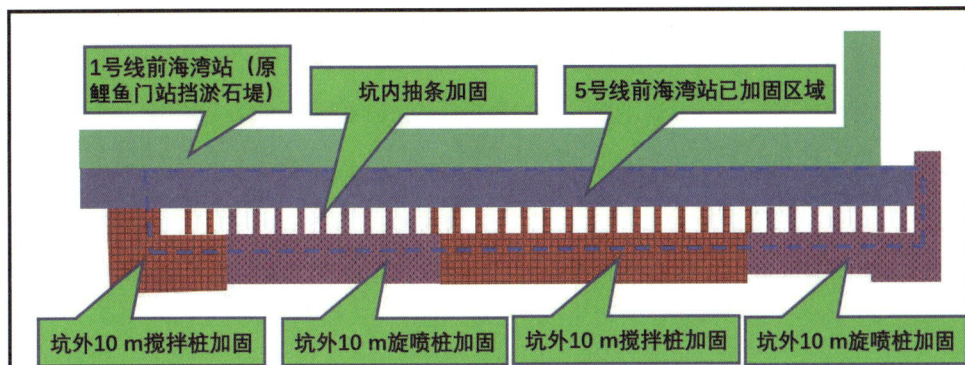

图 3.33　地基加固范围平面图

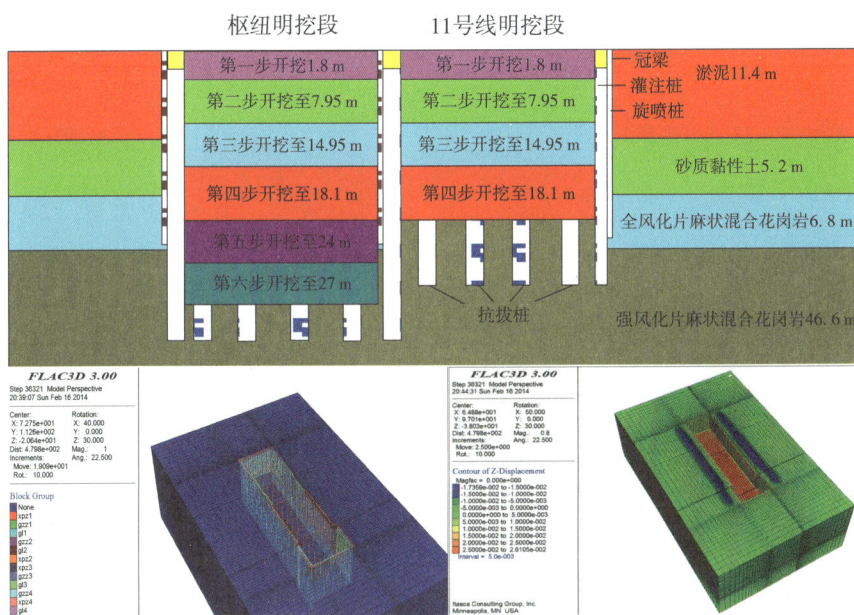

图 3.34　施工过程数值模拟

　　通过对车站支撑轴力、桩体位移、地表沉降的监测发现，桩体位移变形最大仅为 26 mm，地表最大沉降未超过 20 mm（控制值为 27 mm），盾构隧道最大沉降变形为 9.4 mm（控制值为 10 mm），表明通过以上措施实现了基坑开挖对邻近地铁隧道的微扰动施工。

　　（4）经济和社会效益

　　该项技术有效保障了城市交通线路的正常运行，有利于维护城市平稳运行。同时，该项技术的研发为我国基坑工程建设的发展培养了大批专业技术人才，实现了产学研深度融合。此外，该项技术相较于传统基坑支护手段，更节省施工材料，践行了国家低碳发展的建设目标。该项技术通过多种地层加固、增强围护手段实现了软弱地层的小变形施工，有效保障了施工人员的生命安全。

在深圳地铁 11 号线前海湾站基坑工程建设中应用了复杂地质条件深大基坑支护及邻近地铁保护设计技术，实现了对淤泥质地层深大基坑开挖变形的有效控制，大幅提升了深基坑工程的安全性，降低了对邻近构筑物的施工影响，地层变形、盾构隧道沉降均能达到微扰动施工要求，产生 500 万元以上的经济效益。

典型案例技术四：复杂环境下大型建筑物精细爆破拆除技术

技术名称：复杂环境下大型建筑物精细爆破拆除技术

完成单位：江汉大学

技术负责人：谢先启

联系人：张念武

联系电话：13343447516

邮　　箱：386493804@qq.com

通信地址：武汉市经济开发区三角湖路 8 号

1. 专家简况

专家姓名	谢先启	专业或专长	工程爆破

　　谢先启，男，湖北洪湖人，爆破工程专家，中国工程院院士，教授，博士生导师。1986 年毕业于中国人民解放军工程兵指挥学院，研究生学历，工学硕士。曾任武汉航空港发展集团有限公司董事长、首席专家。现任江汉大学学术委员会主任、湖北（武汉）爆炸与爆破技术研究院院长，精细爆破国家重点实验室主任。兼任中国爆破行业协会会长。

　　首次提出了精细爆破理念并构建了其技术体系，系统发展了建（构）筑物拆除爆破设计理论与方法，研发了建（构）筑物拆除爆破系列新技术。主持完成各类爆破工程 500 余项；先后出版《精细爆破》《拆除爆破数值模拟与应用》《城市高架桥精细爆破拆除》和《高层高耸结构定向倾倒爆破失稳破坏机制与精细控制技术》等著作；以第一完成人获国家科技进步奖二等奖 2 项，省部级科技进步奖特等奖 1 项、一等奖 7 项。

2. 技术简介

　　技术名称：复杂环境下大型建筑物精细爆破拆除技术

2.1　研发背景

　　爆破拆除技术具有经济、高效等优点，是大型建筑结构拆除的首选技术，在国民经济建设中具有不可替代的作用。据《建筑拆除管理政策研究》报告，我国年均建筑拆除量已达 4.6 亿 m^2，而随着我国城市更新、工业升级改造、基础设施建设及"一带一路"建设的快速推进，大规模工业与民用建筑结构的爆破拆除需求必将与日俱增。

近年来，爆破拆除工程呈现出环境复杂化、结构多样化、规模大型化等新特点，既有理论与技术已无法满足安全高效拆除的技术需求，高层楼房、高耸薄壁结构、建筑群等大型建筑爆破拆除工程常发生炸而不倒、方向失控、周边保护目标受损等安全事故，严重威胁人民群众的生命与财产安全。为此，项目组针对复杂环境下大型建筑结构精细爆破拆除关键技术开展了系统深入的研究，取得了一系列创新成果，完善和发展了工程爆破理论和技术体系。

2.2 技术原理与解决的工程难题

（1）高层楼房爆破拆除失稳倒塌与破坏解体精确调控设计理论与方法

提出了精确调控高层楼房重力势能向构件破碎能高效转化的爆破设计技术原理；提出了可精确判断楼房整体失稳和局部解体的系列理论分析模型与方法（图 4.1）；充分考虑爆炸荷载、结构瞬态响应特征等以往忽略的重要因素，创新了爆破切口和起爆时序等关键参数的设计方法，开发了能自动设计切口、炮孔、起爆网路等关键爆破参数并快速进行爆破效果预测的高层楼房爆破设计软件，为倒塌解体的"精确调控"提供了设计新方法；发明了高层楼房拆除爆破试爆方法，可对关键爆破参数及预测的爆破效果进行科学校验与修正，显著提高了爆破方案的可靠性和安全性（图 4.2）。

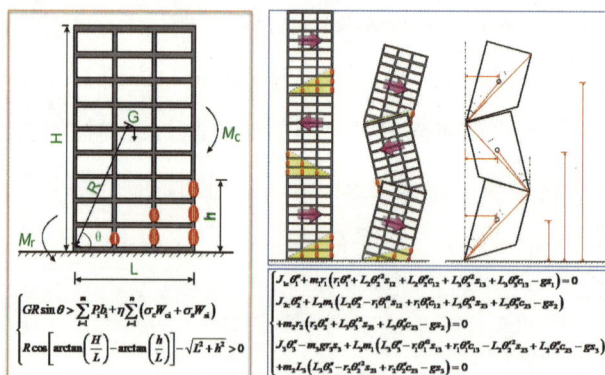

图 4.1 高层楼房爆破拆除设计方法

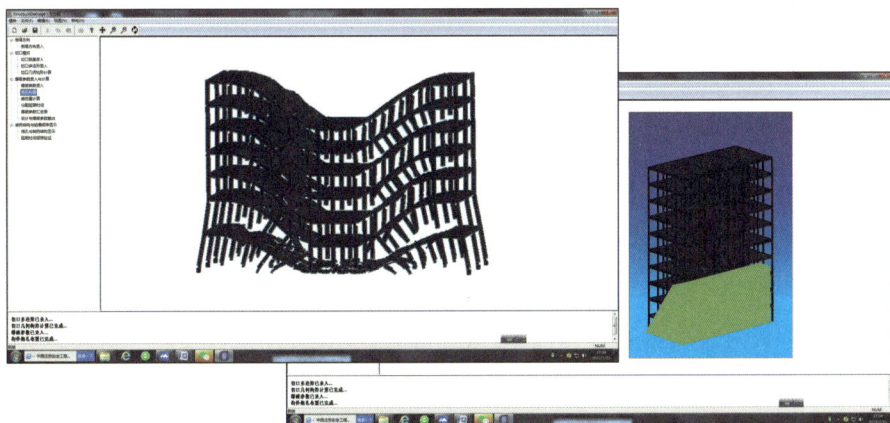

图 4.2 高层楼房爆破拆除设计软件

（2）高层楼房爆破拆除失稳倒塌与破坏解体精确调控系列技术

针对高宽比大于 2 的高层楼房，研发了横向多跨解体爆破技术，仅需一个底部爆破切口即可实现整栋楼房梁柱体系的破坏解体。针对高宽比小于 1 的高层楼房，研发了纵向逐跨解体爆破技术，解除了传统定向爆破对高宽比一般需大于 1 的限制。针对四周均无倒塌空间的高层楼房，研发了内向折叠解体爆破技术，既兼具定向爆破经济高效和原地坍塌爆破倒塌空间小的优点，又分别克服了前者倒塌空间大、触地冲击强烈，后者工艺复杂的缺点。

（a）横向多跨解体　　　　　　　　（b）纵向逐跨解体　　　　　　　　（c）内向折叠解体

图 4.3 高层楼房定向倾倒、空中解体爆破倒塌新模式典型工程

（3）大规模建筑群整体爆破拆除高可靠性总体方案设计关键技术

针对大规模建筑群整体爆破拆除总体方案设计时存在的组合工况多、过于依赖经验、最优方案确定难等问题，研发了爆破拆除多刚体动力学模拟技术，可快速预测大规模建筑群不同总体方案的爆破效果；建立了以安全性、环保性、经济性为评价指标的大规模建筑群总体爆破方案多目标智能决策模型，可实现总体方案的高效、科学优选。针对大规模建筑群整体爆破拆除起爆网路规模大、节点多、准爆率要求高、可靠度计算复杂等特点，开发了起爆网路设计与安全校核软件，可实现 10 万发雷管级超大规模起爆网路的高可靠性设计。

2.3 技术特点和主要技术经济指标

创新了高层楼房爆破拆除失稳倒塌与破坏解体精确调控设计理论与方法；研发了高层楼房爆破拆除失稳倒塌与破坏解体精确调控系列技术；提出了大规模建筑群整体爆破拆除总体方案高可靠性设计关键技术。该技术的应用解决了高层楼房传统定向爆破拆除工程存在的倒塌范围大、冲击振动强等问题，以及大规模建筑群整体爆破拆除存在的有害效应强、安全风险高等问题。

该技术将爆破设计效率提高 50% 以上，可实现 10 万发雷管级超大规模起爆网路的高可靠性设计。典型建筑物塌落振动效应的理论预测方法可将预测精度提高 50% 以上，塌落振动速度降低 60% 以上。

2.4 推广应用情况

相关技术在湖北、江苏、青海、安徽、天津、贵州等地区的数百项大型建（构）筑物和建筑群爆破拆除工程中得到了广泛应用。其中，2016 年 7 月完成的青海桥头铝电公司 2 座 180 m 烟囱、4 座 70 m 冷却塔、14 万 m^2 厂房拆除工程，是目前世界上成功实施的一次性整体爆破规模最大的工业建筑群爆破工程；2017 年 1 月完成的武汉汉口国际滨江商务区 19 栋楼房拆除工程，是目前世界上成功实施的一次性整体爆破规模最大的民用建筑群爆破工程。近三年获得直接经济效益 6 亿余元，经济和社会效益十分显著。

（a）青海桥头铝电厂　　　　（b）武汉光谷职业学院　　　　（c）贵州茅台酒厂小区

图 4.4　典型工程应用

2.5 科技成果成效

授权发明专利 10 余项，主编标准 3 部；相关成果获国家科技进步奖二等奖、湖北省科学技术奖一等奖各 1 项。该项成果推动了爆破技术与理论的发展，提高了爆破工程的安全性、经济性。

2.6 人才培养成效

基于该项技术的研发、应用及获得的成果，培养了多名爆破工程技术型人才和爆破、安全相关学科领域科研型人才，培养硕士研究生 20 名，博士研究生 5 名。

图 4.5　成果获奖证书

3. 案例介绍

案例 1　汉口滨江国际商务区 19 栋楼房爆破拆除工程

（1）工程简介

汉口滨江国际商务区 19 栋楼房爆破拆除工程位于武汉市解放大道东侧，沿头道街路至二七路临街分布。群楼紧邻武汉市轨道交通 1 号线，四周分布有大量的商业网点和居民楼。待爆群楼临近解放大道一侧分布有电信、天然气、自来水等市政管网，距离爆破楼房最近只有 2.0 m。其中，2# 楼东侧距二七小学围墙仅 3.9 m，距 5# 教学楼 11.3 m；3# 楼西侧距头道街人行天桥 3.5 m；6# 楼西侧距二七路轨道交通人行通道只有 0.1 m。这 3 栋楼房周边环境复杂，爆破拆除的安全风险极大。19 栋楼房的周边环境如图 4.6 所示。

图 4.6　19 栋楼周边环境图

项目包括 9 栋 7 ~ 12 层高框架结构楼房和 10 栋 8 层高砖混结构楼房，总建筑面积14.74 万 m²。其中，框架结构楼房楼板为现浇板，板厚 120 mm；填充墙为 240 mm 砖墙；

砖混结构楼房楼板为预制空心板，板厚 120 mm；承重墙为 240 mm 砖墙，拐角处有构造柱。

（2）病害情况

①爆破规模空前，工作量大，施工组织难度高。

②群楼位于闹市区，紧邻城市主干道和轨道交通高架桥，四周分布有居民区、商业中心、加油站和人行天桥等设施，沿街地下分布有电力、通信、路灯、交管、给排水和天然气等多种浅埋市政管网，周边环境极其复杂。

③除 1# 楼外，其余 18 栋楼房相对集中，受环境限制，楼房塌落过程存在相互影响，须合理确定倒塌模式、倒塌方向和起爆时差。

④一次性整体爆破拆除起爆网路复杂，可靠度要求极高。

⑤爆破有害效应控制难度大，尤其是振动持续时间长、易叠加，粉尘瞬时浓度高、影响范围广。

⑥社会关注度高，安全文明施工要求高。

（3）实施效果

该项目是目前世界上一次性整体爆破拆除规模最大的民用建筑群。根据群楼周边环境条件、空间位置关系和结构特征，综合考虑安全、环保和工期等因素，该工程采用定向倾倒、纵向逐段倒塌和原地坍塌相结合，孔内延时与孔外延时相结合，逐栋顺次倒塌的一次性整体爆破拆除总体方案。1# 楼向东定向倾倒，2# 至 19# 楼倒塌方案如图 4.7 所示。

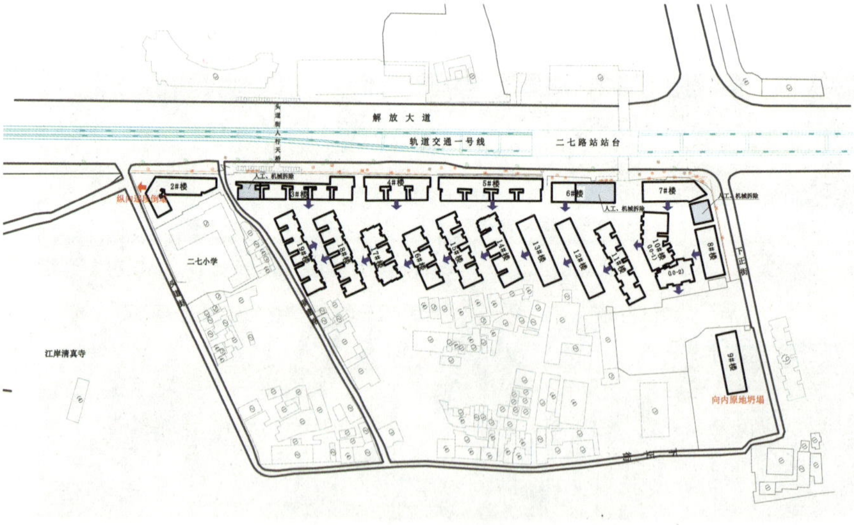

图 4.7　2# 至 19# 楼倒塌方案示意图

采用主动与被动、刚性与柔性、近体与远区相结合的措施控制冲击与振动；采用覆盖防护与近体防护相结合的综合防护措施控制爆破个别飞散物；采用点面结合、多点驱动、同网超前的爆炸水雾降尘技术控制爆破粉尘。

2017年1月21日23：50，19栋楼房一次性爆破拆除，爆破取得圆满成功。此次爆破是目前国内外最大的建筑群楼爆破，现场共钻炮口12万余个，使用炸药5 t，爆破全过程共历时约10 s。爆破后，解放大道交通迅速得到恢复，经现场踏勘，爆破未

图4.8　爆破拆除倒塌过程

对周边轨道交通1号线、临近民房、教学楼、加油站，以及地下市政管网造成破坏。依托本项目，累计申请发明专利2项，实用新型专利1项，取得了很好的社会效益和经济效益。

| （a）总体效果 | （b）1# 楼 | （c）2# 楼 | （d）9# 楼 |

图4.9　爆破效果图

（4）经济和社会效益

应用创新成果，本工程加快了施工进度，提升了施工效率，有效控制了爆破有害效应；避免了多次爆破产生的交通管制、居民疏散和安全警戒工作流程，节约了大量的人力物力，对周边环境及交通影响较小，大大降低了爆破带来的社会影响。同时，一次性爆破拆除节约了重复安全防护费用和多次降尘费用。本工程节约施工成本约620万元，缩短施工工期约30 d，其经济效益和社会效益十分显著。

案例2　武汉江天大厦爆破拆除工程

（1）工程简介

武汉江天大厦（图4.10）位于武汉市武昌区武珞路与宝通寺路交汇处，为1栋24层框架 - 剪力墙结构楼房，整体平面呈L形，地上建筑面积33 364 m²，地下建筑面积3 225.4 m²，总建筑面积36 589.4 m²。大楼分为两部分，一部分为24层主楼，长56.0 m，宽30.1 m，高84.4 m；另一部分为7层副楼，长26.1 m，宽11.4 m，高25.6 m。因城市建设规划需要，拟将其拆除。

江天大厦周边环境较复杂，四个方向均有其他建筑设施，且周边管线密布，沿武珞路与宝通寺路地下分布有电力、天然气、供水、排水、通信等市政管线。江天大厦主楼东西

图 4.10　江天大厦航拍图

方向共有 10 排立柱，南北方向共有 6 排立柱，1 层至 2 层有 3 个楼梯间、3 个电梯井，3 层以上有 2 个楼梯间、3 个电梯井。副楼东西方向共有 3 排立柱，南北方向共有 4 排立柱，1 层至 7 层有 1 个楼梯间、1 个电梯井以及 1 个设备管道井。

（2）病害情况

①江天大厦为 24 层平面呈 L 形的框架 - 剪力结构楼房，高宽比较小，整体失稳难度较高。爆破立柱为大体积钢筋混凝土，钢筋含量达 103 kg/m^3，爆破破碎难度大。楼房结构刚度大，倒塌触地后难以解体，且触地振动和冲击荷载大。

②江天大厦紧邻轨道交通 2 号线，距地铁隧道仅 6.5 m，且周边地下有电力、通信、给排水和天然气等多种浅埋市政管网，地下结构与设施对变形和振动敏感，需严格控制爆破时的冲击和振动。

③江天大厦位于武昌核心商圈地带，紧邻交通主干道、商业中心、学校和旅游景点等，周边行人、车辆密集，安全文明施工及环保要求高，施工组织协调难度大。

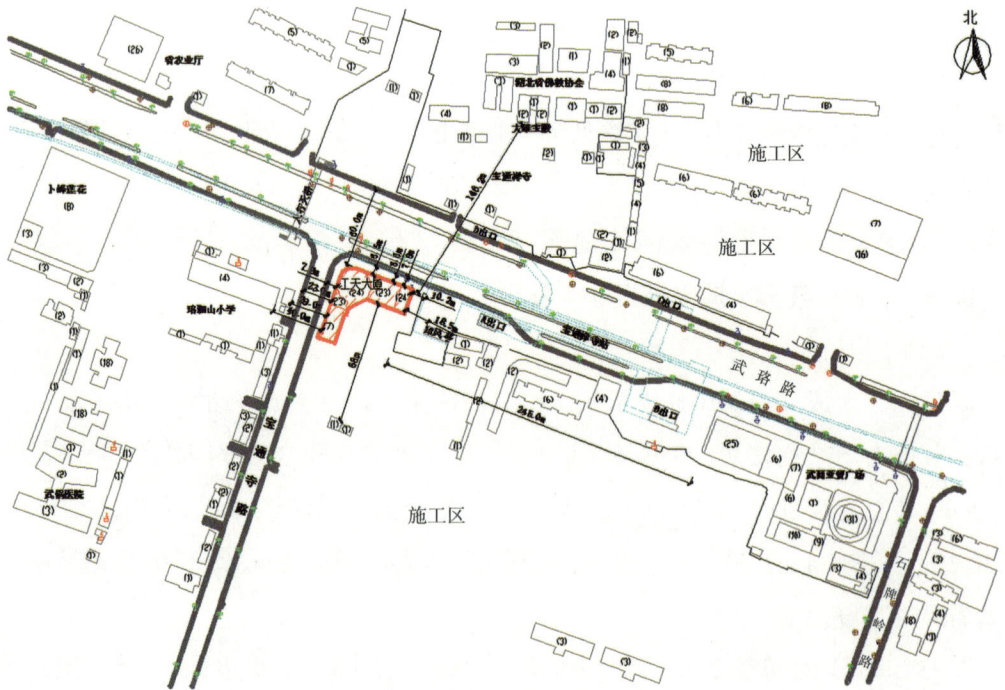

图 4.11　爆破环境示意图

（3）实施效果

根据楼房周边环境、结构特点等条件和工期要求，采用副楼向东定向倒塌，主楼向南先倾后叠、空中解体的总体爆破方案。

采用主动与被动、刚性与柔性、近体与远区相结合的措施控制冲击与振动；采用覆盖防护与近体防护相结合的综合防护措施控制爆破个别飞散物；采用点面结合、多点驱动、同网超前的爆炸水雾降尘技术控制爆破粉尘。

对于武珞路江天大厦后方地铁 2 号线行车隧道、供电、给水、信息网络管网等地下管线，采取在楼房北侧边缘至人行道花坛之间铺设一层不小于 20 mm 厚的钢板，在花坛边缘堆砌高 1.8 m 的沙袋墙，将预拆除的建筑垃圾转运、堆积至钢板上，堆积范围为沙袋墙至楼体 B 轴立柱之间，以此作为缓冲层。

2018 年 6 月 28 日凌晨 1：00，武汉江天大厦如期准时爆破，大楼按照设计方向顺利倒塌。采用自主研发的爆炸水雾降尘技术、刚柔结合防护技术等多项专利技术，有效降低了触地冲击振动、个别飞散物和爆破粉尘等有害效应。爆破后，经爆破作业人员和地铁、管线单位运营人员检查，大楼解体充分，周边各类保护对象均安然无恙，爆破拆除工作取得圆满成功。

图 4.12　倒塌过程

图 4.13　爆破效果图

（4）经济和社会效益

江天大厦爆破后，楼房塌落体严格控制在设计范围之内，触地冲击振动未对在建基坑、地铁隧道和周边建筑设施造成任何影响，圆满实现了安全零事故的预期目标。江天大厦的安全高效爆破拆除，比原定的机械拆除工期提前约 9 个月，为投资 85 亿元的武商梦时代广场的加快推进与早日运营提供了重要保证，直接社会效益和经济效益明显，间接社会效益和经济效益显著。

典型案例技术五：隧道施工不良地质渐进式综合超前地质预报技术

技术名称：隧道施工不良地质渐进式综合超前地质预报技术

完成单位：山东大学

技术负责人：李术才

联系人：刘斌

联系电话：18678770179

邮箱：liubin0635@163.com

通信地址：山东省济南市历下区经十路 17923 号

1. 专家简况

专家姓名	李术才	专业或专长	隧道与地下工程灾害防控

  李术才，男，河北省涞水县人，隧道与地下工程灾害防控专家。1996 年毕业于中科院武汉岩土力学研究所，获博士学位。2019 年当选中国工程院院士。

  长期从事隧道与地下工程突水突泥等灾害预报与治理研究工作。构建和创新了隧道施工不良地质超前预报理论与方法，揭示了突水突泥灾害发生机理，研发了隧道岩石掘进机不良地质超前预报技术系统，以及地下工程高压动水封堵关键技术。其成果广泛应用于铁路、公路和水利工程等领域，为隧道与地下工程灾害防控作出了重要贡献。获国家科技进步奖二等奖 4 项、国家技术发明奖二等奖 2 项、省部级一等奖 5 项，荣获山东省科技最高奖、光华工程科技奖，国家杰出青年科学基金获得者，入选"长江学者"特聘教授。

2. 技术简介

  技术名称：隧道施工不良地质渐进式综合超前地质预报技术

2.1 研发背景

  我国已成为世界上隧道建设数量最多、规模和难度最大、发展速度最快的国家。然而由于山高洞长、地形地质条件复杂以及地表勘察技术手段有限，加之断层、溶洞、破碎岩体等不良地质体具有较强的隐蔽性，在施工前期难以全部查清工程区域的地质情况（图

5.1）。通常，断层、破碎带、岩溶含水体等不良地质体是主要的灾害赋存源，在隧道施工扰动下有可能诱发突水突泥、塌方等严重的地质灾害，往往造成人员伤亡、工程延误和经济损失，给隧道施工带来严峻挑战（图5.2）。

为了更加有效地掌握隧道施工期间掌子面前方的地质情况，实现减少或杜绝施工期地质灾害、保障生产安全的目的，亟须在隧道施工过程中进行超前探测。然而，针对复杂地质条件，传统方法单一物探技术只能获知地质体的某一物理性质，难以探明多种类型不良地质，亟须研究综合超前地质预报方法与技术。

图 5.1　隧道施工复杂环境

图 5.2　某隧道突涌水

2.2　技术原理与解决的工程难题

对于复杂地质，由于地球物理探测的多解性和地质构造的复杂性，单一超前地质预报方法的准确性并不十分可靠，有可能出现漏报、错报等问题。对此，以地质分析与地球物理探测相结合、长距离宏观识别和近距离成像相结合、探构造技术和探水技术相结合等为基本原则，以地质分析法、隧道地震波法、隧道瞬变电磁法、隧道激发极化法为核心技术，建立了隧道渐进式综合超前预报技术。各类探测技术之间相互补充、相互印证、相互约束，从界面、波速、电阻率等角度刻画同一异常体，识别不良地质区域的完整性、含水特征等，降低了探测的多解性，提高了探测准确性。

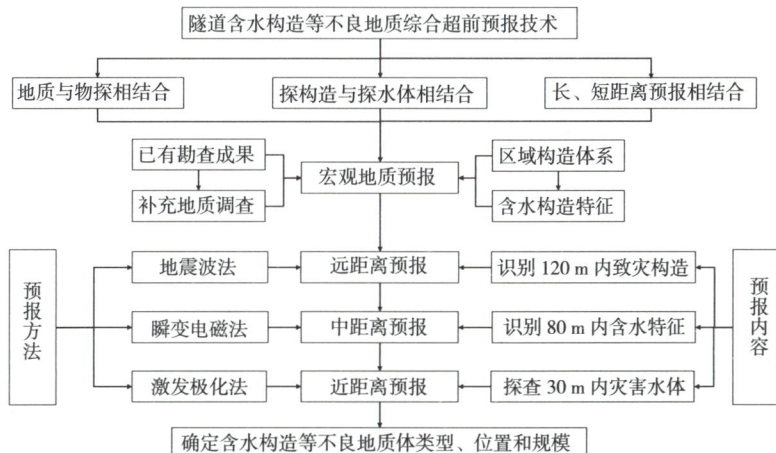

图 5.3　渐进式综合超前地质预报技术

2.3 技术特点和主要技术经济指标

该项目隧道渐进式综合超前预报技术体系以地质调查和分析为基础，根据工程地质特点、施工安全和探测环境等分析，优选最佳的预报方法组合与综合预报方案，形成了"宏观地质分析→地震远距离发现不良地质构造（约 120 m）→瞬变电磁中距离识别水体（约 60 m）→隧道激发极化近距离定位水体和估算水量（约 30 m）"的技术方案，通过多种预报结果的综合对比和联合解译，实现了对掌子面前方地质情况的探测与识别。其中，地质分析宏观判识风险段落，指导施作综合超前地质预报，进而采用隧道地震波法远距离探明不良地质区域。针对地震波法探明的异常区域，采用瞬变电磁识别其含水性，采用隧道激发极化法对水体进行成像和水量估算，进而实现不良地质位置、形态、充填特征等多元信息预报。

2.4 推广应用情况

该项技术成果成功应用于成兰铁路、新成昆铁路、沪蓉西高速公路、青岛胶州湾海底隧道、厦门海沧海底隧道、陕西引汉济渭、吉林引松供水、乌东德水电站、新疆某调水工程等工程，为解决交通、水利、矿山等重点工程施工期灾害防控提供了重要的支撑。

图 5.4　引汉济渭工程技术应用

图 5.5　珠江三角洲水资源配置工程技术应用

2.5 科技成果成效

授权发明专利 11 项，软件著作权 5 项，出版专著 1 部，论文被 SCI/EI 收录 70 余篇，获 2011 年国家科技进步奖二等奖 1 项。相关成果在多个工程进行了成功应用，为保证工程施工安全提供了重要的地质信息。

2.6 人才培养成效

基于本技术的研发、应用及获得的成果，培养了国家/省部级人才 7 人（含国家优青 2 人、山东省杰青 2 人、山东省"泰山学者"青年专家 3 人）。同时，通过产学研融合，成果用于本科生课程教学及工程实践，培养了博士研究生 31 名、硕士研究生 53 名、本科生 300 余人。指导学生获第十三届"挑战杯"·建设银行山东省大学生创业计划竞赛金奖，第九届山东省大学生科技节——山东省大学生地球物理知识竞赛团体一等奖，第十四届 iCAN 国际创新创业大赛山东赛区一等奖等科创竞赛奖励等。

图 5.6　成果证书

3. 案例介绍

案例 1　珠江三角洲水资源配置工程隧洞施工不良地质超前预报

（1）工程简介

珠江三角洲水资源配置工程是国务院部署的 172 项节水供水重大水利工程之一，其中，输水隧洞 TBM 掘进段总长度为 9.83 km，穿行于东莞市的大岭山森林公园内。隧洞沿线地形地貌类型为低山丘陵地貌，所经规模较大的水库有大溪水库、怀德水库、大水沥水库、长坂水库、大坑洞水库。TBM 法隧洞设计外径 8.2 m，埋深 13 ~ 235 m，拟采用开敞式 TBM 施工，TBM 隧洞围岩以Ⅲ类、Ⅱ类为主，整体稳定性较好，但在局部存在全风化、强风化带，隧洞开挖存在突涌水风险。亟须开展隧道超前地质预报，探明前方存在的不良地质，为隧道安全施工提供地质指导。

图 5.7　珠江三角洲水资源配置工程

（2）病害情况

由现场钻孔压水试验成果分析，以及钻探记录情况综合分析可知，TBM 隧洞洞身段岩体以弱透水岩体为主，局部断层带可形成富水、透水通道，存在突涌水的可能。需提前探测破碎带及含水、导水等不良地质情况。因此，为保障地下工程安全优质建设，需针对 TBM 施工中的地质情况进行分析并进行风险评估，进而围绕高风险段落开展地震波法、激发极化法等地质超前预报，为隧道施工决策提供地质指导。

（3）实施效果

共开展了 50 余次超前探测，多次探明前方断层、破碎带等不良地质。例如在 TBM 下穿越怀德水库段，洞身及上覆岩土体风化程度高、透水性大，开挖发生突泥、涌水的风险高，通过连续施作激发极化和地震探测，及时获取前方致灾构造与灾害水体分布特征，为 TBM 安全穿越怀德水库浅埋段提供地质参考和依据。在 SL14+760 ~ SL14+660 处，采用地质分析、地震波法、激发极化法开展了综合探测，探明了掌子面前方 10 m 附近裂隙富水区域和前方 80 m 附近的围岩破碎区，为隧道安全施工提供了地质指导。

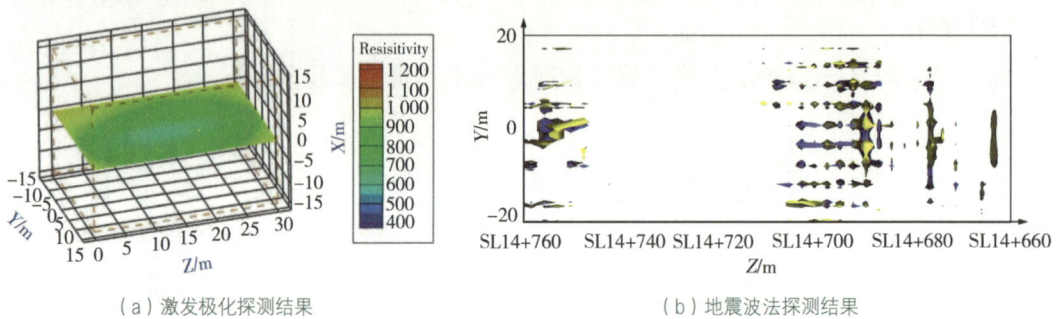

（a）激发极化探测结果

（b）地震波法探测结果

（c）SL14+750 开挖揭露滴渗水

（d）SL14+680 开挖揭露围岩破碎

图 5.8　珠江三角洲水资源配置工程隧洞综合探测

（4）经济和社会效益

该技术成果在珠三角水资源配置工程应用过程中，多次提前探明前方断层、破碎带等不良地质情况，为指导 TBM 施工决策提供了地质资料，避免了灾害事故的发生，提升了珠三角水资源配置工程隧洞施工防灾减灾技术水平，产生了良好的经济和社会效益。

案例 2　陕西引汉济渭工程 7 号勘探洞不良地质超前预报

（1）工程简介

陕西引汉济渭工程是一项具有全局性、基础性、公益性、战略性的水利项目。工程采取分期配水建设方案，逐步实现 2020 年配水 5 亿 m³，2030 年配水 15 亿 m³ 的目标。引汉济渭工程建成后，满足了增加 500 万人规模的城市用水需求，发挥了关中水系骨干作用。此外，还可以有效改变关中超采地下水、挤占生态水的状况，实现地下水采补平衡，防止城市环境地质灾害。

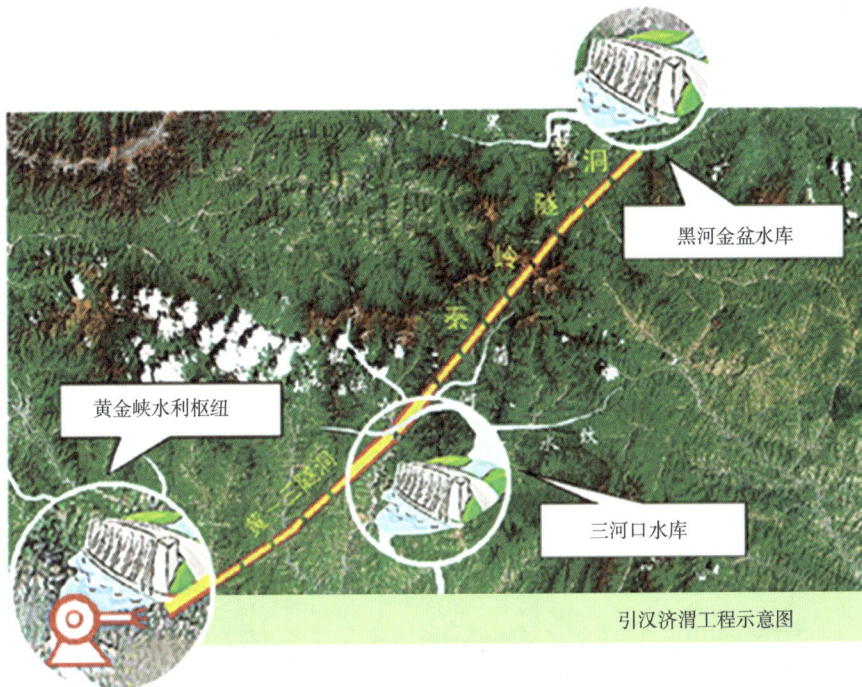

图 5.9　陕西引汉济渭工程

（2）病害情况

引汉济渭 7 号勘探洞施工工区 K67+163.517 ～ K70+500 段位于弱富水区，花岗岩浅层风化节理、裂隙不发育，构造节理裂隙较发育，节理、裂隙的充填性较好，地下水主要储存于风化及构造节理和裂隙中，地下径流模数 $M=368$ m³/（d·km²）。采用地下径流模数法计算，预测本段正常涌水量为 1 168 m³/d，可能出现的最大涌水量为 2 336 m³/d。当施工至 K68+932 时，掌子面左上方涌水，中部及右侧局部涌水，围岩为花岗岩，节理裂隙发育，岩体完整性差，亟须开展超前地质预报工作。

（3）实施效果

为了探测掌子面前方的地质情况，在地质分析的基础上，采用地震波法、瞬变电磁法、激发极化法进行了综合超前地质预报。探明了隧道掌子面前方 0 ～ 20 m 内的围岩完整性差，裂隙富水；掌子面前方 20 ～ 35 m 围岩较完整，裂隙水不发育；掌子面前方 35 ～ 55 m 围岩完整性差，裂隙水不发育；掌子面前方 55 ～ 100 m 围岩较完整。探测结果为隧道开挖提供了地质资料参考，为隧道施工安全提供了地质支撑。

（a）激发极化探测结果

（b）瞬变电磁探测结果

（c）地震波法探测结果

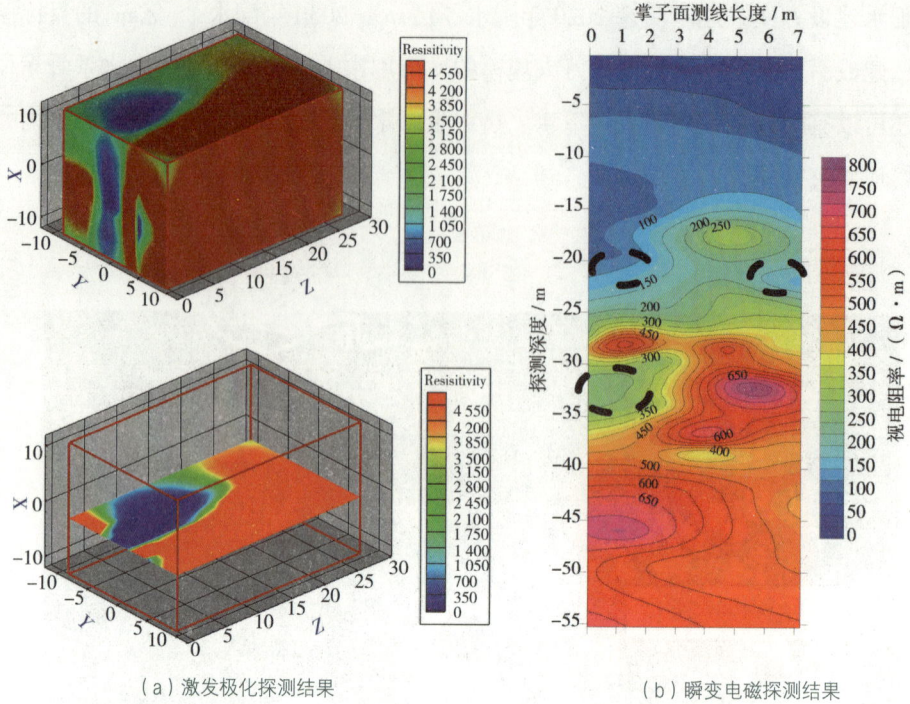

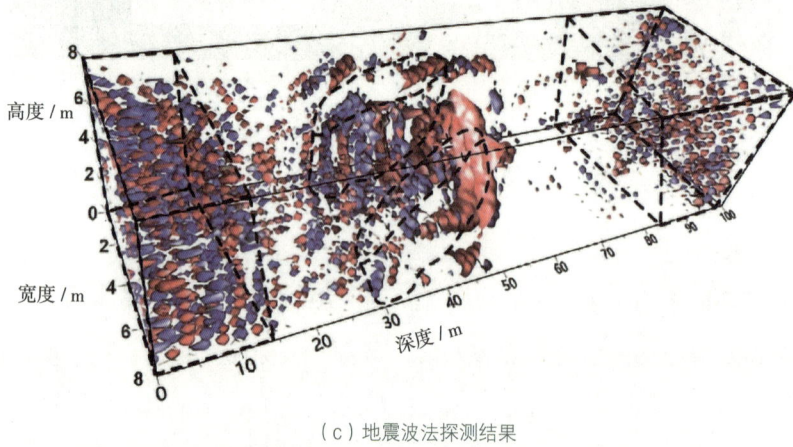

图 5.10　引汉济渭工程 7 号勘探洞不良地质综合超前预报

（4）经济和社会效益

本项目研究成果在引汉济渭工程七号勘探洞中的工程应用，为隧道施工方案决策提供了地质指导。通过对探明灾害源进行提前预防与处治，规避了大型突涌水、塌方等灾害发生，降低了救灾投入费、工期延误费，节省了风险处置费和人员伤亡处置费。同时，通过对地下水的科学处置，保障了生态与环境安全，经济效益和社会效益显著。

案例 3 云南乌东德水电站锅圈岩隧道超前地质预报

（1）工程简介

乌东德水电站位于云南省禄劝县和四川省会东县交界的金沙江干流上，右岸隶属云南省昆明市禄劝县，左岸隶属四川省会东县，是金沙江下游河段四个水电站（乌东德、白鹤滩、溪洛渡、向家坝）中最上游的梯级电站。该电站距昆明市约 235 km，距攀枝花市约 220 km，距西昌市约 280 km，是"西电东送"的骨干电源点。根据现阶段研究成果，乌东德水电站装机容量为 10^7kW，最大坝高 265 m，正常蓄水位 975 m，相应库容 58.63 亿 m^3。枢纽建筑物由大坝、泄洪洞、地下电站等组成。

图 5.11 乌东德水电站

（2）病害情况

锅圈岩隧道位于顾家大凹子至老营盘之间，隧道起点中心桩号为 K18+813.5，洞口起点高 1 607.08 m，终点中心桩号为 K20+793.5，设计全长 1 980 m。隧道为圆弧形，最大埋深约 249 m。隧道区地层主要有第四系崩坡积层、上元古界灯影组、中元古界黑山组等。依次穿过 3 条断层（F25、F30 和 F26）。其中，F25 断层顺汤德冲沟发育，走向 10°、倾向 100°、倾角 85°，断层带宽约 20m，构造岩主要为角砾岩、碎裂岩、糜棱岩及片理带等。隧道走向与 F25 断层平行，距离主断层带约 19 ~ 23 m，受 F25 断层及岩溶暗河系统影响，地下水丰富，围岩风化强烈，岩体破碎，可能发育岩溶管道。隧道施工面临安全风险，亟须提前探明前方灾害源分布情况。

（3）实施效果

为了探测掌子面前方的地质情况，重点查清 F25 断层的位置，开展了隧道地震反射成像法、瞬变电磁法、激发极化法与地质雷达法探测。通过综合超前地质预报，探明了隧道掌子面前方 20 m 和 40 m 附近富水破碎带。后经开挖验证，在掌子面前方 20 m 前后出现涌水，在掌子面前方 40 m 前后出现垮塌，与探测结果较为相符。

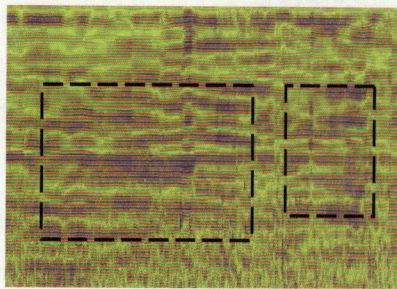

（a）地质雷达探测结果

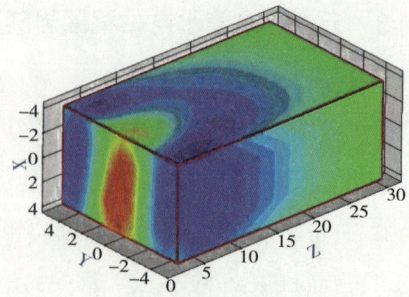

（b）激发极化探测结果

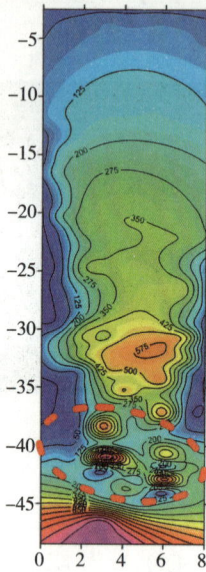

（c）瞬变电磁探测结果

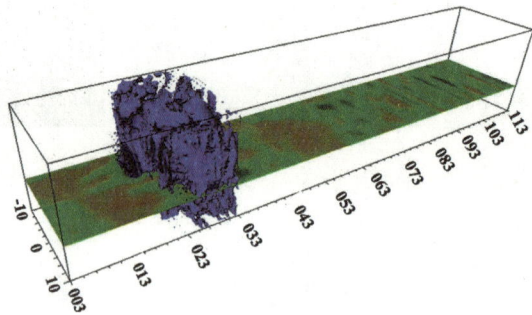

（d）地震波法探测结果

图 5.12　锅圈岩隧道综合超前探测结果

（4）经济和社会效益

该项目技术成功探明了隧道前方赋存的富水破碎带分布情况，为隧道施工防灾减灾提供了重要的地质依据，为预防隧道涌水、突泥、塌方等可能形成的灾害性事故提供了指导。在探明灾害源的指导下，施工单位提前做好处治预案并调整局部风险段落的开挖方案，成功保证了施工安全。

典型案例技术六：现浇混凝土抗裂防渗关键技术

技术名称：现浇混凝土抗裂防渗关键技术

完成单位：东南大学

技术负责人：刘加平

联系人：李霞

联系电话：18751851526

邮箱：xia.li@seu.edu.cn

通信地址：江苏省南京市东南大学九龙湖校区土木楼

1. 专家简况

专家姓名	刘加平	专业或专长	土木工程材料、收缩裂缝控制

刘加平，男，1967年1月生，江苏海安人，中共党员。中国工程院院士，东南大学首席教授，博士生导师，享受国务院政府特殊津贴专家，任高性能土木工程材料国家重点实验室主任、中国混凝土与水泥制品协会副会长、中国建筑材料联合会科技教育委员会副主任、全国混凝土标准化技术委员会副主任委员、英国混凝土学会会士。

长期致力于"收缩裂缝控制"和"超高性能化"两个核心领域，在基础理论、关键技术和工程应用方面深耕数十年，是该领域的学术带头人。将材料结合结构和施工因素，发展了现代混凝土收缩裂缝控制理论体系，发明了系列功能性土木工程材料，创建了减缩抗裂、力学性能提升和流变性能调控三个关键技术群，并成功应用于港珠澳大桥、太湖隧道等110余项重大工程。以第一发明人获授权发明专利90余件，获国际专利14件、中国专利银奖1件、优秀奖5件；获软件著作权11项；发表SCI/EI收录论文260余篇，出版专著1部，主/参编标准或规程22项；成果获国家技术发明奖二等奖1项，国家科技进步奖二等奖4项。获国家杰出青年科学基金资助，入选"长江学者"特聘教授、国家"万人计划"科技创新领军人才；获全国创新争先奖、全国第二届"杰出工程师奖"和全国"五一"劳动奖章等荣誉。

2. 技术简介

技术名称：现浇混凝土抗裂防渗关键技术

2.1 研发背景

混凝土是当今世界用量最大、用途最广的基础材料，其在我国的用量占全球60%以上。然而，现代混凝土组成日趋复杂、流动度加大、早期强度发展加快的材料特性，导致混凝土收缩加大。长跨径、大体积、强约束的现代结构，以及高温、干燥等严酷施工环境导致混凝土收缩开裂问题突出。实际工程中，混凝土浇筑完成后即会出现由失水引起的塑性收缩裂缝（图6.1），一些结构在拆模后即会出现贯穿性的裂缝（图6.2），由混凝土收缩导致的开裂占80%以上。一旦开裂，水在裂缝中的渗透系数（图6.3）可达在基体中的10^8倍以上，引起渗漏等问题，严重影响结构服役功能。混凝土开裂还会加剧有害介质的传输，引起钢筋锈蚀，降低结构服役寿命（图6.4）。收缩开裂是长期困扰工程界而仍未能有效解决的技术难题之一。

图6.1 硬化前混凝土塑性开裂

图6.2 硬化后混凝土开裂

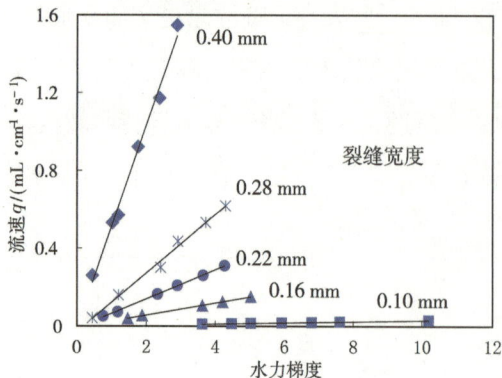

图6.3 不同宽度裂缝的水渗透性能

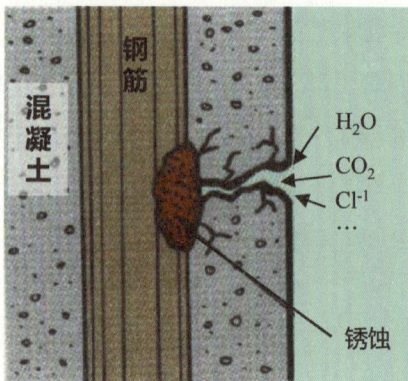

图6.4 裂缝对耐久性的影响

2.2 技术原理与解决的工程难题

在抗裂性评估方面，通过混凝土复杂胶凝材料水化反应动力学方程及活化能等关键参数，结合材料和环境交互作用下的能量和质量守恒方程，以水化程度和相对湿度作为基本状态变量，实现变温变湿条件下混凝土各种收缩的耦合计算；通过建立的混凝土早期弹性模量和徐变时变模型，实现约束条件下混凝土收缩应力准确计算；基于应力准则，实现混凝土开裂风险系数的量化计算。在抗裂性设计方面，开发了抗裂性仿真计算软件与系统平台，建立了典型工况下混凝土抗裂性能设计方法（图 6.5）。在裂缝控制技术方面，形成了早期智能养护、水化速率与膨胀历程协同调控、控温减缩 3 项关键技术，全过程控制开裂风险系数（收缩拉应力和抗拉强度比值）低于阈值，实现混凝土抗裂能力精准调控（图 6.6）。

该项技术解决了实际工程混凝土开裂风险计算、抗裂性能设计、收缩开裂控制等难题，提升了混凝土抗裂防渗性能。

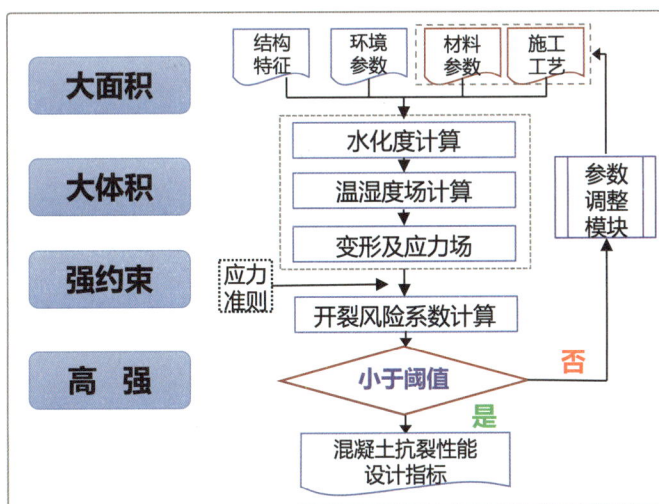

图 6.5　抗裂性评估流程图

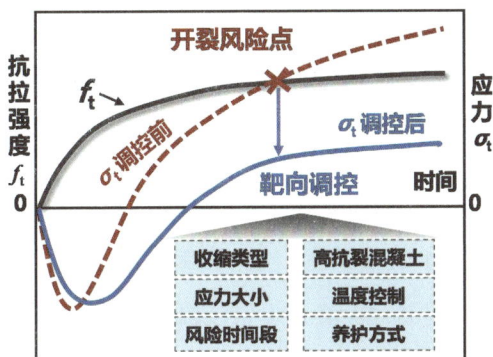

图 6.6　抗裂性调控示意图

2.3　技术特点和主要技术经济指标

主要技术特点如下：

①抗裂性量化设计。根据结构形式、环境特征、材料组成，仿真分析结构收缩应力，反复迭代直至开裂风险系数低于阈值，提出抗裂性量化指标。

②抗裂混凝土制备。通过优化混凝土材料组成、优选抗裂功能材料的品种、掺量及技术指标，匹配混凝土收缩的类型、时间段及大小，制备出高抗裂混凝土。

③成套技术措施应用。提出集设计、材料、施工、监测于一体的成套技术方案，保证抗裂材料和技术达到预期效果，且使得关键点应力下降至阈值之下。

主要技术指标：研发的 4 类抗裂材料可降低混凝土塑性收缩 50% 以上，温降收缩 15% 以上，干燥收缩 20% 以上，并可实现混凝土无自收缩。实际工程中，混凝土温升降低 5 ℃以上，不同阶段收缩减少 30% 以上，开裂风险系数降低 30% ~ 50%，不开裂保证率大于 95%，可实现混凝土无收缩裂缝、无渗漏。

主要经济指标：施工阶段，抗裂技术的投入和裂缝修补费用相当。服役阶段，根据"五倍定律"，无裂缝混凝土技术将显著降低修补和维护费用。

2.4　推广应用情况

该项成果成功应用于兰新高铁、太湖隧道、上海地铁、向家坝水电站、沪苏通大桥等 50 余项重大工程，实现了地下空间、隧道、长大结构等无可见裂缝、填充混凝土无收缩脱空的目标，提升了工程质量和改善了服役功能，节约了修补和维护费用，促进了可持续发展。

（a）超长超宽隧道工程　　　　　　　　　　（b）轨道交通地下车站

图 6.7　典型工程应用

2.5　科技成果成效

授权发明专利 70 余项（PCT 2 项），主 / 参编标准 10 余部；相关成果获国家科技进步奖二等奖、江苏省科学技术奖一等奖各 1 项；相关成果为解决现代混凝土收缩开裂难题提供了科学方法和有效途径，延长了混凝土结构使用寿命，减少了维护费用，社会和经济效益显著。

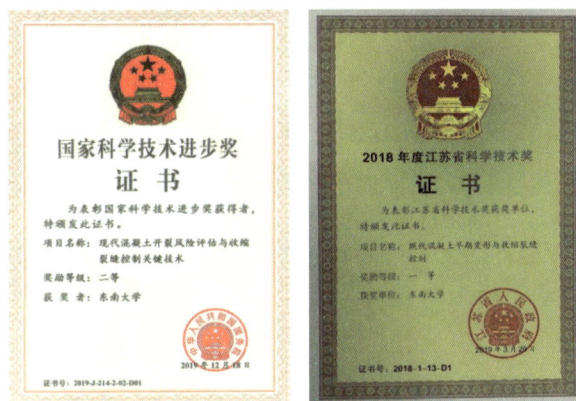

图 6.8　成果证书

2.6　人才培养成效

基于本技术的研发、应用及获得的成果，1 人入选中国工程院院士，1 人入选国家"万人计划"，3 人入选江苏省"333 高层次人才培养工程"中青年人才，1 人入选南京市中青年拔尖人才，2 人入选享受国务院政府特殊津贴专家。同时，通过产学研融合，培养了硕士研究生 4 名，博士研究生 6 名。

3. 案例介绍

案例 1　太湖隧道工程主体结构混凝土抗裂防渗关键技术

（1）工程简介

苏锡常南部高速公路是江苏省"十五射六纵十横"高速公路网规划中"十五射"的重要组成部分，项目建成后将有力提升沪宁通道作为国家综合运输大通道的功能作用，成为拉动长三角地区经济发展的新引擎，对促进沿线苏锡常城市发展、加快推动长三角一体化具有重要意义。太湖隧道作为苏锡常南部高速公路的关键控制性工程，在无锡太湖水域"一隧穿湖"（图 6.9），全长 10.79 km，宽 43.6 m，其中暗埋段长约 10 km，横断面采用折板拱"两孔一管廊"的形式（图 6.10），是国内目前最长的水下超宽明挖现浇隧道。既有工程实践表明，混凝土收缩开裂是明挖现浇隧道工程的质量通病，且开裂引起的渗漏往往治理效果差，需要反复修补。对于太湖隧道这种水下超长超宽明挖现浇隧道，其混凝土结构开裂渗漏的风险更为突出，严重影响行车安全和结构服役寿命。

（2）病害情况

太湖隧道暗埋段主体结构厚 1.2 ~ 1.5 m，混凝土设计等级为 C40（抗渗等级为 P8），分段长度以 20 m 为主，部分达到 30 m。采用堰筑法明挖现浇的施工工艺，先浇筑底板，再浇筑侧墙和顶板（图 6.11）。不同结构分步浇筑间隔龄期通常超过 15 d，后浇筑混凝土结构受先浇筑混凝土结构约束作用大。受超长、超宽、大体积及分步浇筑等因素的影响，隧道主体结构混凝土温升高（超过 30 ℃），温降收缩和自收缩大，所受内外约束强，开裂风险系数在 1.0 以上。在现场日均气温约 30 ℃条件下开展足尺模型试验，结果表明，即便控制混凝土入模温度不超过 27 ℃，加密冷却水管间距至 20~30 cm，长 10 m、厚 1.3 m 的模型侧墙混凝土在最大温升值仅为 15.6 ℃的情况下，仍然在 10 d 左右出现贯穿性裂缝（图 6.12）。因此，现有技术尚不能解决太湖隧道主体结构混凝土收缩开裂难题。

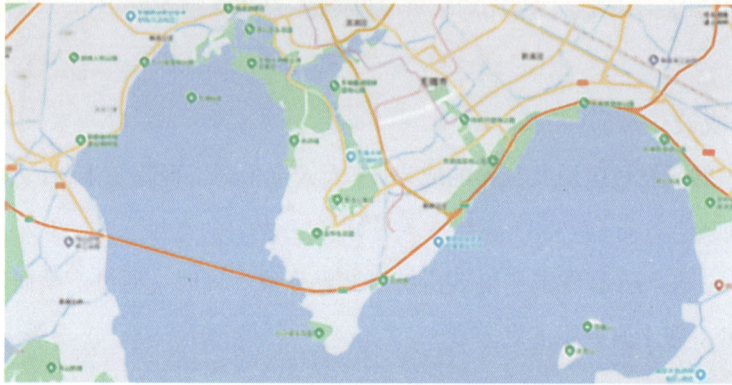

图 6.9 苏锡常南部高速公路太湖隧道

图 6.10 太湖隧道暗埋段横断面"两孔一管廊"结构

图 6.11 太湖隧道施工仓面（分段、分步浇筑）

（a）加密冷却水管 （b）芯样断面裂缝 （c）芯样表面裂缝

图 6.12 足尺模型试验

（3）实施效果

针对太湖隧道主体结构工况特点，考虑结构、材料、环境、施工等因素的影响，采用多场耦合模型量化评估混凝土收缩开裂风险，提出以采用具有水化速率与膨胀历程协同调控的抗裂功能材料为核心的裂缝控制成套技术方案，可控制混凝土开裂风险系数 ≤ 0.70、不开裂保证率 ≥ 95%，实现主体结构混凝土无贯穿性收缩裂缝。以开裂风险较高的侧墙为例，基准工况条件下混凝土开裂风险系数约为 1.3，通过优选原材料和优化配合比后，开裂风险系数降低了 5% ~ 10%；进一步采用具有水化速率与膨胀历程协同调控的抗裂剂及减缩型聚羧酸减水剂等功能材料后，开裂风险系数降低了 30% ~ 35%；进一步配合分段长度优化、入模温度控制等工艺措施后，开裂风险系数降至 0.70 以下（图 6.13 和图 6.14）。在系统计算 800 余种工况条件下隧道主体结构混凝土开裂风险的基础上，制订了底板、侧墙、顶板等不同结构部位集设计、材料、施工、监测于一体的裂缝控制成套技术方案（表 6.1），并在暗埋段主体结构混凝土中全面应用。施工过程中对已覆土及回水的主体结构持续跟踪的结果及第三方检测结果表明，混凝土未发现可见裂缝，隧道内无渗漏水现象（图 6.15—图 6.17），实现了超长超宽隧道主体结构混凝土不开裂、无渗漏的目标。

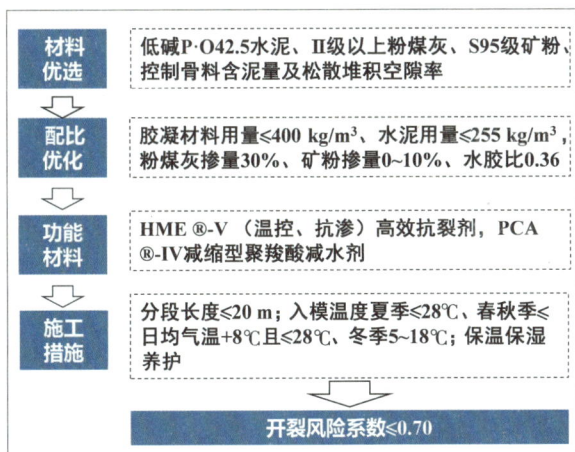

图 6.13　侧墙混凝土采取的技术措施

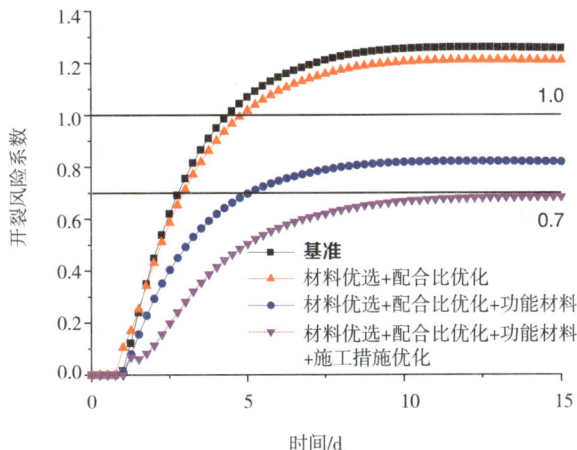

图 6.14　侧墙混凝土开裂风险评估结果

表 6.1　隧道主体结构抗裂技术方案

部　位		技术方案——控制开裂风险系数 $\eta \leqslant 0.70$	
底板	夏季	高性能混凝土（原材料优选、配合比优化）+ 施工工艺优化（分段长度 ≤ 30 m、入模温度 ≤ 30 ℃）	采用高性能混凝土后若硬化阶段开裂风险系数 > 0.7（如结构尺寸超长 > 30 m），应用抗裂功能材料
	非夏季	高性能混凝土 + 施工措施（分段长度 ≤ 30 m、入模温度 5~28 ℃）	
侧墙	夏季	高性能混凝土 + 抗裂功能材料 + 施工措施（分段长度 ≤ 20 m、入模温度 ≤ 28 ℃）	
	春、秋季	高性能混凝土 + 抗裂功能材料 + 施工措施（分段长度 ≤ 20 m、入模温度 ≤ 日均气温 +8 ℃且 ≤ 28 ℃）	
	冬季	高性能混凝土 + 抗裂功能材料 + 施工措施（分段长度 ≤ 20 m、入模温度 5~18 ℃）	
顶板	夏季	高性能混凝土 + 抗裂功能材料 + 施工措施（分段长度 ≤ 20 m、入模温度 ≤ 32 ℃）	
	非夏季	与侧墙相同	

图 6.15　部分仓面回填覆土

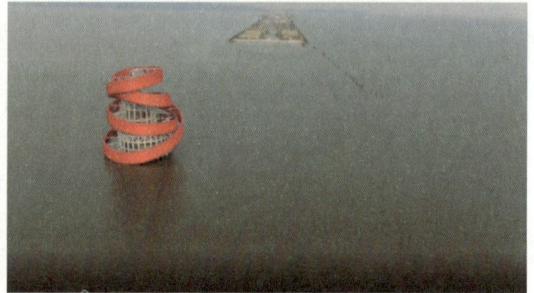

图 6.16　部分仓面回水

（4）经济和社会效益

该项技术方案推广应用至深中通道、江阴靖江长江隧道、苏州春申湖路隧道、苏州金鸡湖隧道等 10 余项隧道工程，目前已实现低温升、高抗裂混凝土制备与应用 200 余万 m^3，有效解决了隧道混凝土结构的开裂渗漏问题。基于技术成果，编制了《明挖现浇隧道混凝土收缩裂缝控制技术规程》（DB32/T 3947—2020）。该项技术成果为促进隧道工程建设向绿色低碳、长寿命方向发展提供了有力保障。

图 6.17　暗埋段主体结构混凝土无渗漏

案例 2　上海地铁车站叠合墙内衬混凝土抗裂防渗关键技术

（1）工程简介

叠合墙是一种将支护结构与主体结构相结合的基础结构形式，在对支护结构清洗、凿毛后，现浇主体结构内衬形成整体共同承受水平压力，有利于充分发挥地下连续墙等支护结构的抗浮作用，增加体系的整体刚度，节约土地资源。但是，该结构中内衬墙不仅受到先浇底板约束，还受到外侧支护结构约束（图6.18），开裂风险通常显著高于复合墙体系。

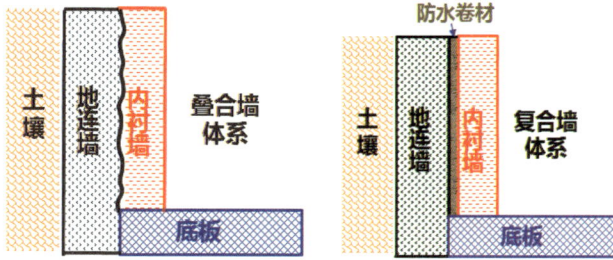

图 6.18　叠合墙和复合墙结构示意图

上海市城市轨道交通工程地下车站普遍采用叠合墙结构，以地铁14号线某车站为例进行说明。该车站为地下二层岛式站台单柱双跨带配线车站，主体结构长 590.68 m、宽 20.14 m，标准段基坑深 16.70 m，采用明挖顺作法施工。支护结构为 800 mm 厚地下连续墙，主体结构内衬墙厚 400 mm，端头井处厚 600 mm，分段浇筑长 18.7 ～ 30.2 m，混凝土设计强度等级 C35（抗渗等级为 P8）。

（2）病害情况

叠合墙体系中内衬主体结构与外侧支护结构间不设卷材等柔性防水措施，因而对内衬混凝土刚性自防水性能要求很高。然而，从上海市城市轨道交通等工程实践来看，渗漏现象普遍存在，其中混凝土早期收缩开裂是关键原因之一（开裂风险系数计算结果如图6.19所示）。上述渗漏问题治理时间长、难度大、效果有限，往往会带来巨大的经济损失与不良的社会影响，现已成为此类工程质量通病，对其长期使用功能、安全运营及结构耐久性等造成严重危害。现有的优选混凝土原材料、优化配合比设计参数及延长拆模时间、增设诱导缝等施工措施改进均无法有效解决这一难题，地下车站内衬墙早期开裂渗漏现象仍然较为突出。

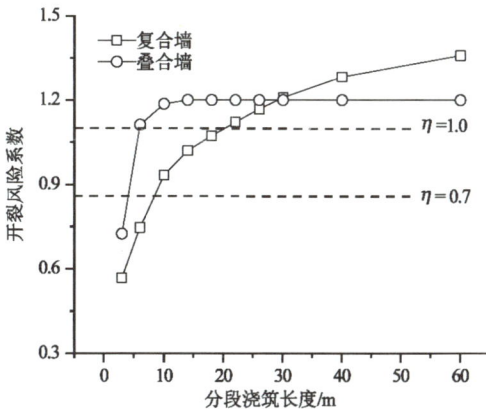

图 6.19　某工况下叠合墙与复合墙内衬混凝土不同分段浇筑长度下的开裂风险

（3）实施效果

在叠合墙内衬混凝土早期收缩开裂风险计算的评估基础上，从原材料优选、配合比优化、功能材料使用及施工措施改进等方面研究提出了成套技术方案（图6.20和图6.21）。以开裂风险最突出的夏季高温施工工况为例，在选用符合国家行业标准要求的原材料基础上，对混凝土配合比进行优化设计，可降低其开裂风险系数约7%；掺入抗裂功能材料可继续降低混凝土开裂风险系数约25%。上述方案在上海地铁14号线某地下车站项目中应用，统计结果表明可减少叠合墙内衬混凝土裂缝数量90%以上。为控制开裂风险系数不高于0.7，需进一步采用降低混凝土入模温度等施工改进措施，可以做到不开裂、无渗漏。

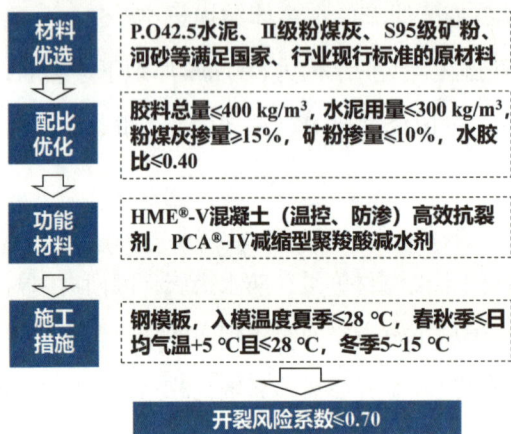

图6.20　混凝土采取的技术措施

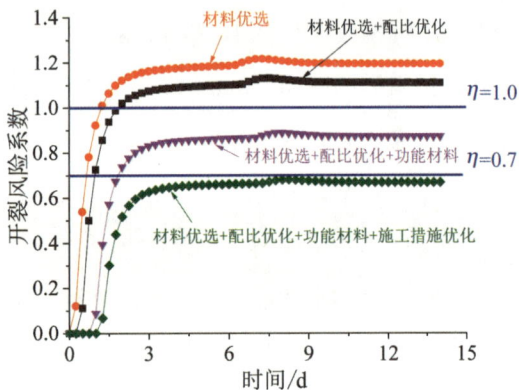

图6.21　混凝土开裂风险控制措施效果

（4）经济和社会效益

该项技术可以实现地下工程叠合墙内衬混凝土早期收缩裂缝的闭环控制，产生明显的经济和社会效益。以城市轨道交通工程为例，据统计，该技术的应用可有效减少地下车站混凝土开裂渗漏带来的长期修补维护费用，显著提高混凝土抗裂性和长期耐久性，有力保障其使用功能与服役寿命，并大大节约自然与社会资源，减少对环境的污染，促进节能减排和社会可持续发展目标的实现。

案例3　苏州启迪设计大厦地下室及屋面钢筋混凝土抗裂防渗关键技术

（1）工程简介

苏州启迪设计大厦位于苏州市旺墩路北和南施街东，主楼地上23层，建筑高99.750 m，裙楼地上4层，地下均为3层。大厦主体采用钢筋混凝土框架－核心筒结构。地下室长108.60 m、宽100.95 m。设置后浇带，地下室底板、顶板分4块浇筑，其中最大浇筑面积约为 62.5 m×52.1 m。裙楼对应的地下室底板厚 600 mm，主楼对应的底板厚 600 mm（部分为 1 500 mm、2 200 mm）；地下室顶板厚 250 mm。地下室侧墙混凝土等级为 C40，厚度为 300 ~ 400 mm，一次性浇筑长度达 40.0 ~ 62.5 m。裙楼屋面板厚 150 mm，最大浇筑面积约为 48.3 m×42.8 m；主楼屋面板厚 120 mm，最大浇筑面积约为 37.8 m×37.8 m。

现浇超长结构（尤其是侧墙）极易在施工期就产生贯穿性收缩裂缝从而导致渗漏问题。现浇超大面积板式结构（尤其是地下室顶板和屋面板）混凝土在凝结前易产生塑性开裂，凝结后由于自收缩和干燥收缩、服役过程中环境温度变化引起的温度应力极易导致开裂形成渗漏。解决地下室、屋面混凝土开裂渗漏问题，实现结构自防水与工程结构同寿命，对于民用建筑领域具有重要的示范意义。

图 6.22　苏州启迪设计大厦效果图

（2）病害情况

针对苏州启迪设计大厦地下室及屋面的结构特征和工况条件，采用多场耦合模型定量评估环境、结构、材料、施工等关键因素对实体结构温度、应力场及开裂风险的影响规律（图 6.23）。冬季施工的地下室底板开裂风险系数不超过 0.7。春秋季施工的侧墙，一次性浇筑 30 ~ 60 m 时开裂风险系数超过 1.0。夏季浇筑的主楼屋面板、冬季浇筑的地下室顶板开裂风险系数均超过 0.7。

上述结果表明，现浇超长超大面积混凝土结构（尤其是地下室侧墙和屋面板）极易在施工期就产生贯穿性收缩裂缝。目前，混凝土开裂渗漏、结构自防水无法实现和工程结构同寿命已成为影响民用建筑质量的主要问题之一。

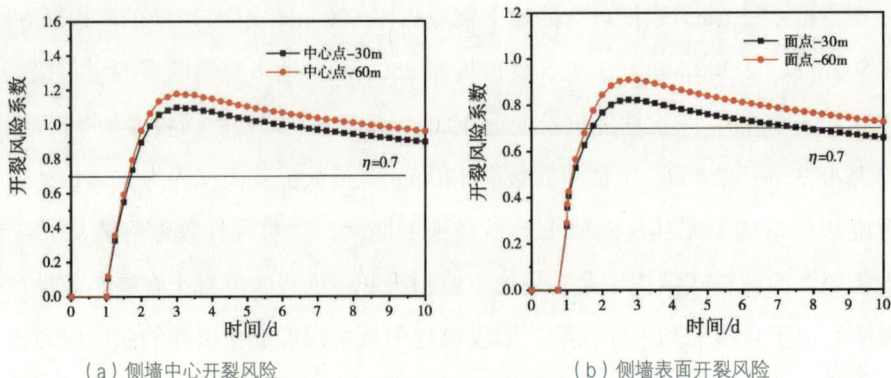

（a）侧墙中心开裂风险　　　　　　　　（b）侧墙表面开裂风险

图 6.23　春秋季浇筑的侧墙开裂风险评估结果

（3）实施效果

为控制地下室及屋面板最大收缩开裂风险系数 ≤ 0.70，提出了包括优选原材料（水泥优选、砂石含泥量控制）、采用抗裂混凝土材料、改进施工措施（分段长度、保温保湿养护）等裂缝控制成套技术方案。针对底板结构，由于冬季浇筑的开裂风险较低，主要采用 C40、C50 混凝土，并控制里表温差 ≤ 25 ℃。针对地下室侧墙、顶板和屋面板混凝土温升和温降速率较快的特点，采用了添加水化速率调控材料、以高活性膨胀组分为主的膨胀材料的高抗裂混凝土；在施工方面，春季浇筑的侧墙结构，分段长度控制 62.5 m 以内，控制入模温度 ≤ 25 ℃，且 ≤ 日均气温 +8 ℃，拆模后进行保温保湿养护；冬季浇筑裙楼屋面板，控制入模温度为 5 ~ 15 ℃；夏季浇筑地下室顶板和主楼屋面板，控制入模温度 ≤ 35 ℃，施工中采取二次抹面、采用土工布覆盖进行保温保湿养护，在拐角处设置构造钢筋。

工程监测结果表明，春季浇筑的侧墙中心最大温升达 22 ℃［图 6.24（a）］，裙楼及主楼屋面混凝土中心温度受环境温度影响较大［图 6.24（b）和图 6.24（c）］；侧墙和屋面板混凝土的变形在早期均处于无收缩状态，有效降低了墙体和板式结构的开裂风险，提高了刚性自防水性能。工程跟踪结果表明，地下室侧墙和顶板、裙楼屋面（浇筑完 1 年），夏季高温季节浇筑的主楼屋面板均未出现渗漏问题。

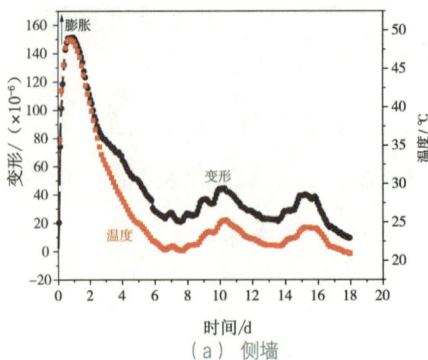

（a）侧墙

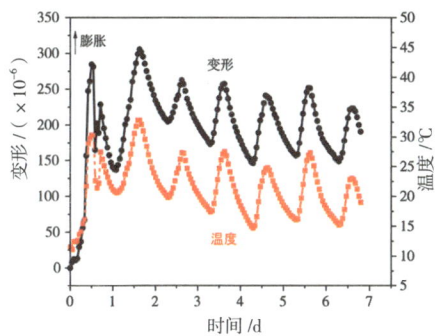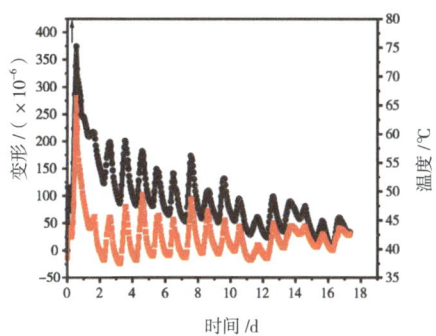

（b）裙楼屋面　　　　　　　　　　　　　　（c）主楼屋面

图 6.24　地下室侧墙、裙楼屋面及主楼屋面结构数据监测

图 6.25　地下室侧墙实施效果

图 6.26　屋面板实施效果

（4）经济和社会效益

该项技术方案可有效解决民用工程地下室、屋面混凝土的普遍开裂及渗漏问题，并成功应用于苏州滨湖地下空间等多项工程，实现自防水与结构同寿命，有力支撑了未来将要实施的"防水设计工作年限不应低于工程结构设计工作年限"这一强制性技术要求，对于民用建筑的地下室及屋面抗裂防渗具有重要的示范意义。此外，采用裂缝控制技术实现混凝土刚性自防水，达到地下工程及屋面板使用年限要求，可大幅度减少后期修补和维修费用，有利于实现低碳可持续发展。

典型案例技术七：复杂河网多目标水力调控关键技术

技术名称：复杂河网多目标水力调控关键技术

完成单位：河海大学

技术负责人：唐洪武

联系人：陈红

联系电话：13851722324

邮箱：chh_hhu@hhu.edu.cn

通信地址：南京市西康路 1 号河海大学

1. 专家简况

专家姓名	唐洪武	专业或专长	水力学及河流动力学

唐洪武，男，中共党员，1966 年 9 月生，江苏建湖人，博士，教授，博士生导师，中国工程院院士。现任河海大学党委书记，兼任中国水利学会副理事长、江苏省力学学会理事长。

1988 年 7 月河海大学水利水电工程建筑专业本科毕业，1991 年 6 月河海大学水力学及河流动力学专业硕士研究生毕业，并留校任教。1996 年 11 月河海大学水力学及河流动力学专业博士研究生毕业。享受国务院政府特殊津贴，获国家杰出青年科学基金，首届全国创新争先奖，全国优秀科技工作者，钱宁泥沙科技奖，国家高层次人才，"新世纪百千万人才工程"国家级人选，江苏省第四期、第五期"333 高层次人才培养工程"领军人才（第一层次），全国"水利青年科技英才"，第九届江苏省青年科技奖等荣誉。

长期从事水力学及河流动力学学科领域的人才培养、科技研究和工程实践，在平原水动力学及河湖治理工程研究及实践方面作出了突出贡献，是我国在该领域的学术带头人之一。先后主持和承担过国家科技攻关、自然科学重点基金、国家 863、水利部 948、省部级攻关课题以及重点（大）工程项目 150 多项，创新性地解决了淮河、长江、珠江、赣江等重点（大）治河工程的关键科技难题，成果在 100 多项水利工程的设计和运行中得到推广应用，多项研究成果获国际先进或领先水平。获国家科技进步奖二等奖 4 项，省部级科技进步奖一等奖、特等奖 5 项；出版著作 4 部，发表论文 200 余篇，SCI/EI 收录 136 篇，国际论文奖 1 项；授权发明专利 45 项；主编行业标准 4 部，参编 1 部。带领团队荣获江苏高教系统"工人先锋号"称号。

2. 技术简介

技术名称：复杂河网多目标水力调控关键技术

2.1 研发背景

洪涝灾害、水污染等问题在平原河网地区尤为突出，水动力过强 / 不足是引发这些问题的主要动力因素，利用工程改变水动力过程是解决这类地区上述问题的主要措施。然而，河网地区河道纵横交错，湖泊众多，存在多处感潮地区，地势低洼，流向多变，流动边界复杂。同时，河网内工程密布，工程种类（闸、坝、泵、行蓄洪区、圩区等）及其运用方式多，不同工程（群）调控下的河网水动力过程变化极为复杂，对其精确模拟十分困难。近年来，随着区域经济社会的发展，新老水问题相互交织，如图 7.1 所示。水力调控目标不再单一，不同目标（防洪、排涝、供水、通航、生态环境保护等）对水动力的需求不甚协调或是矛盾的（图 7.2），各目标之间的关系是动态非线性变化的，使得多目标下多工程水力调控十分复杂，还没有成熟的理论和技术可供借鉴。

图 7.1　新老水问题相互交织

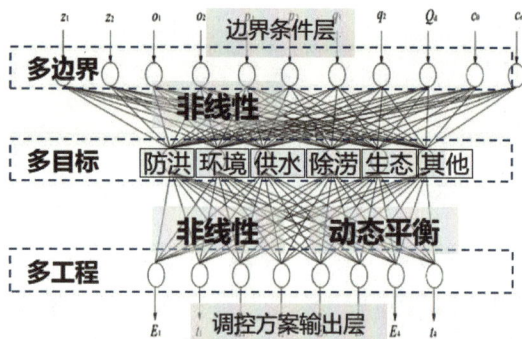

图 7.2　多边界－多目标－多工程非线性关系

2.2 技术原理与解决的工程难题

大型河网范围大、边界复杂，往往需要借助于实体模型才能精确揭示其水流的流动规律。然而大型河网实体模型受调控范围大、边界多，测控仪器多、人工干预多、数据判定经验性强等因素影响，试验效率、测控精度不高。复杂河网外接江、海，内连湖泊、蓄滞洪区，主滞流区等特征时间尺度和各计算要素空间尺度差异巨大，河道上工程种类和数量众多，与水动力过程相互反馈，精确定量十分困难。同时，河网水动力计算状态量和实测值之间的累积偏差会随计算时序的增加而增加。传统方法是将滤波参数静态均化处理，没有考虑复杂河网空间变化特性，校正精度低。针对海量工程调控与水动力过程相互反馈的精确定量模拟难题，创建了基于相似理论、水动力理论与测控感知耦合互馈的大型河网实体模型水流调控方法。在大量试验的基础上，发展了复杂河网调控－工程－江河湖水动力同步求解方法，为淮河干流行蓄洪区调整和淮河洪水调度中"拦、泄、蓄、分、行、排"等措施的科学实施提供了技术支撑。

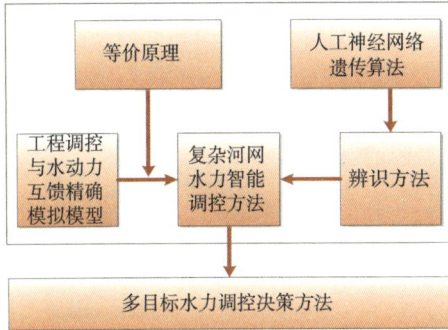

图 7.3　多目标水力调控决策方法

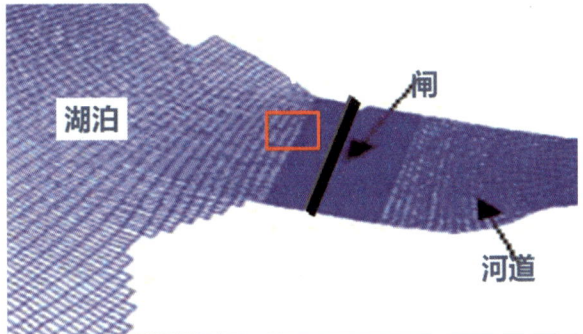

图 7.4　工程－水动力耦合方法

2.3　技术特点和主要技术经济指标

（1）大型河网实体模型水流调控方法

该项目发明了大范围流迹线图像实时测量方法，攻克了大型实体模型流势高精度测量难题；创建了基于相似理论、水动力理论与测控感知耦合互馈方法的大型河网实体模型高精度水流调控系统。该系统显著提高了自动化程度、水流测控精度和工作效率。

（2）复杂河网调控－工程－江河湖水动力同步数值求解方法

提出了多对象耦合模拟的基本理论与方法，实现了调控－工程－江河湖水动力同步数值求解；结合不同工程对复杂河网水动力作用的不同，构建了工程与水动力耦合多种模型算法；创建了海量工程调控通用运行模拟算法，实现了调控－工程－水动力回馈耦合，提高了调控规则的灵活性和计算效率。

（3）复杂河网水流状态校正模式

采用空间线性分布及时间动态统计的思路解决了模型噪声均值空间分布不连续的问题，提出了实时校正卡尔曼交替滤波算法，构建了水流校正模拟模式，计算速度和调控精度提升了近 50%。

2.4　推广应用情况

在国家基金、863 项目、部委计划、国家及地方重大工程科研等 70 余项课题资助下，产生的主要创新成果在淮河干流、太湖流域、上海世博园区、珠江三角洲等 30 多个复杂河网中得到成功应用，近3年节省工程投资及运行管理费3亿多元，在防洪、供水、水资源、水环境和生态等方面带来数10亿元的效益，社会效益巨大。此外，还可为中央实施按"三条红线"控制最严格水资源管理制度提供有力的理论及技术支撑，应用前景广阔。

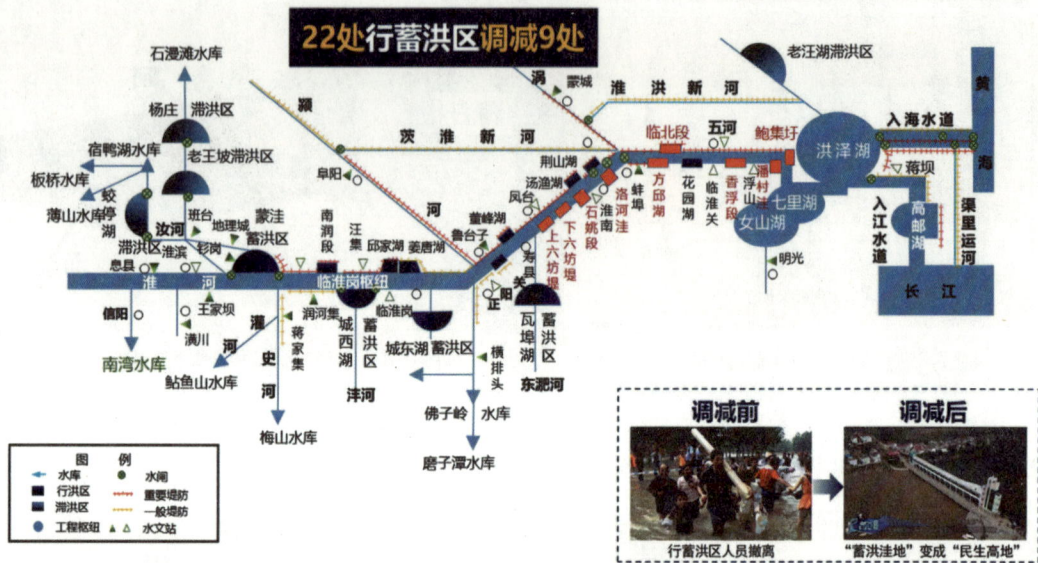

图7.5 淮河行蓄洪区调整示意图

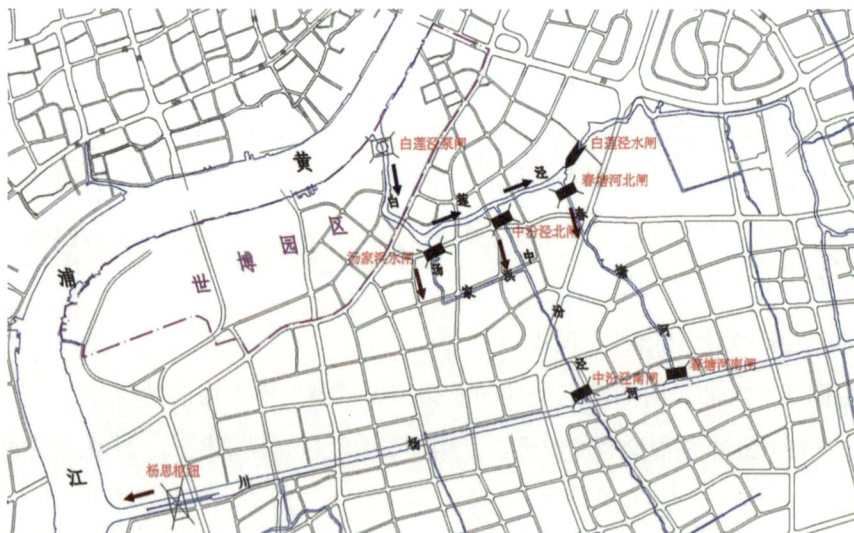

图7.6 浦东新区骨干河网和水闸分布示意图

2.5 科技成果成效

获省部级科技进步奖一等奖1项，二等奖3项，授权发明专利4项、实用新型专利3项、软件著作权 7 项，申请发明专利 2 项；出版著作 2 部，发表论文 70 余篇；相关研究成果被国家标准、行业标准和设计手册采纳。

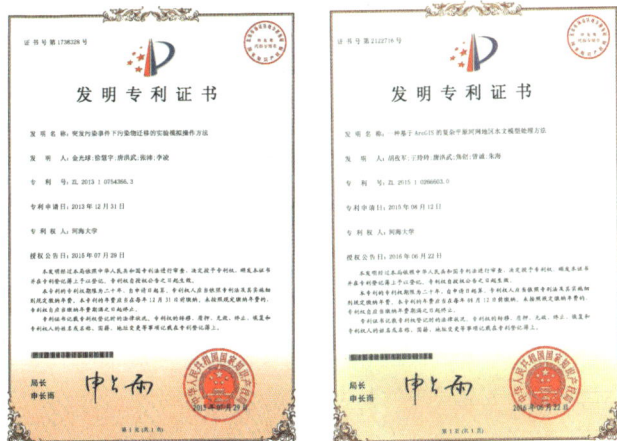

图 7.7　专利证书

2.6　人才培养成效

培养 10 余名硕博士研究生和 1 000 余名相关技术人才。

3. 案例介绍

案例 1　淮河干流－洪泽湖多目标治理工程设计

（1）工程简介

淮河流域横贯湖北、河南、安徽、山东、江苏五省，淮河干流及主要水系分布图和淮河下游防洪工作体系示意图分别见图 7.8 和图 7.9。由于淮河水系连通性差，水动力弱，加之人类活动强，洪涝排泄不畅、水污染严重、水资源短缺、水生态受损等水安全问题复合并存，治理难度极大。1991 年我国长江、淮河流域发生了大洪水，淮河发生了仅次于1954 年的大洪水，这次洪水灾害暴露了我国防洪基础薄弱、防洪标准低、管理混乱等一系列问题，突出表现在河道管理范围内建设项目管理混乱，各行业和部门在河道管理范围内乱建工程。这些工程大多未经水利行政主管部门审查，有的严重阻水，影响河道行洪，有的则直接影响河势，影响防汛抢险及正常的水利管理工作，对防洪工程及水利工程的安全造成重大影响。

（2）病害情况

淮河流域防洪工程类型多、数量大，且防洪任务重，水资源供需矛盾突出，水生态修复要求迫切，洪水调控能力与防洪工程体系多目标协同调控要求不匹配，防洪－供水－水生态等多目标协同调控决策支持能力薄弱。此外，闸坝群、行蓄洪区等不同扰动源组合对

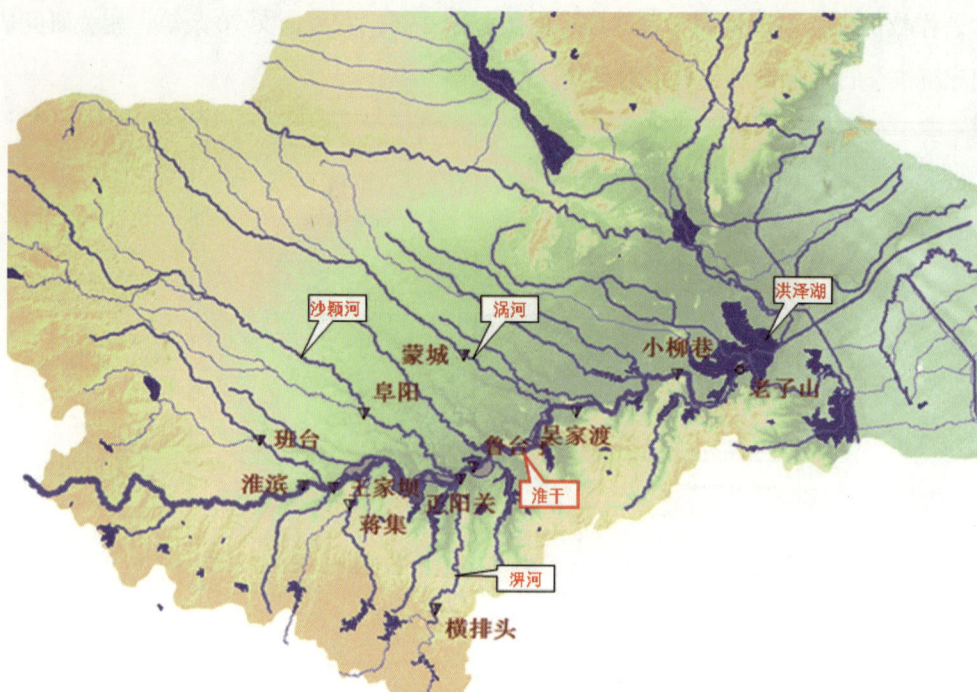

图 7.8　淮河干流及主要水系分布图

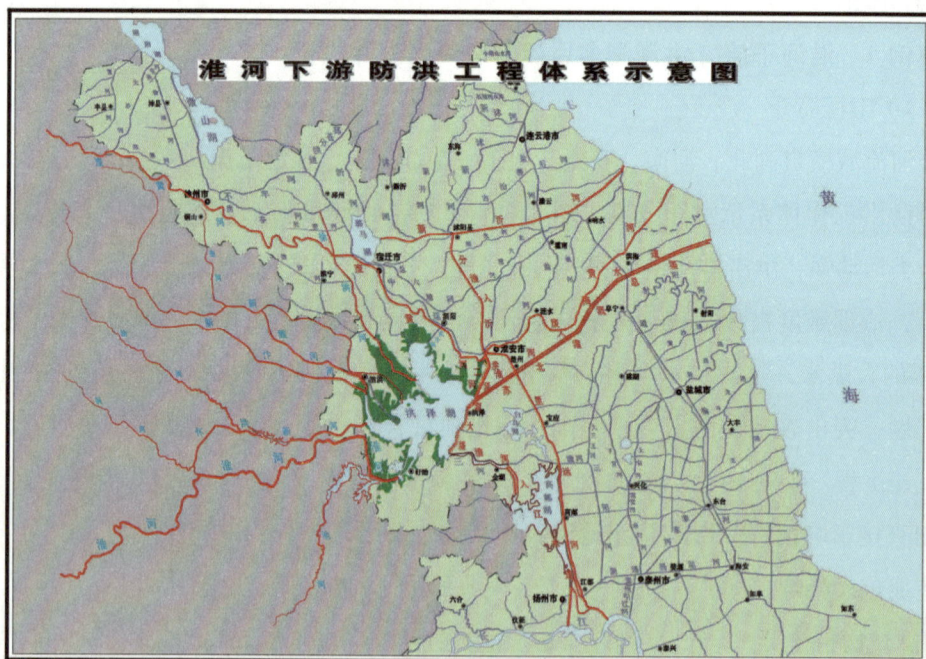

图 7.9　淮河下游防洪工程体系示意图

河道水动力特征产生影响，致使中下游复杂水系的水动力过程实时模拟精度不高等问题依然存在，加之进一步的治淮工程即将实施，淮河流域防洪工程体系多目标调控要求进一步加大。因此，亟须建立淮河流域防洪工程体系多目标协同调控技术。但面临的技术问题解决难度大，必须集聚力量联合攻关。利用流域防洪工程体系，研究开发防洪工程体系多目标协同调控技术体系，针对不同的洪水及其空间组成，提出科学的调度方案，实现超额洪水的安全排海和水资源的高效利用，这是社会经济可持续发展的迫切要求。

该项目的实施可显著提高淮河流域防洪工程体系的多目标综合效益，提升淮河流域防洪工程体系科学管理技术水平，必将产生巨大的经济和社会效益，意义重大。

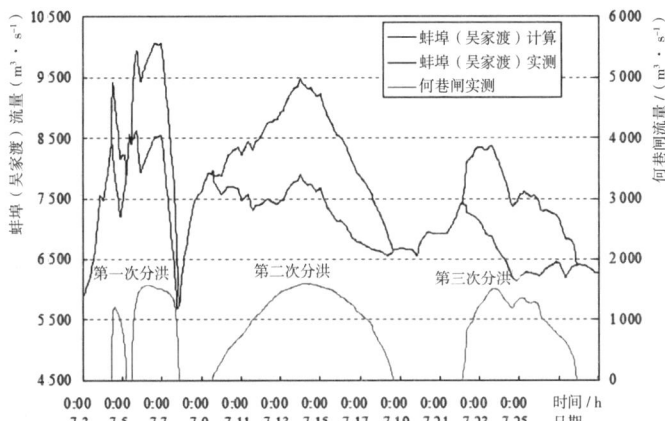

图 7.10　2003 年何巷闸分洪影响蚌埠（吴家渡）站流量过程线图

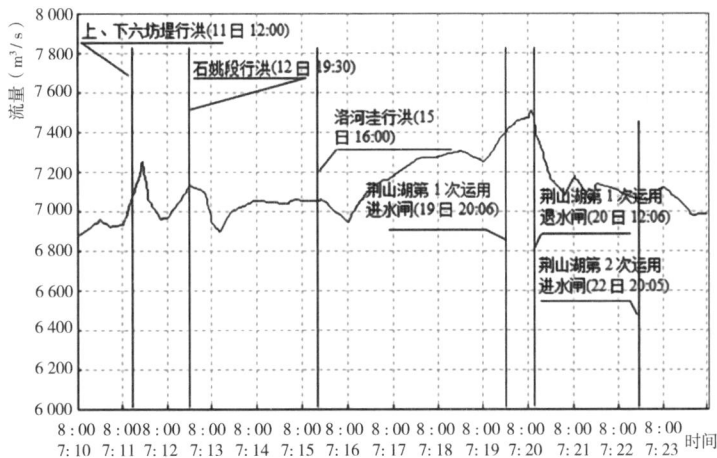

图 7.11　2007 年淮河蚌埠（吴家渡）站流量过程线图

（3）实施效果

①多元扰动下水动力非线性系统辨识。系统分析了流域上游各大型水库调度对河道水

流影响的有效范围，定量分析了各行蓄洪区的运用对淮河干支河道洪水的影响。

②河－湖－库－闸全耦合嵌套模型的建立。依靠现场调研、数学模型、室内试验、理论分析等多种方法，对流域尺度上河、湖、工程叠加的复杂河网系统进行仿真模拟，研发了多维嵌套与疏密嵌套数学模型，实现了淮河水系河－湖－库－闸协同水动力模拟。

③淮河干流河道与洪泽湖工程体系系统治理。聚焦中游下段淮河－洪泽湖系统，从河道本身行洪能力的扩展、河湖关系的优化等方面，提出了淮河中游洪涝形成机理及对应的治理方案。

④防洪－供水－生态多目标协同调控。系统研究了淮河水系各大工程的现有调控方式下防洪与供水、水生态等多目标之间的协同性，分析了淮河流域典型水体生态系统现状及其约束，建立了各工程之间相互配合的优化调控模式，开发了多目标协同模拟与调控方法库与模型库，构建了多目标协同模拟与调控系统平台并在王家坝－洪泽湖区域进行示范。

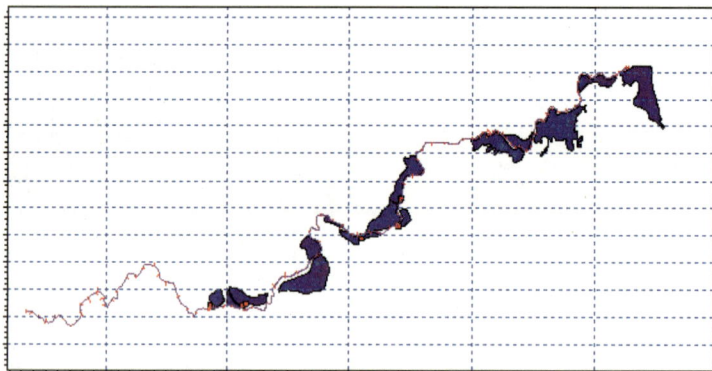

图 7.12　二维河道间耦合示意

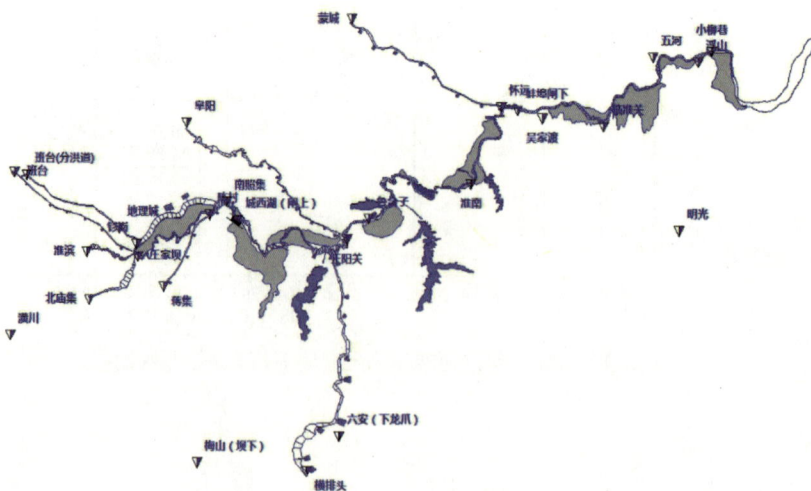

图 7.13　淮滨－老子山水动力耦合模拟系统

（4）经济和社会效益

系列成果直接解决了课题组承担的 50 余项平原河流物理模型研究中水沙模拟测控难题，还推广到 20 余家水利科研院所，部分成果实现了产业化，形成 2 个示范教学科研基地，社会效益显著，推广应用前景广阔。获发明专利 14 项、实用新型专利 8 项、软件著作权 3 项，主编行业标准 2 部，出版著作 1 部，部分成果被纳入水利行业标准和实用技术推广目录，推动行业科技进步和学科发展。通过该技术的研究及运用，还培养了 10 余名硕博士研究生和 1 000 余名相关技术人才。

案例 2　扬州城市调水引流工程设计及应用

（1）工程简介

扬州位于长江与京杭大运河交汇处，是国家历史文化名城和具有传统特色的风景旅游城市，处于江苏省陆域地理几何中心，有"淮左名都，竹西佳处"之称，又有着"中国运河第一城"的美誉。而对扬州市内的调水引流工程旨在增加河流水系的水体稀释容量，降低污染物浓度，加快水体的有序流动，缩短污染物滞留时间，修复水体自净功能，使水体水质得到明显改善。在充分发挥现有水利设施作用的前提下，通过引水活水等工程措施来增加扬州市内各个水系中河流生态需水量、改善水动力条件、调节水体溶解氧水平，提高河流水质达标率。

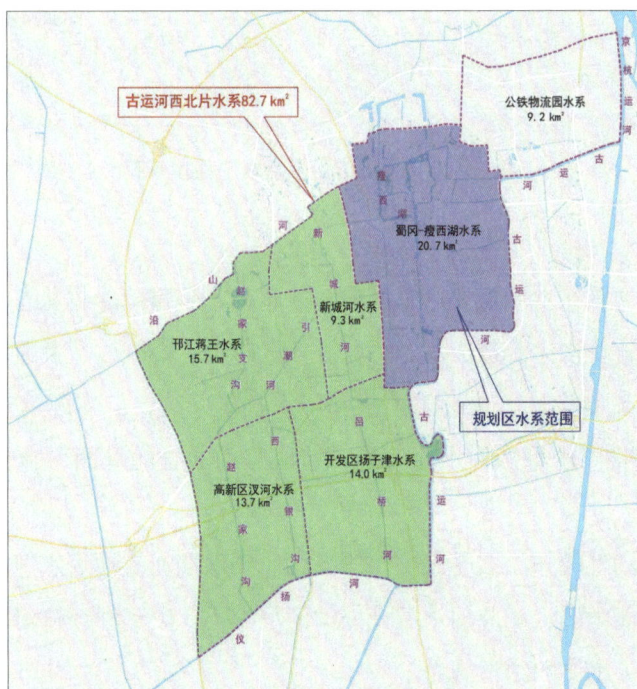

图 7.14　扬州城市区域范围及面积

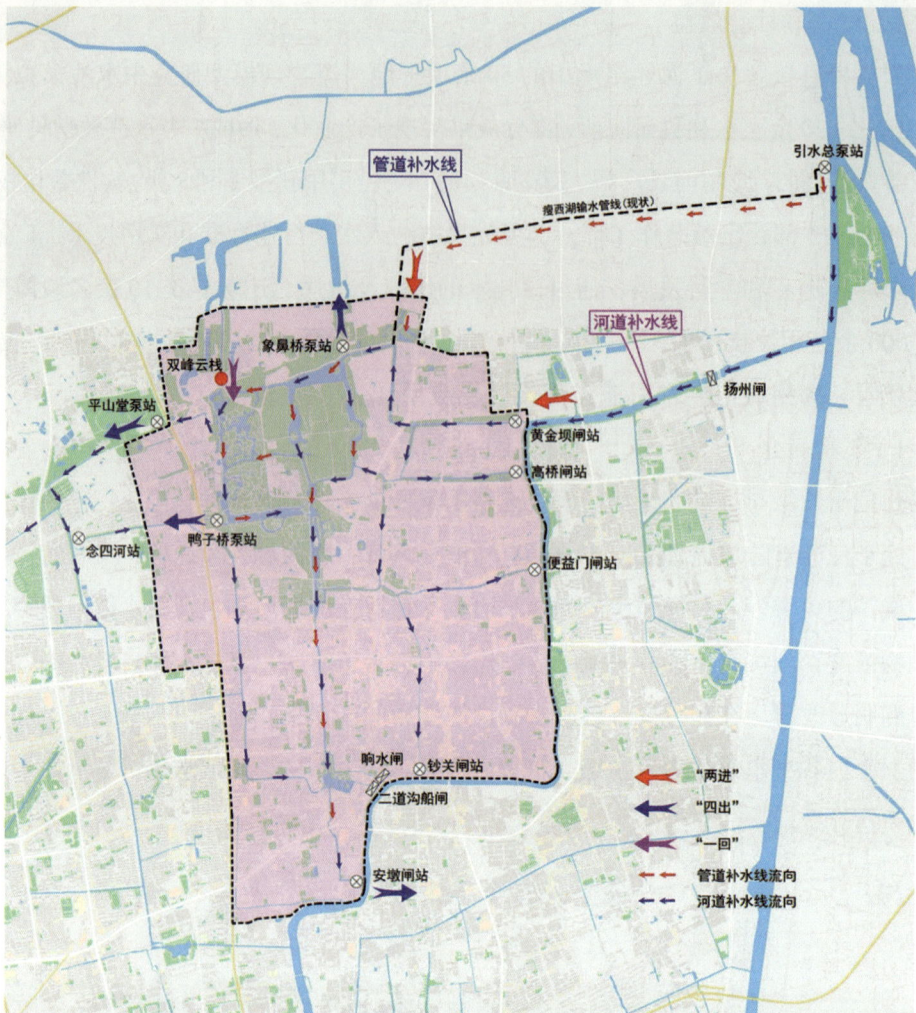

图 7.15　扬州城市引水活水工程水系图

（2）病害情况

瘦西湖、内城河现状水质主要为总氮、总磷超标，呈富营养化状态。少数居住区实际是雨污合流，污水直排水体，造成水质恶化。新区建设、旧城改造及道路拓宽、翻建等工程实施时，均按分流制设计，建设了雨水和污水收集系统，但实际运行时并未形成完善的分流制系统，而将雨水管和污水管互通，造成分而又合的局面，影响分流制系统效能的发挥。

该区域水体流动性较差，多受水闸控制，枯、平水期河流缺少水源补给，水体交换能力不足，水体自净能力弱，相应的水域允许纳污量较小。废水和径流污染物持续入河，污染物累积总量超过了水体的纳污能力。

在城市建设中，水系规划设计相对滞后，过水断面收窄和施工侵占水域现象依然存在，水生态系统日趋脆弱。部分下游河道断流、干涸、萎缩，甚至消失。水系未及时建设和调整，河道淤积、河床抬高，水系调蓄水能力、流动速度均减小。城市规划建设中缺乏系统的水系规划和水生态环境保护规划。

（3）实施效果

①瘦西湖水质改善效果分析。通过对比工程实施前日常引水工况和瘦西湖活水专管单出口河湖分治工况模拟运行一周后各水质指标的平面分布，分析水质改善的效果。分别对比工程前后的总氮、总磷、氨氮、生化需氧量、溶解氧的浓度分布，可以看出工程实施后瘦西湖景区内水质较日常工况下的水质有明显提升。但受限于计算时采用的源水水质指标中总氮超标的情况，在工程实施后的计算结果中，瘦西湖景区内总氮指标也存在超标现象。

图 7.16 日常工况（左）与单出口工况（右）水质平面分布——总氮

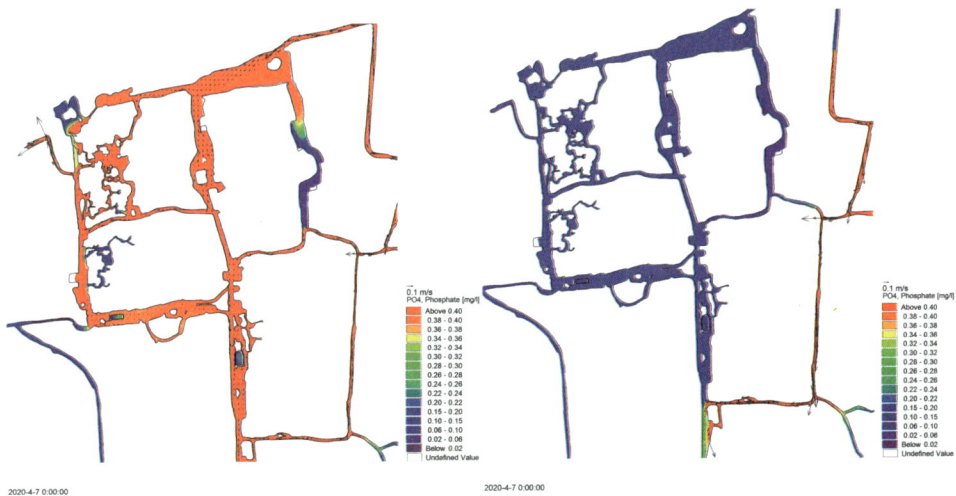

图 7.17 日常工况（左）与单出口工况（右）水质平面分布——总磷

②瘦西湖内流场优化效果分析。通过对比瘦西湖活水专管单出口和多出口两种河湖分治工况模拟运行稳定后的流场分布，分析瘦西湖内流场优化的效果。从单出口工况和多出口工况的水动力特征分析可知，单出口工况下，瘦西湖景区内大部分水体处于流动状态，瘦西湖核心景区范围内水体流速略有提升，但提升效果有限，以二十四桥处为例，流速为0.015 m/s左右；多出口工况下，各出口流量可自主调配，优先保障瘦西湖核心景区用水，瘦西湖核心景区、宋夹城河、二道河内大部分河道的水动力得到进一步提升，二十四桥处流速能够达到0.03 m/s，结合高桥闸、便益门闸调度规则的优化，漕河、玉带河、北城河均能获得较优的水动力条件，流速可达0.1 m/s以上，有利于增强水体的自净能力，但整体水质提升情况仍受制于黄金坝闸来水水质以及沿线排污情况。

（4）经济和社会效益

①瘦西湖是扬州市重要的城市名片，其水质优劣关乎城市形象好坏。鉴于瘦西湖水系纵横交错，景区河道蜿蜒曲折、错综复杂，通过建立水动力水质模型研究瘦西湖水动力分布现状、预测规划方案效果，为工程规划提供技术支撑十分必要。

②工程实施前日常引水和瘦西湖活水专管单出口的河湖分治工况的流场对比分析成果表明：工程方案实施后，瘦西湖核心景区范围内水体的水动力条件略有改善，但水动力提升效果有限。

③瘦西湖活水专管单出口和活水专管多出口工况的流场对比分析成果表明：多出口工况下，因活水流量可定向调配，瘦西湖核心景区的水动力条件相较于单出口工况可得到更好的改善。

④工程实施前日常引水和瘦西湖活水专管单出口的河湖分治工况的水质沿程分布随时间变化的成果表明：瘦西湖景区内水质主要受源水水质影响，当源水水质明显改善时，瘦西湖水质也呈向好的发展趋势。

案例3　上海河网多目标水力调控方案设计及应用

（1）工程简介

随着经济高速发展，工业废水和城镇生活污水排放量急速增加，加上大面积的农药化肥施用，平原河网地区部分河道水质遭到严重污染。在河网地区，为防洪排涝、控制河道水体循环、改善河流水质和水环境质量，需要越来越多地利用水闸联合调控技术。但在实际调度过程中，由于水闸数量较多、分布较广，在应对不同的情况下，选择不同的调控方案会得到差异较大的调度效果。尤其是碰到有突发污染事件时，由于受到事件发生时的多方面因素的影响，如气候条件、水文特点、污染发生的地点、污染源现状及周边河道的水质状况等，水闸的调度方式难以快速、准确地决定。因此，如何根据实际情况，科学、合理、简单、迅速地寻求一个水闸联合运行调控方案成为一个重要的课题。

上海浦东新区已经建成的相对完善的水利工程体系，再加上其特殊的地理位置，使其拥有丰富的过境水量。研究表明，黄浦江上游来水量多年均值为 106.6 亿 m^3。此外，长江入海水量巨大，在东海潮汐作用下，长江水呈往复流动，多年进潮水量平均为 409 亿 m^3。由于浦东新区河网调水具备可靠的工程设施保障和丰富的水资源量，因此可以利用水闸、泵站、河道水系和潮汐等有利因素，在世博浦东园区这样一个河网复杂、有多节点控制的小区域内，通过引清调水的方式有效改善水质，同时保障防汛安全。针对世博园区的实际情况，欲利用建立的水闸智能调度模型科学、合理、简单、迅速地提供一个有利于改善河网水质的调水方式。

（2）病害情况

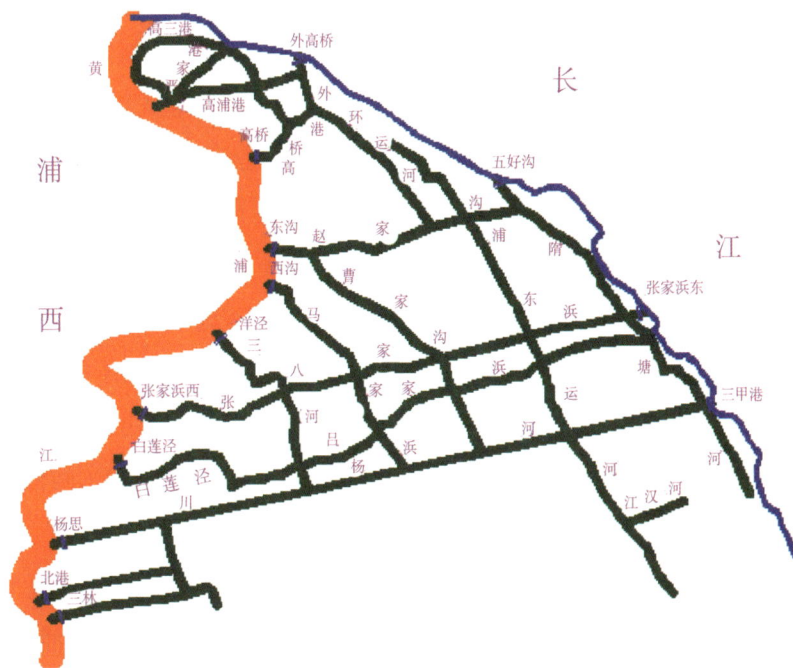

图 7.18　浦东新区骨干河网和水闸分布示意图

图 7.19　世博园区河网水系图

水闸是控制新区河道水位、调节河道流量的重要工程设施。为减轻新区内陆地区河道排涝压力，满足挡潮、引水、灌溉、航运和排涝等需要，自 20 世纪 60 年代以来相继在黄浦江支流上建造了高桥、东沟、西沟、洋泾、张家浜、白莲泾、杨思、北港、三林等水闸；沿长江口建造了外高桥、五好沟、张家浜东、三甲港四座节制闸，形成大包围控制趋势，使区内各河道水文要素受水闸控制。作为挡潮、排涝的重要口门枢纽，如何通过系统化的综合管理，及时有效地将内河水位控制在正常范围内，减轻突发性自然灾害造成的危害，保障新区经济的进一步发展是管理者面临的一个严峻课题。因此，为了能够充分发挥水闸综合运用管理的效益，亟须建立一个基于信息化技术的水闸综合运用管理系统，迅速有效地掌握第一手水文及运行管理信息，以此为基础建立一套全区范围内的水闸智能控制系统。

（3）实施效果

该项目建立了河网水闸智能调度模型，该模型由水闸神经网络调度模型、河网水动力及水质模型组成，保障了上海河网防洪和水环境需求。该技术应用于上海浦东新区水闸联合运行调控方案设计，结果表明，智能模型的模拟结果与实测数据吻合较好，且具有实时性好、响应快等特点和自我完善功能，可以较好地满足群闸智能调度需求，解决大型复杂河网的水闸智能调控问题。尤其是应用于世博园区水质改善水动力调控方案设计，提出了常态下、雨水径流污染、突发水污染、调控工程故障下四类调水模式。

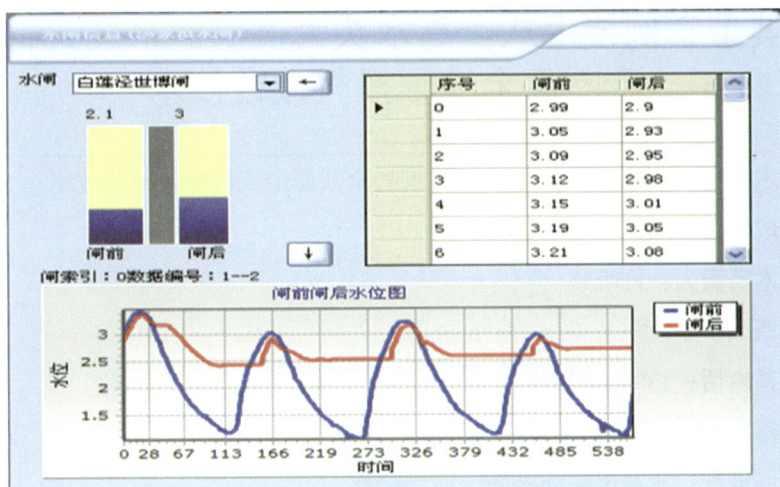

图 7.20　多目标群闸自动调度系统

图 7.21　水环境调度决策支持平台

（4）经济和社会效益

世博期间，依托调度软件平台，按照课题组的研究成果和实际情况进行了合理调度，世博园区水质得到有效控制和持续改善，圆满完成了水环境保障的重要任务。世博期间园区水质明显好转，与世博召开前相比，不仅劣 V 类水质出现的天数大幅度减少，而且Ⅲ类水质出现的天数明显增加，确保了园区周边良好的水环境需求。该技术的运用共节省水环境治理投资约 2 000 万元，综合效益显著。

典型案例技术八：高水头大流量泄水建筑物全断面全流程掺气减蚀技术

> **技术名称：** 高水头大流量泄水建筑物全断面全流程掺气减蚀技术
>
> **完成单位：** 四川大学
>
> **技术负责人：** 许唯临
>
> **联系人：** 谢红强
>
> **联系电话：** 13880063418
>
> **邮箱：** alex_xhq@scu.edu.cn
>
> **通信地址：** 成都市一环路南一段 24 号

1. 专家简况

专家姓名	许唯临	专业或专长	水力学及河流动力学

许唯临，男，1963 年 10 月生，山东青岛人，博士，研究员，博士生导师，中国工程院院士。现任四川大学常务副校长、水力学与山区河流开发保护国家重点实验室主任，兼任中国大坝工程学会常务理事、中国水力发电工程学会常务理事。

1984 年 7 月成都科技大学水文学及水资源利用专业本科毕业，1987 年 6 月成都科技大学水利系水力学及河流动力学专业硕士毕业。长期从事高坝水力学理论、技术和工程应用研究，建立了水力学细观分析理论，发明了分级防冲防蚀技术，研发了突变段水流控制技术。成果应用于 80 余项工程，包括 11 座 200 m 以上的高坝工程。曾获国家技术发明奖二等奖 1 项、国家科技进步奖二等奖 2 项、何梁何利科技创新奖等科技奖励；在国际高水平学术刊物发表论文 100 余篇，出版著作 4 部；作为第一发明人获国家发明专利授权 20 余项，7 项技术被纳入 5 部设计规范。

2. 技术简介

技术名称：高水头大流量泄水建筑物全断面全流程掺气减蚀技术

2.1 研发背景

在水利水电工程中，泄水建筑物遭受破坏的实例屡见不鲜，甚至严重威胁整个工程的安全。我国是世界上水电资源最丰富的国家，修建了一大批大型水利水电工程。这些工程与世界其他国家的同类工程相比，具有水头高、流量大、河谷狭窄、地质条件复杂等特点，工程技术难度大，泄水建筑物空蚀破坏的防治便是其中的突出技术难题之一。

为了防止空蚀破坏的发生，工程中主要采取体型优化、过流表面不平整度控制、抗蚀材料和掺气减蚀等措施，其中掺气减蚀是高坝工程普遍采用的最有效的空蚀防治措施。但是传统的掺气减蚀技术只是在泄洪洞或溢洪道的底部设置强迫掺气设施，实际工程中出现了底部掺气后泄洪洞仍遭受空蚀破坏的情况，表明底部掺气无法充分保证侧墙的防蚀安全。同时，新型泄洪消能方式（如旋流竖井泄洪洞、阶梯式溢洪道等）的不断出现也对掺气减蚀技术提出了更高的要求。因此，适用于不同过流方式的全断面全流程掺气减蚀技术的研发尤为必要。

图 8.1　高坝工程坝身和泄洪洞泄洪

图 8.2　阶梯式溢洪道的空蚀破坏

2.2　技术原理与解决的工程难题

通过理论研究，发现了空气泡对空化泡溃灭的阻滞效应，解决了掺气减蚀机理长期不明的问题，表明小尺度掺气对于减免空蚀破坏是有效的。

基于掺气减蚀机理，提出了侧墙小尺度掺气与底部大尺度掺气相结合的全断面掺气减蚀技术。侧墙掺气既要达到减蚀效果，又必须满足防止水面跃冲和水翅蹿升的要求，小尺度掺气减蚀的有效性原则使其成为可能。研究表明，采用小尺度侧墙贴角能有效地形成侧空腔进行侧掺气，即使形成较小的侧空腔，也能有效消除边墙区域可能出现的清水区，且只要保证侧空腔长度小于底空腔长度，便可同时满足水流流态的要求。

将全断面掺气减蚀的思想进一步应用于旋流竖井泄洪洞。旋流竖井以往是在中小工程中采用，欲将其应用于高水头、大流量泄洪，必须解决的关键问题之一是高速水流对竖井井壁的空蚀威胁。为此，研发了旋流竖井环形掺气减蚀技术，利用旋流离心力使水流附壁卷气，其掺气效果十分显著，由此实现了旋流竖井的全断面掺气减蚀。

此外，针对阶梯式溢洪道前段往往因为缺乏掺气保护而遭受空蚀破坏的问题，研发了前置掺气坎掺气减蚀技术，实现了溢洪道全流程掺气保护。

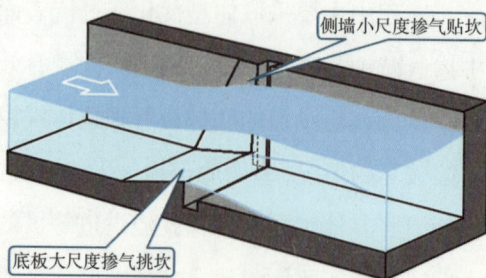

图 8.3　泄洪洞全断面掺气减蚀示意图

图 8.4　旋流竖井环形掺气减蚀效果

图 8.5　阶梯式溢洪道全流程掺气减蚀示意图

2.3　技术特点和主要技术经济指标

①侧墙小尺度掺气与底部大尺度掺气相结合的全断面掺气减蚀技术解决了泄洪洞全断面掺气减蚀保护问题，可以适用于 200 m 以上泄洪水头、4 000 m^3/s 泄洪流量的大型泄洪洞。

②旋流竖井环形掺气减蚀技术解决了高水头、大流量旋流竖井的掺气减蚀保护问题，可使得旋流竖井的泄洪水头从原来的 80 m 提高到 200 m 以上，泄洪流量从 250 m^3/s 提高到 2 000 m^3/s 以上。

③阶梯式溢洪道全流程掺气减蚀技术不仅解决了阶梯面的掺气减蚀问题，而且使得阶梯式溢洪道的适用范围显著增大，以往的阶梯式溢洪道主要适用于最大 50 $m^3/(s \cdot m)$ 左右的单宽流量，实现全流程掺气保护后，单宽流量可以提高到 120 $m^3/(s \cdot m)$ 以上。

2.4　推广应用情况

侧墙小尺度掺气与底部大尺度掺气相结合的全断面掺气减蚀技术成功应用于我国第一座 200 m 级高坝工程——雅砻江二滩水电站，解决了二滩水电站泄洪洞修复难题，并推广应用于泄洪洞单洞流量超过 4 000 m³/s 的金沙江溪洛渡水电站，有效地保证了世界最大泄洪流量和泄洪功率的溪洛渡水电站泄洪洞群的安全。

旋流竖井环形掺气减蚀技术成功应用于世界第一土石坝坝高的大渡河双江口水电站，有效地保证了旋流竖井的流量和落差达到国内外同类工程的最高值，为 300 m 级高坝提供了一种安全的无压洞内消能方式。

阶梯式溢洪道全流程掺气减蚀技术成功应用于黄金坪水电站溢洪道，使其泄流能力达到 126 m³/（s·m）。该项技术还成功应用于阿海、德泽等工程，有效保证了阶梯式溢洪道的泄洪安全。

图 8.6　二滩水电站

图 8.7　双江口水电站

图 8.8　黄金坪水电站

2.5　科技成果成效

高水头大流量泄水建筑物全断面全流程掺气减蚀技术推动了高坝工程空蚀破坏防治技术的发展，使得相关工程技术指标显著提高，安全性能进一步增强。共发表高水平国际学术论文 50 余篇，获得国家发明专利授权 12 项，相关技术内容分别被纳入 2 部设计规范，获国家科技进步奖 1 项、省部级科技进步奖 2 项。其中，"高坝泄洪消能若干新技术研究及应用"获 2006 年四川省科技进步奖一等奖，"大型竖井泄洪洞的研究及应用"获 2008 年教育部科技进步奖一等奖，"高坝工程泄洪消能新技术的开发与应用"获 2009 年国家科技进步奖二等奖。

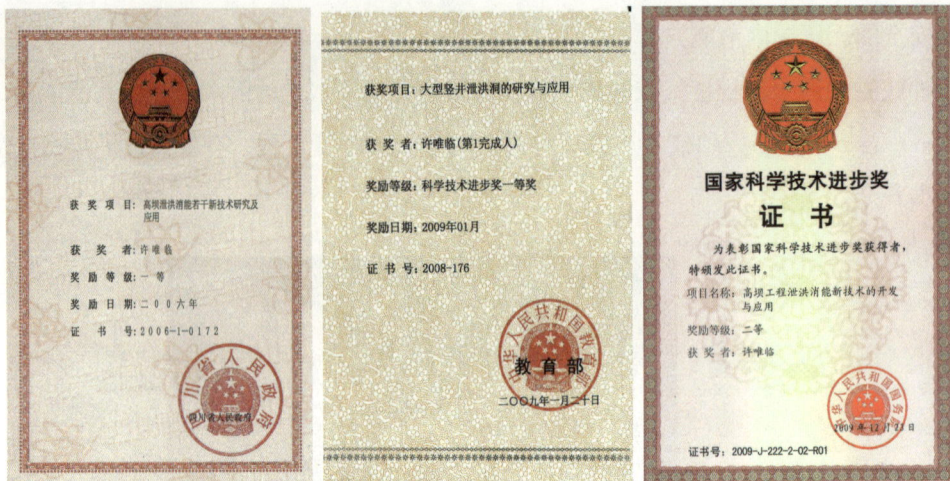

图 8.9　成果证书

2.6　人才培养成效

该项成果已被纳入本、硕、博学生课程教学。结合该项技术研发工作，培养了硕、博士研究生 20 余名、博士后 2 名，培育出国家杰出青年科学基金获得者 1 名、国家"万人计划"领军人才 1 名。

3. 案例介绍

案例　高坝工程空蚀破坏的防治

（1）工程简介

二滩水电站位于雅砻江下游，拦河大坝为混凝土双曲拱坝，坝高 240 m。水库正常蓄水位 1 200 m，相应库容 5.8 亿 m^3。电站装机容量 3 300 MW，多年平均发电量 170 亿 kW·h。泄洪建筑物包括坝身表孔、中孔和右岸的两条泄洪洞，具有水头高、流量大、河谷狭窄的特点。2 条泄洪洞全长分别为 922 m 和 1 269.01 m，隧洞断面采用圆拱直墙的形式，断面尺寸为 13 m 宽、13.5 m 高，洞内最大流速约 45 m/s。设计洪水和校核洪水时，两条泄洪洞的总泄洪量分别为 7 400 m^3/s 和 7 600 m^3/s，约占枢纽设计和校核流量的 1/3。为防止高速水流发生空蚀破坏，分别在 1 号、2 号泄洪洞各设置 5 道和 7 道掺气设施。工程于 2000 年底竣工。2001 年汛后，1 号泄洪洞内有长约 400 m 的洞身出现严重破坏，约 2 万 m^3 的岩体被冲毁，严重威胁整个工程的安全运行。

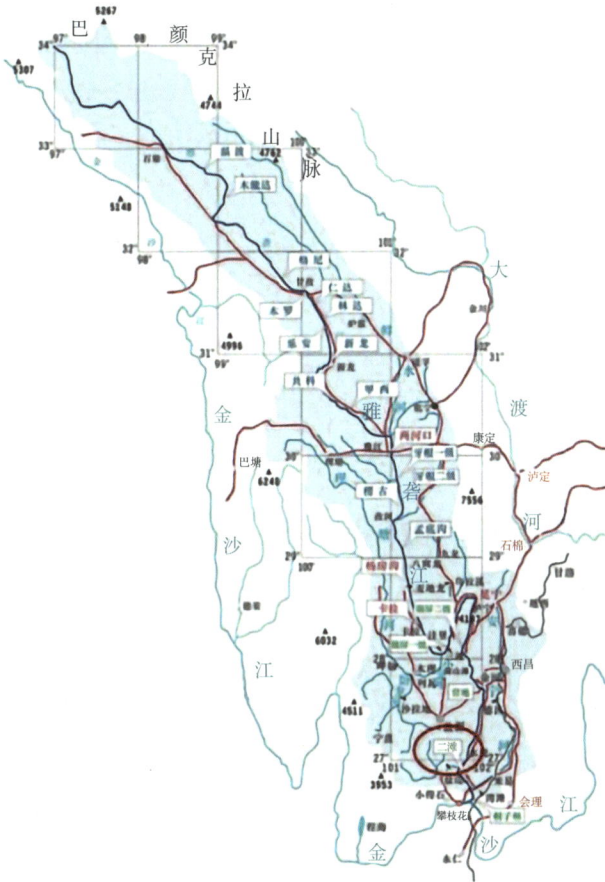

图 8.10　二滩水电站位置

图 8.11　二滩水电站全景图

（2）病害情况

泄洪洞破坏发生后，首先发现存在局部施工问题，因此于 2003 年按传统方法进行了第一次修复，结果在第二年运行 322 h 后又发现 25 处空蚀坑。深入研究表明，该泄洪洞的破坏主要是由于其"龙抬头"段后部反弧末端边墙遭受高速水流空蚀破坏所引发。由于反弧段前的第一级掺气减蚀设施位置较高、流速较低，其掺气保护长度相对较短，加之在反弧段水流离心力作用下，掺入水体中的空气泡上浮作用进一步增强，使得第一级掺气设施无法保护到反弧末端的边墙。同时，在反弧末端位置，水面自掺气尚未向下扩散至全部水深，而底部设置的第二级掺气减蚀设施所掺入的空气刚刚进入水体，正在从底部向上扩散，也无法保护到此处的边墙，因此在反弧末端的位置出现了上游强迫掺气、底部强迫掺气和水面自掺气均未能保护到的侧墙清水三角区，由此导致了该处的空蚀破坏，继而向下游发展，并在空蚀与冲刷的共同作用下，其破坏范围和深度不断扩大。对于这一问题，传统的底部掺气技术已经难以解决，必须寻求新的掺气保护技术。

图 8.12　泄洪洞破坏情况

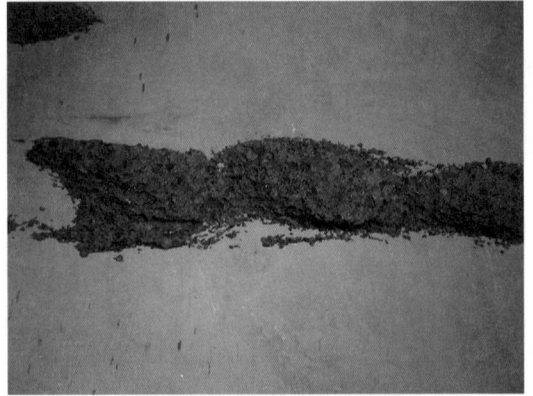

图 8.13　按传统方法修复后再次出现空蚀坑

（3）实施效果

基于上述的工程破坏原因分析，2005 年采用侧墙小尺度掺气与底部大尺度掺气相结合的全断面掺气减蚀技术，对该泄洪洞进行第二次修复，将原来仅有的反弧段末端底部掺气减蚀设施改造为全断面掺气减蚀设施。该技术所增设的侧墙小尺度掺气设施有效地消除了侧墙清水三角区。同时，由于侧墙小尺度掺气坎的高度仅有 20 cm，也未引起水流蹿顶等不良流态，整个水流状态良好，底部和侧墙掺气空腔稳定且无回水壅堵，从而对泄洪洞底部和侧墙有效地发挥了全断面掺气保护作用。按照全断面掺气减蚀技术对该洞段进行第二次修复完成后，当年即安全运行 420 h，迄今该洞段依然完好。

图 8.14 全断面掺气减蚀技术消除了侧墙清水三角区

图 8.15 泄洪洞采用全断面掺气减蚀技术修复后迄今完好

（4）经济和社会效益

高水头大流量泄水建筑物全断面全流程掺气减蚀技术在上述泄洪洞破坏修复工程中的成功应用，解决了该工程破坏修复难题，有效地保证了泄洪洞的泄洪安全。由于该泄洪洞是整个工程泄水建筑物的重要组成部分，因此该泄洪洞的成功修复对于保证整个工程的泄洪安全也具有重要的意义。以此次修复为起点，后来的类似工程均对泄洪洞反弧段末端等易空蚀部位的侧墙保护问题高度重视，特别是在溪洛渡水电站泄洪洞设计中，左右两岸共4 条泄洪洞均采用了全断面掺气减蚀技术，并成功经受了比二滩水电站泄洪洞更大流量、更高流速的实践检验。因此，高水头大流量泄水建筑物全断面全流程掺气减蚀技术有力地推动了高坝工程空蚀破坏防治技术的进步。

典型案例技术九：现浇混凝土大直径管桩复合地基技术

> **技术名称：** 现浇混凝土大直径管桩复合地基技术
>
> **完成单位：** 重庆大学
>
> **技术负责人：** 刘汉龙
>
> **联系人：** 丁选明
>
> **联系电话：** 13996171067
>
> **邮箱：** dxmhhu@163.com
>
> **通信地址：** 重庆市沙坪坝区沙北街 83 号

1. 专家简况

专家姓名	刘汉龙	专业或专长	岩土工程

　　刘汉龙院士围绕我国高速铁路、高速公路、高边坡、高土石坝以及陆域吹填和岛礁建设等领域重大岩土工程科技问题和国家迫切需求，长期从事岩土与地下工程方向科技研究与工程实践。先后主持国家杰出青年科学基金、国家自然科学基金重点项目、国家自然科学基金重大仪器项目及重大工程科技项目等 40 余项，在基础理论、技术发明和工程实践等方面取得了重要创新性科技成果。

　　研发了现浇混凝土大直径管桩、现浇 X 形混凝土桩和浆固散体材料桩等刚性桩及复合地基新技术，解决了高速公路、高速铁路工后沉降控制和复杂施工环境难题；发明了软土地基正负压耦合快速加固技术，为大面积围海造地超软地基加固开辟了新途径；建立的液化砂土和珊瑚礁砂地基变形理论及研发的微生物和排水刚性桩抗液化技术，提升了我国抗震液化研究和减灾对策水平；创新了粗粒土静动本构理论与加固技术，攻克了高土石坝、高边坡和高填方等工程应力变形计算和抗震加固难题。获得国家与省部级科技奖 15 项，其中包括国家技术发明奖二等奖 2 项（均排名 1），国家科技进步奖二等奖 1 项（排名 2），省部级科学技术奖一等奖 6 项（均排名 1）；获国家发明专利 123 项；发表 SCI 和 EI 收录论文 430 篇，出版专著 4 部，主编国家、行业和地方标准 7 部，参编 ISO 国际标准 1 部。

2. 技术简介

技术名称：现浇混凝土大直径管桩复合地基技术

2.1 研发背景

桩基复合地基广泛应用于高速铁路、高速公路、市政工程、港口工程等软土地基加固中，具有施工速度快、工期短、加固处理深度灵活、适宜各种地质条件、可明显增加地基的稳定性、有效提高地基承载力和减小变形等优点，长期以来，普遍受到工程界的青睐。其中主要包括预制实心桩、现浇混凝土桩以及预制混凝土管桩等。预制实心桩较现浇桩造价高，现浇混凝土桩单方造价较低，但也不能节省混凝土材料。为此，又发展了预制混凝土管桩（PHC 桩），该桩型的单方混凝土承载力较实心混凝土桩有了较大的提高，但 PHC 桩需要在工厂预制，虽然从形式上是节省了材料，但考虑到运输和施工等因素，必须加入大量的钢筋增加强度以抵抗施工过程中可能遇到的破坏，从而增加了造价，故地基加固成本并未大幅度降低。因此，寻求使用较少的混凝土方量，以实现造价低、承载力高、沉降变形小、地基稳定性强的新桩型成为岩土工程界迫切需要解决的问题。正是考虑到实心桩及预制管桩的不足，刘汉龙教授等开发了现浇混凝土大直径管桩（PCC 桩）软土地基加固技术，并已得到了广泛应用，从而以柔性桩的成本达到了刚性桩的效果。

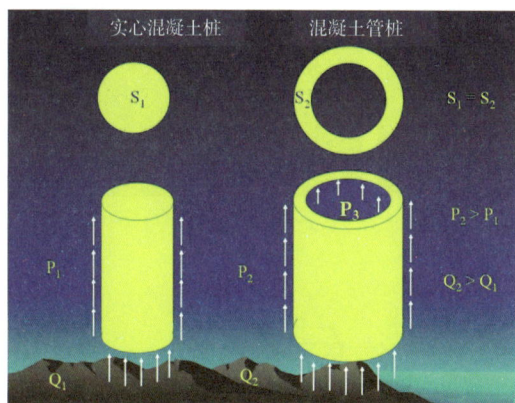

图 9.1 PCC 桩研发思路

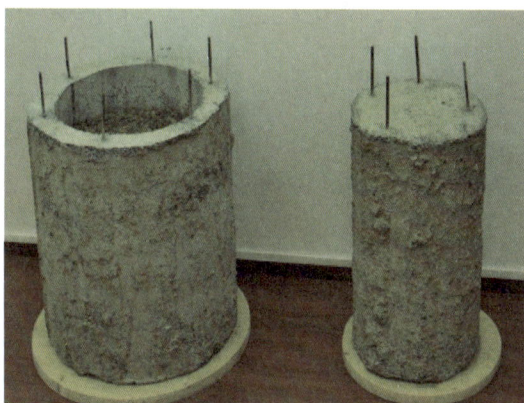

图 9.2 PCC 桩和实心混凝土桩实物图

2.2 技术原理与解决的工程难题

经过大量对比性试验研究，采用的方案是：打桩动力采用振动锤，桩管采用双层钢管组成的空腔结构。振动锤将产生强大的冲击能量，将环形空腔模板沉入地层。

PCC 桩的成桩机理可总结为：

①模板作用。混凝土的浇筑是在双层钢管组成的环形腔体模板的保护下进行的，当振动提拔模板时，混凝土从环形腔体模板下端注入环形槽孔内，模板起到了护壁作用，因此

不易出现缩壁和塌壁现象，从而形成了造槽、扩壁、浇注一次性直接成管桩的新工艺，保证了混凝土在孔内良好的充盈性和稳定性。

②振捣作用。环形腔体模板在振动提拔时，对注入环形空腔内的混凝土有连续振捣作用，使桩体充分振动密实，同时又使混凝土向两侧挤压增加管桩的壁厚，保证成桩质量。

③挤密作用。PCC 桩在施工过程中由于振动、挤压和排土等原因，可对桩间土起到一定的密实作用，挤压、振密范围与环形腔体模板的厚度及原位土体的性质有关。

图 9.4 给出了 PCC 桩的施工流程，主要包括桩机就位、振动沉管、浇筑混凝土、振动拔管、成桩、移机等步骤。

（a）PCC 桩桩机	（b）PCC 桩模具	（c）PCC 桩活瓣桩尖
（d）PCC 桩施工	（e）PCC 桩桩头开挖	（f）PCC 桩群桩

图 9.3　PCC 桩设备及现场施工图

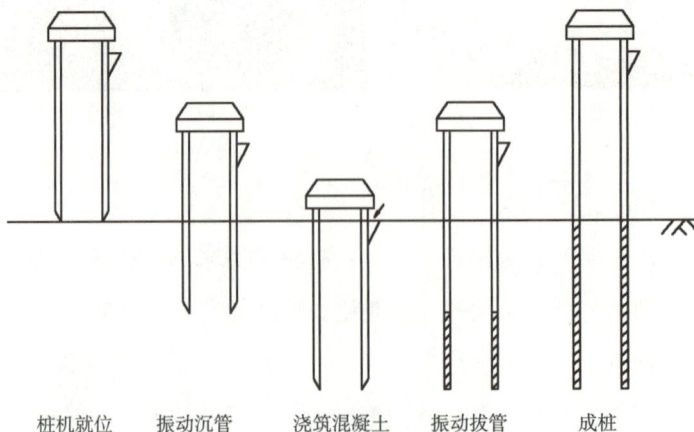

桩机就位　　振动沉管　　浇筑混凝土　　振动拔管　　成桩

图 9.4　PCC 桩的施工流程

2.3 技术特点和主要技术经济指标

与其他桩型相比，PCC桩具有很多突出的优点。由于采用双层套管护壁，能很好地保持两侧土体的稳定性，因此，PCC桩能适合各种复杂的地质条件，且沉桩深度较大。双层钢管空腔结构可以形成桩径较大的管桩，且桩径和管桩壁厚可以根据需要进行调节，与相同有效截面积的实心桩相比，PCC桩与桩周土接触面积较大，可大幅提高桩侧摩阻力，节省桩身混凝土用量，降低工程造价。如图9.5所示，与同等承载力条件的实心桩相比，PCC桩可节省混凝土50%以上；与同等截面面积的实心桩相比，它可提高承载力50%以上。PCC桩桩机带有活瓣桩靴结构，克服了使用预制钢筋混凝土桩头的缺点，不仅能降低成本，而且可加快施工进度。可以通过设置桩靴的倾斜方向调整沉模过程中的挤土方向。通过造浆器造浆，可以减小沉模时环形套模内外摩擦阻力，保护桩芯土和侧壁土稳定。采用振动双层套管成模工艺，施工质量稳定，也容易控制。由于现浇混凝土大直径管桩具有施工适应性强、适用范围广、施工质量易于控制、单位面积造价低、加固效果突出等优点，具有很好的推广应用价值。

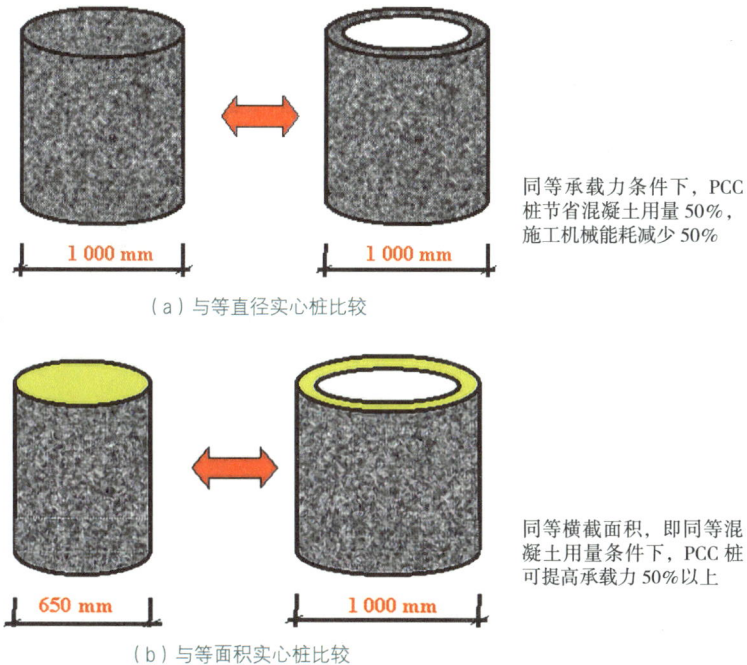

| 1 000 mm | 1 000 mm | 同等承载力条件下，PCC桩节省混凝土用量50%，施工机械能耗减少50% |

（a）与等直径实心桩比较

| 650 mm | 1 000 mm | 同等横截面积，即同等混凝土用量条件下，PCC桩可提高承载力50%以上 |

（b）与等面积实心桩比较

图9.5 PCC桩与实心截面桩的比较

2.4 推广应用情况

PCC桩技术得到了国家自然科学基金高铁联合基金重点项目、铁道部科技研究开发计划课题、国家自然科学基金面上项目、国家自然科学基金青年项目、江苏省自然科学基金创新学者攀登计划、江苏省自然科学基金面上项目等课题资助。PCC桩技术已广泛应用于我国江苏、浙江、上海、安徽、天津、河北、福建、重庆等多个地区高速公路、高速铁路、港口和市政道路等工程大面积软土地基处理，并推广应用到越南等国家。例如，应用于天津京沪二期高速公路、京沪高铁南京南站连接线、江苏盐通高速公路、南京绕城高速公路、镇江金阳市政大道、上海北环高速公路、浙江杭千高速公路、天津威武高速公路、河北沿海高速公路、安徽马巢高速公路、湖南常张高速公路、南京河西滨江大道、江苏靖江港口码头华菱钢厂堆场、越南河内都市铁路等工程，有效地解决了工后沉降大和不均匀沉降难题，加快了工程进度，节省了大量混凝土材料，减少了废弃污染物等排放，取得了显著的社会和经济效益。

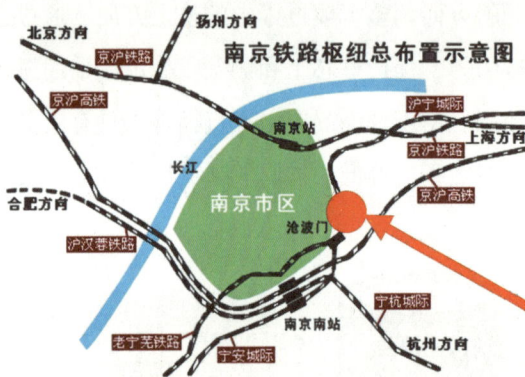

图 9.6　京沪高速铁路南京南站连接线软基处理

图 9.7　京沪高速公路天津段软基处理

图 9.8　江苏靖江港口码头堆场软基处理

图 9.9　南京绕城高速公路拼宽软基处理

2.5　科技成果成效

利用 PCC 桩技术，该技术团队获得国家发明专利 15 项、实用新型专利 4 项、软件著作权 2 项，发表高水平学术论文 150 余篇，出版学术专著 2 部，主编本技术专有的国家行业标准《现浇混凝土大直径管桩复合地基技术规程》（JGJ/T 213—2010），获得了江苏省建设科技成果推广认定书《现浇混凝土薄壁管桩技术》（2004—0058）、江苏省省级工法《现浇混凝土大直径管桩施工工法》。研究成果获得 2011 年国家技术发明奖二等奖、教育部技术发明奖一等奖（2010 年）、中国产学研合作创新成果奖（2010 年）、中国专利优秀奖（2012 年）等科技奖励。

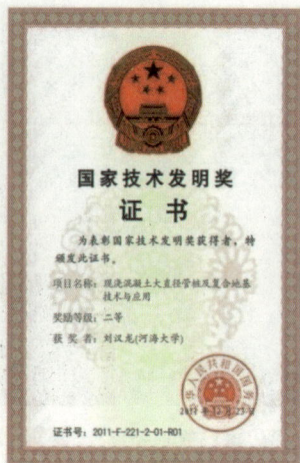

图 9.10　国家技术发明奖证书

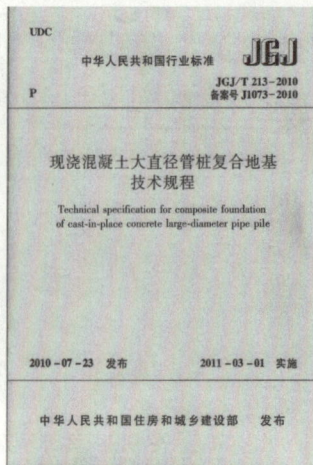

图 9.11　国家行业标准

2.6　人才培养成效

通过本技术培养博士研究生 8 名、硕士研究生 15 名，其中与荷兰 Delft 科技大学 Vol Tao 教授联合培养荷兰硕士 1 名，获得全国优秀博士学位论文提名奖、江苏省优秀博士学位论文、中国岩石力学与工程学会优秀博士论文、江苏省高校土木工程优秀博士论文等荣誉。通过技术培训和讲座为浙江、上海、江苏、天津、安徽、湖南、重庆、四川等50 多家设计、施工企业和工程技术管理部门培养技术骨干人员 2 000 余人，提升了企业科技创新能力和市场核心竞争力及管理部门的技术水平。

3. 案例介绍

案例 1　京沪高速铁路南京南站连接线软土地基加固

（1）工程简介

2006 年开工的京沪高速铁路采用轮轨式铁路，正线全长约 1 318 km，设计时速达350 km，已于 2011 年建成完工。京沪高速铁路是《中长期铁路网规划》中投资规模最大、技术含量最高的一项工程，也将是中国第一条具有世界先进水平的高速铁路。京沪线南段（南京至上海）软土地基分布状况的特点是由薄到厚，其工程地质条件也相应地由好到差，路堤填筑高度由高到低。根据地质、土质条件和路堤高度大致可以分为如下两个大段：①南京—访仙段：剥蚀低山丘陵区及长江阶地，属谷地相洪积成因与河流冲积成因，软土层厚 2 ~ 9 m，路堤填土高 3 ~ 5 m；②访仙—上海段：长江三角洲平原区，地形平坦开阔，水渠河流纵横交错，其特点是地势低平，西部略高，东部渐低。2008 年京沪高铁南京 L1DXK10+260 ~ L1DXK10+610 段采用 PCC 桩复合地基进行加固。

图 9.12　本工程位置

图 9.13　本工程 PCC 桩复合地基

（2）病害情况

近年来，随着科技的进步，高速铁路技术和建设得到了蓬勃发展。鉴于路基标准及施工状况对列车高速、平稳、舒适和安全的重要意义，高速客运专线对路基工后沉降量提出了严格的要求，而目前软弱土环境下高速铁路路基沉降控制理论与方法还很不成熟，这一技术难点严重限制了高速铁路路基的应用。京沪高速铁路南京南站连接线位于秦淮河一级阶地，地势平坦开阔，水塘沿线路中心分布。其中，L1XDK10+315 ~ L1XDK10+511、L1XDK10+530 ~ L1XDK10+570、L1XDK10+767 ~ L1XDK10+803 段为水塘，水塘宽一般为20 ~ 30 m，局部最大达 40 ~ 50 m，塘埂标高 8.0 m，水深 1 ~ 2 m，淤泥厚 0.5 m。本项目的工程难点在于高速铁路对沉降变形控制要求非常严格，要求工后沉降控制在 15 mm 以内。

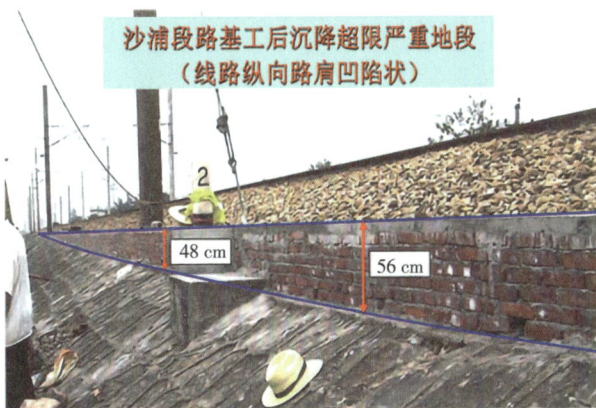

图 9.14　铁路路基沉降病害（徐林荣，2005）

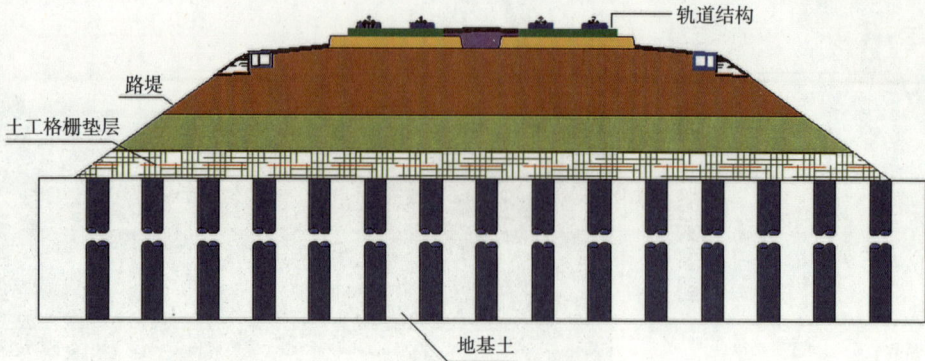

图 9.15　高速铁路桩承式加筋路堤

（3）实施效果

该工程采用 PCC 桩复合地基加固，梅花形布置，桩间距 2.5 m。PCC 桩桩身混凝土强度 C20，桩径 1 m，壁厚 15 cm，桩长 8 ～ 15.5 m，打入持力层 1.5 ～ 2 m。桩顶设 0.6 m 厚碎石垫层，内铺设一层土工格室，厚 10 cm，土工格室片屈服强度不小于 180 MPa。断裂延伸率小于 15%，网格尺寸为 25cm×25 cm。路基面形桩直线地段为人字形，基床表层厚 0.6 m。路堤基床表层换填 A 组填料；路堑基床表层换填 0.5 m 填料 +0.1 m 中粗砂，中粗砂中夹铺一层复合土工膜。路堤基床底层 1.90 m 采用 A、B 组填料，路基基床表层及底层的底部均做成向两侧倾斜 4% 的横向排水坡。

开展 PCC 桩复合地基施工期现场监测。结果表明，对于 3 m 高的路堤，路堤填土结束后经过 2 个半月左右，沉降达到了稳定；最大水平位移仅为 13 mm，PCC 桩表明有很好的抵抗水平变形的能力；桩土应力比为 13.4 ～ 14.3，表明 PCC 桩复合地基是典型的刚性桩复合地基；工后沉降控制在 15 mm 之内，很好地控制了工后沉降，满足高速铁路沉降控制要求。

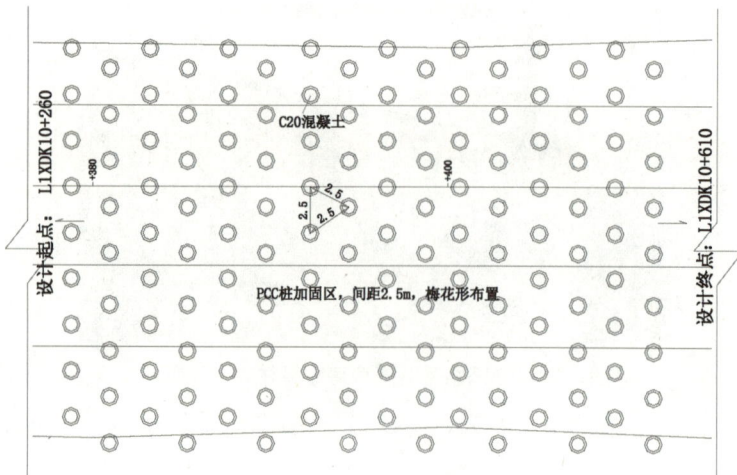

图 9.16　设计平面图

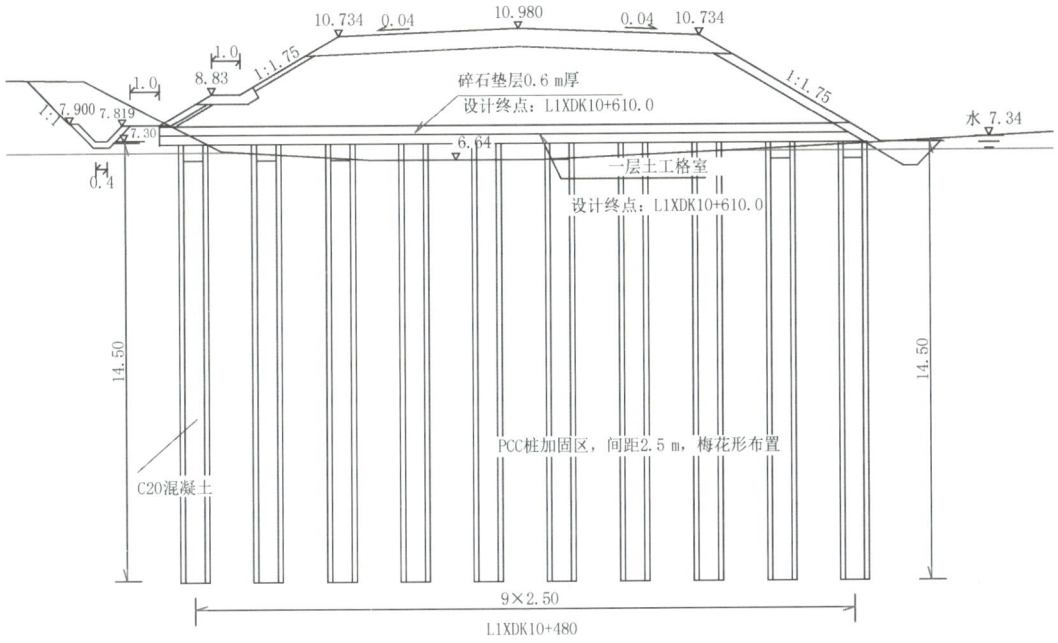

图 9.17　设计剖面图

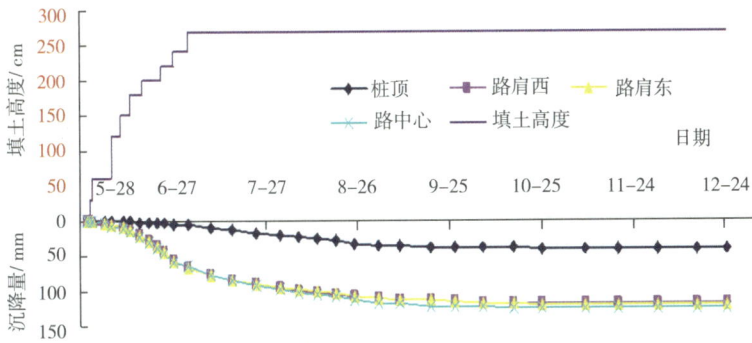

图 9.18　沉降监测图

图 9.19　开挖检测图

（4）经济和社会效益

对该工程进行工程造价分析，水泥土搅拌桩复合地基综合单价按 55 元 / 延米计算（采用双向搅拌工艺），PHC 桩综合单价按 180 元 / 延米计算，PCC 桩综合单价按 245 元 / 延米计算，则 PHC 桩复合地基方案的工程造价约为水泥土搅拌桩复合地基工程造价的 122%，PCC 桩复合地基方案的工程造价约为水泥土搅拌桩复合地基工程造价的 93%，而仅为 PHC 桩复合地基方案的 76%。PCC 桩复合地基技术可显著减小地基的沉降量，地基沉降收敛速度快、加固效果好，为解决高速铁路软土地基工后沉降问题提供了一种新途径。

案例 2　江苏盐通高速公路软土地基加固

（1）工程简介

盐通高速公路（图 9.20）是我国沿海大通道在江苏境内的重要组成部分，沿线地面标高 2.8 ~ 4.0 m，地下水位高，高速公路途经区域河沟纵横，水系发达，为水网化地区。线路所经区域在地形地貌上属于滨海平原，东为黄海，西为苏北里下河泻湖洼地，南与长江三角洲衔接。由于其独特的地理环境，该地区软土层为淤泥及淤泥质土，层理构造为滨海相、泻湖相两大成因，部分地段存在超软、深厚的软土，技术指标差，灵敏度高，受扰动后强度降低幅度大。大丰南互通主线中桥桥头及其过渡段（K30+740 ~ K31+600）共 249 m 长，需要控制桥头和路基的工后沉降，防止产生"桥头跳车"病害。经技术及经济性比较，采用 PCC 桩复合地基进行加固处理。

图 9.20　江苏盐通高速公路

（2）病害情况

该路段位于滨海冲积平原，地势平坦，地面标高 2.9 ~ 3.6 m。勘察期间，揭示钻孔地下稳定水位标高约 1.0 m（1985 年国家高程基准）。基岩埋藏深，第四系厚度在 200 m 以上，地表无构造痕迹。PCC 桩加固区钻孔揭示深度内为第四系地层，加固区广泛分布 1-2 层淤泥质亚黏土，该层为流塑状态，强度低，高压缩性，为不良地质层。该层顶面标高 -0.05 ~ 1.90 m，底面标高 -9.70 ~ -10.80 m，内夹 1-a 层软 ~ 流塑状，亚黏土夹粉砂。软土被 1-0 层分隔为上、下层，累计层厚 6.30 ~ 10.50 m。

（3）实施效果

本试验段共设置了 7 个不同参数的加固区，在各区中分别采用了如下几种设计参数：桩径（1 000 mm、1 240 mm）、壁厚（100 mm、120 mm）、桩间距（2.8 m、3.0 m、3.3 m）、正方形布置、垫层（50 cm 碎石加两层土工格栅、60 cm 灰土加两层土工格栅）、桩长（16.0 m、18.0 m）。现场在 K31+509 ~ K31+559 段打设试桩时发现沉管在沉到 15.5 m 左右时便再无法下沉，该位置已到达 3 层亚黏土层，后均通过试桩将各区段桩长改为 15.0 m 和 15.5 m 两种桩长。

PCC 桩桩径较大、桩间距也较大，单方混凝土提供的承载力较其他桩型有了较大的提高，但由于 PCC 桩的壁厚相对较薄，因此质量要求比较严格。除了要严格执行施工要求外，成桩以后的质量检测也非常重要。适当的检测方法可及早发现软基处理隐蔽工程的施工质量问题，以便及早采取补救措施。参照其他类型沉管桩的检测方法并考虑 PCC 桩的一些特点，其成桩质量检测可采用低应变反射波法、静载荷试验、开挖检测、桩身强度试验等。

①低应变反射波法。该工程在现场进行了约 60 根小应变试验，采用反射波进行检测，主要检测桩身结构完整性、成桩类型；同时将小应变检测结果和其他检测方法相结合以探讨反射波法对 PCC 桩质量检测的适用性及具体检测方法。根据桩的弹性波振动的时域曲线和频域曲线的表现特征，分析桩身混凝土质量及桩身完整性，对桩身质量作出评价。

试验采用的仪器为 PDI 动测仪，信号采集传感器为加速度计，为了使检测更具有代表性，每根桩均进行了多次测试并采用不同的击发装置和不同的击发与接收距离，通过多次试验，选择了正确的击发、接收措施。

从检测结果来看本次小应变试验效果较好，测试的典型波形如图 9.21 所示。检测结果表明：该工程测试波速正常，平均波速为 3 200 m/s，各桩桩身质量良好，桩底反射明显。测试结果表明，基于合适的击发和接收装置，采用小应变动测技术测试 PCC 桩的施工质量是可行的，检测结果能较好地反映 PCC 桩的施工质量。

②静载荷试验。试验方法采用慢速维持荷载法，最大荷载采用设计荷载的 2.0 倍。试桩前应进行下列准备工作：对 PCC 桩进行封顶处理，凿除桩顶有被损坏或混凝土强度不足处，挖空桩顶管桩 1.5 m 以内的土，灌以实心混凝土，修补平整桩顶。

静载荷试验的目的是确定单桩竖向抗压极限承载力和单桩复合地基竖向抗压极限承载力。本次试验采用压重平台反力装置，静荷载由安装在桩顶的油压千斤顶提供，桩顶沉降由百分表测量，单桩及单桩复合地基静载荷试验均按慢速维持荷载法进行。

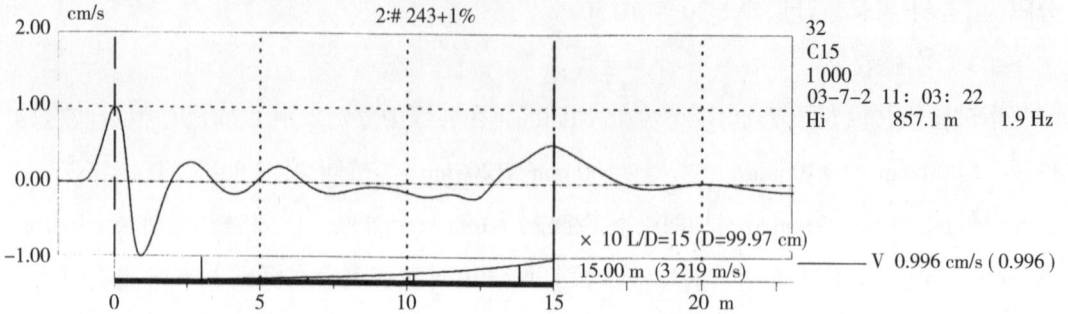

图 9.21 PCC 桩小应变检测典型波形

在 PCC 桩施工结束后委托江苏省建筑工程质量检测中心对 PCC 桩的承载力进行了检测，试验于 2003 年 6 月 20 日开始，7 月 24 日结束。共进行了 3 根单桩、2 根单桩复合地基静载荷试验，具体的桩位及试验内容如表 9.1 所示。

表 9.1 PCC 桩静载荷试验内容

桩号范围	序号	编号	桩径 /mm	桩长 /m	强度等级	试验类型
K30+778 ~ K30+808	1	A5–18	1 240	15.0	C15	单桩静载荷
	2	A6–20	1 240	15.0	C15	单桩静载荷
	3	A7–12	1 240	15.0	C15	单桩复合地基
K30+868 ~ K30+898	4	A7–18	1 000	15.5	C15	单桩复合地基
	5	A8–16	1 000	15.5	C15	单桩静载荷

通过对现场静载荷试验结果的汇总、整理，得出了如下的静载荷试验成果（表 9.2）。

表 9.2 静载荷试验成果表

桩号范围	编号	最大试验荷载 /kN	是否破坏	单桩极限承载力 /kN	复合地基承载力特征值 /kPa	极限承载力对应的沉降量 /mm	最大回弹量 /mm
K30+778 ~K30+808	A5–18	1 650	×	1 650		13.63	7.53
	A6–20	1 800	√	1 650		42.74	21.64
	A7–12	2 995	×		137.5	13.61	7.40
K30+868 ~K30+898	A7–18	2 700	×		124.0	12.11	6.18
	A8–16	1 500	√	1 350		50.98	12.81

由表 9.2 的静载荷试验结果可以看出，在多数桩静载荷试验没有达到破坏的前提下，桩长 15.5 m、桩径 1 000 mm 的 PCC 桩的单桩极限承载力在 1 350 kN 左右，比理论设计值 1 215 kN 提高 11%；桩长 15 m、桩径 1 240 mm 的 PCC 桩的单桩极限承载力在 1 650 kN 左右，比理论设计值提高 9% 左右，复合地基的承载力特征值为 124 ~ 140 kPa，比理论计算值提高约 6%，典型的单桩及单桩复合地基的静载荷试验曲线见图 9.22 及图 9.23。静载荷试验的结果也说明本次 PCC 桩的施工质量是合格的。

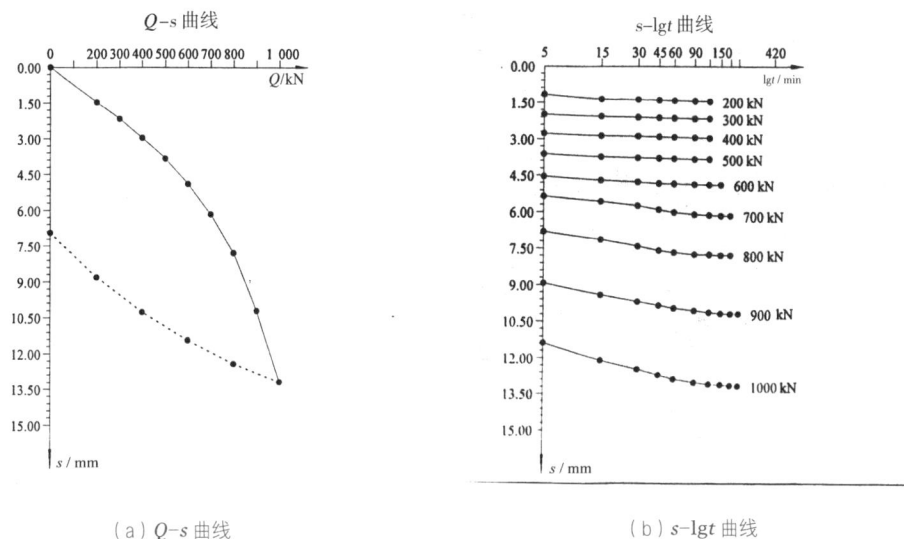

（a）Q–s 曲线 　　　　　　　　　　　（b）s–$\lg t$ 曲线

图 9.22　A14-10 单桩静载荷试验曲线

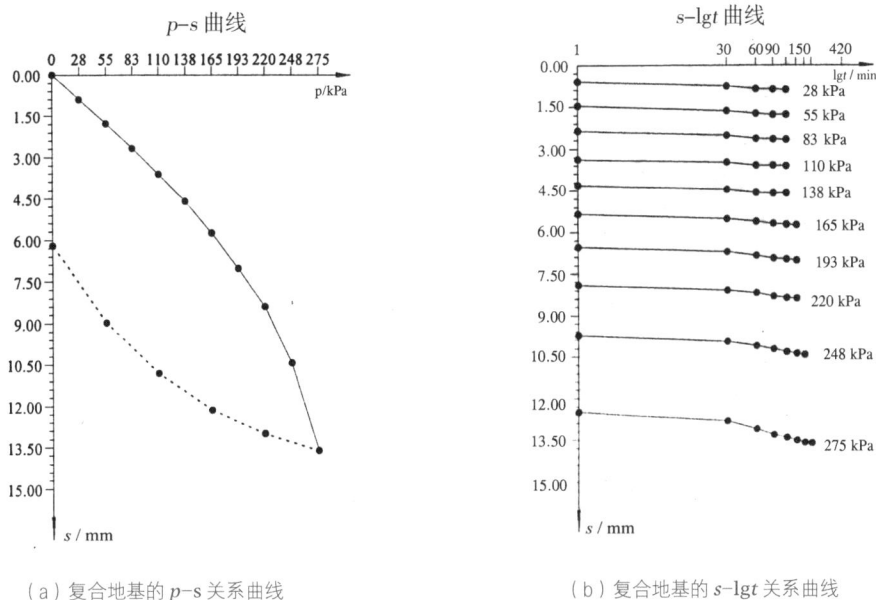

（a）复合地基的 p–s 关系曲线 　　　　　　（b）复合地基的 s–$\lg t$ 关系曲线

图 9.23　A7-12 单桩复合地基静载荷试验曲线

③桩芯土开挖检测。由于 PCC 桩直径较大且内部呈中空状，因此可采用人工将桩芯土挖除的方法对 PCC 桩的施工质量进行检测。现场开挖是检测 PCC 桩质量最直观、最有效的方法，在人工将桩芯土挖除后可自上而下直接观察混凝土的桩身完整性。该项工作应在桩基施工完工 14 d 后进行，用于开挖检测的 PCC 桩应随机选取。

本次 PCC 桩软基加固段长 249 m，共分为 7 个不同的设计参数区段，根据试验计划本工程在每一区段选择两根桩进行开挖检测，共计开挖了 14 根桩。结合这 14 根桩的开挖检测，进行了如下内容的试验工作：

a.开挖深度的确定：在进行开挖的桩中选取 2 根进行全桩开挖检测，选取 6 根开挖至地表以下 5 ~ 6 m，选取 6 根开挖至地表以下 10 ~ 11 m。每根桩桩顶外侧土体均下挖 1 ~ 2 m，使桩头暴露。

b.外观评价：对开挖裸露的桩身进行观察描述，检查是否有断裂、缩颈等现象。

c.钻孔量壁厚：PCC 桩直径较大、单方混凝土提供的承载力较高，但其壁厚相对较薄，施工时如混凝土灌注量不足或拔管速度过快很容易导致 PCC 桩的壁厚得不到保证。壁厚均匀与否，直接关系到 PCC 桩抗压承载能力的大小，只有在壁厚均匀的情况下，才能保证单桩承载力最大程度地发挥。结合 PCC 桩的开挖检测工作，本工程对 PCC 桩成桩后的壁厚情况进行了研究。具体方法是在开挖后的桩身上从桩顶向下每 2 m 用冲击钻钻一小孔，量取钻孔部位桩体的壁厚。

d.取芯检测：PCC 桩承载力的高低取决于两个方面的因素——场地土体的特性和桩体混凝土的强度特性。如施工时混凝土搅拌不均匀或灌注时混凝土产生了离析现象，则均会导致 PCC 桩的桩身混凝土强度得不到保证，混凝土的搅拌质量已经在施工过程中留置了试块进行检测。该工程还在成桩后的桩身上取样进行了室内抗压强度试验，以对成桩后的桩身混凝土质量进行评价。桩身取样结合 PCC 桩的开挖进行。在每根开挖的桩上取 1 个样，共取样 14 个。取样位置在土层分界面附近，即地下 2 m 及 10 m 附近。因 PCC 桩内部空间较小，用手提式取芯机极难操作，后改用冲击钻周边打孔取得较大一块芯样送室内切割的方法来制备试样。取样后的桩身空洞均用混凝土进行了填补。

图 9.24 为现场开挖后的 PCC 桩照片。从开挖的情况来看，本次施工的 PCC 桩内外壁光滑完整，没有断桩、离析、夹泥、凹陷、缩径等不良现象，施工质量较好，可以看出桩体成形良好。

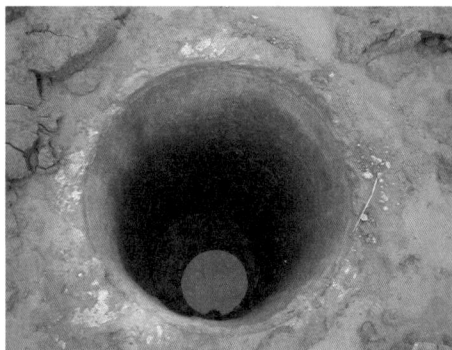

图 9.24　PCC 桩桩芯土开挖图

（4）经济和社会效益

PCC 桩复合地基方案是一种全新的处理桥头高填方地段软土地基的方案。实践表明：该方案可显著减小地基的沉降量，加固效果好，为解决高等级公路软土地基桥头跳车问题及其他建筑物地基的加固提供了一种创新的方法。

与搅拌桩、塑料排水板堆载预压等方案相比，PCC 桩复合地基方案处理后的地基强度和刚度均有较大的提高，因此路堤可快速填筑，无须超载预压，可大大缩小高速公路的建设工期，从而产生较大的社会和经济效益。

通过和其他软基加固方案的比较发现，现浇混凝土薄壁管桩复合地基的工程造价与搅拌桩方案持平，但远低于同属刚性桩的水泥粉煤灰碎石桩（CFG 桩）方案，同时还具有施工工期短、工后沉降小、后期维修养护费用低等优点，因此该方案仍具有较大的优越性。简而言之，现浇混凝土薄壁管桩具有柔性桩的成本、刚性桩的效果。

案例 3　江苏靖江青龙港码头堆场软土地基加固

（1）工程简介

靖江经济开发区新港园区下青龙港港池工程由泊位码头（高桩码头）、码头前沿堆场及防浪墙三个部分组成。该工程（东区）北起下青龙港闸，南至长江边，沿线总长约 900 m，宽约 130 m。泊位码头共有 9 个 1 000 t 级泊位，1# ～ 3# 为废钢卸船泊位，4# ～ 6# 为钢材原料及成品钢材装卸船泊位，7# ～ 8# 为煤炭卸船泊位，9# 为焦炭装船泊位。根据港池工程需要，在场地东侧预建一条长约 800 m 的防浪墙。

拟建区覆盖陆域和水域两大地貌单元，地势起伏较大，孔口标高介于 −3.43 ～ 6.86 m。场地地貌单元为长江三角洲冲积平原，表层填土分布不均匀，长江岸堤主要由人工素填土（粉土、粉质黏土等）及混凝土组成。

泊位码头属于高桩码头，工程重要性等级为二级，场地复杂程度等级为二级，地基复杂程度等级为二级，岩土工程勘察等级为乙级。

岸坡采用两排大直径钻孔灌注桩作为抗滑桩，桩顶设置钢筋混凝土空箱挡墙，挡墙后为设计要求15 t的堆场，采用PCC桩复合地基进行处理，抗滑段（宽 × 长 =15.0 m × 483.3 m）PCC桩设计采用梅花形布置，间距2.5 m。

（2）病害情况

根据野外钻探鉴别、现场原位测试及室内土工试验成果综合分析评价，场地土层为第四系覆盖层，厚度大于80 m，上部为人工填土及漫滩相软黏性土层，下部主要为河床相的稍密~密实的厚层砂性土层，总体为上软下硬的不均匀建筑地基场地。各土层工程性质评价如下：

①层素填土：堤岸外侧为冲填土，该土层物理力学性质不均匀，压缩性高，工程性质差，不宜作为建筑物持力层。

②层淤泥质粉质黏土：属高压缩性、低强度土，工程性质差。

③层粉砂夹粉土：属中等压缩性土，工程性质一般。

③$_{-1}$层粉砂：属中等压缩性土，工程性质一般。

④层粉细砂：属中等压缩性土，工程性质略好。

⑤层粉砂夹粉土：属中等压缩性土，工程性质一般。

⑥层粉细砂：属中等压缩性土，工程性质略好。

⑦层粉土：属中等压缩性土，工程性质一般。

⑧层细砂：属中低压缩性土，工程性质好。

各土层的物理力学性质指标见表9.3。

表9.3　各土层的物理力学性质指标

土层名称	含水率 /%	容量 /（kN·m⁻³）	孔隙比	压缩系数 /MPa⁻¹	黏聚力 c /kPa	内摩擦角 φ /（°）
②淤泥质粉质黏土	38.2	17.4	1.112	0.62	24	0
③粉砂夹粉土	30.4	18.0	0.916	0.23	6.4	26.2
③$_{-1}$粉砂	28.3	18.1	0.856	0.16	7.2	28.6
④粉细砂	27.5	18.3	0.837	0.14	6.6	30.7
⑤粉砂夹粉土	31.0	17.8	0.944	0.29	4.9	26.8
⑥粉细砂	27.1	18.3	0.832	0.14	6.3	29.8
⑦粉土	32.5	17.7	0.984	0.35	4.3	23.4
⑧细砂	25.5	18.4	0.787	0.13	5.4	31.6

（3）实施效果

设计总桩数 3 579 根，每根桩长 17.0 m，桩径 1 000 mm，壁厚 120 mm，横截面积 0.332 m^2，采用 C25 混凝土。1# ~ 6# 泊位北部段（38.4 m×483.3 m）及 7# ~ 9# 泊位南部段（17.1 m×279.5 m）采用正方形布置，桩间距 3.0 m；1# ~ 6# 泊位南部段（15.0 m×483.3 m）采用梅花形布置，桩间距 2.5 m；1# ~ 3# 泊位桩顶设计标高 4.7 m，4# ~ 6# 泊位桩顶设计标高 5.0 m，7# ~ 9# 泊位桩顶设计标高 4.8 m，道路区桩顶设计标高 4.38 m。设计平面图见图 9.25。桩顶设置桩帽，尺寸（长 × 宽 × 高）为 2.0 m×2.0 m×0.20 m，桩帽适当配筋。PCC 桩顶部设置 50 cm 碎石垫层，垫层采用两层土工格栅加筋。格栅总面积为 30 588 m^2，垫层总体积为 15 294 m^3。1# ~ 3# 泊位垫层顶面设计标高 5.2 m，4# ~ 6# 泊位垫层顶面设计标高 5.5 m，7# ~ 9# 泊位垫层顶面设计标高 5.3 m，道路区垫层顶面标高 4.88 m。采用低应变反射波法、静载荷试验和桩芯开挖对桩基实施效果进行检测。

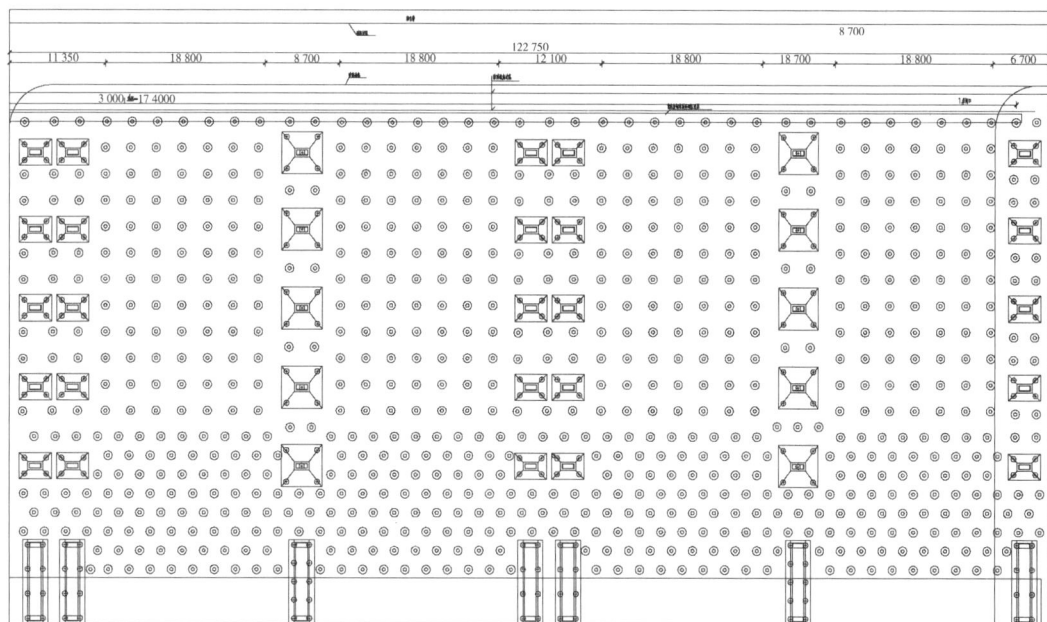

图 9.25　PCC 桩复合地基设计平面图

①低应变反射波法。本工程检测和分析依据为《现浇混凝土大直径管桩复合地基技术规程》（JGJ/T 213—2010）。图 9.26 给出了本工程典型的低应变检测曲线。根据被测桩的实测曲线，结合地质资料、桩型、成桩工艺和施工记录等综合分析如下：

a. 桩身波速最大值为 3 890 m/s，最小值为 3 429 m/s，平均值为 3 680 m/s。

b. 完整性类别统计全部为 Ⅰ 类桩，无 Ⅱ 、Ⅲ 、Ⅳ 类桩。

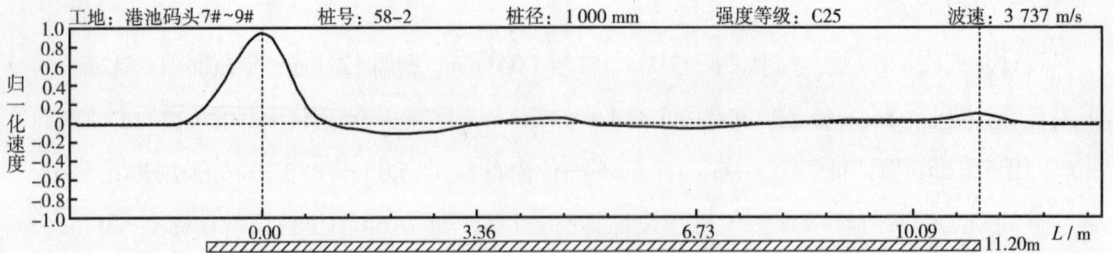

（a）桩号 58-2 低应变检测结果

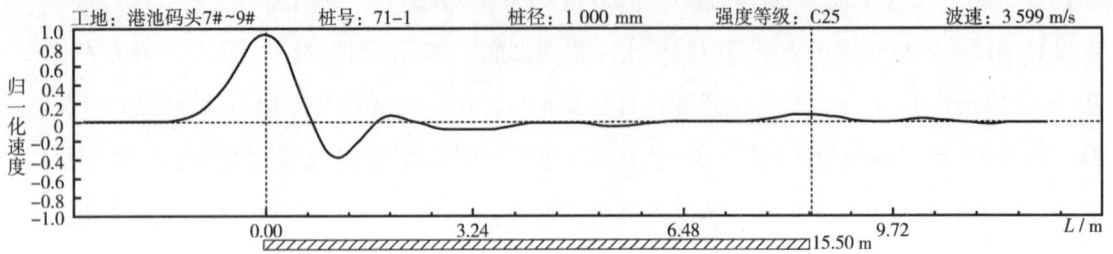

（b）桩号 71-1 低应变检测结果

图 9.26　港池码头 PCC 桩低应变检测曲线

②静载荷试验。对 PCC 桩复合地基进行静载荷试验。试验典型 PCC 桩复合地基的 p-s 曲线和 s-$\lg t$ 曲线分别如图 9.27（a）、（b）所示。静载荷试验结果表明，PCC 桩复合地基承载力特征值大于 150 kPa，满足设计要求。

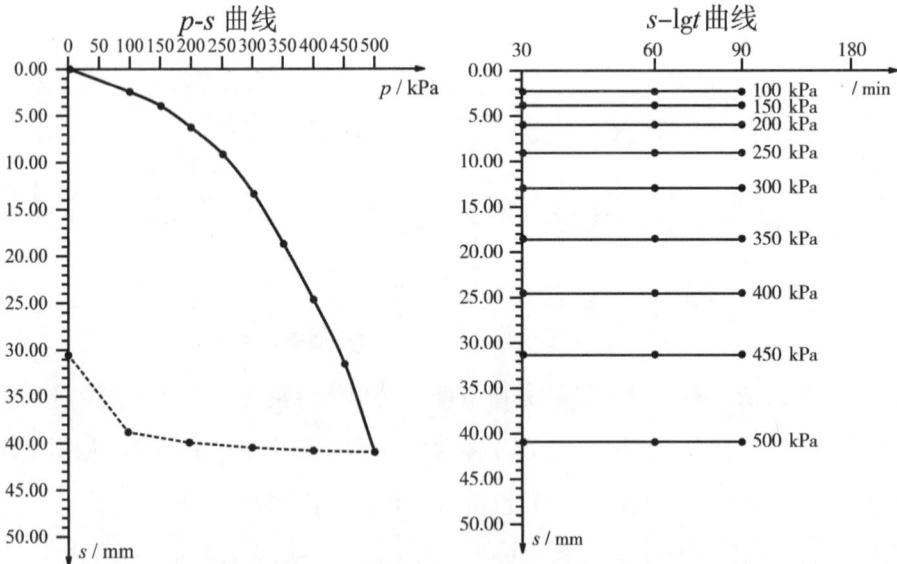

（a）p-s 曲线

（b）s-$\lg t$ 曲线

图 9.27　复合地基静载荷试验曲线

③桩芯土开挖检测。对现场 PCC 桩进行开挖检测。图 9.28 所示为开挖桩芯后的 PCC 桩。开挖直接检测结果表明：PCC 桩壁厚均匀，无缩颈、扩颈、裂纹等缺陷，成形状况极好。

图 9.28　靖江青龙港码头 PCC 桩开挖检测

（4）经济和社会效益

PCC 桩属于刚性桩，桩身强度高，处理深度大，可达到较深的持力层，且施工工艺简单，过程清晰，便于质量跟踪监督管理，一次性成桩，速度快，可操作性强，混凝土现场质量易控制。桩体内外两侧摩阻力和桩端端承力共同作用，单桩承载力高，造价低，具有柔性桩的成本，却具有刚性桩的加固效果。采用 PCC 桩对靖江经济开发区新港园区下青龙港港池工程进行软基加固处理，在有效节省造价的同时，岸坡还具有很好的稳定性，且加固区的总沉降量较小，满足码头堆场对承载力和变形的工程要求，取得了显著的社会效益和经济效益。

典型案例技术十：复杂艰险山区高速公路大规模隧道群建设及营运安全关键技术

技术名称： 复杂艰险山区高速公路大规模隧道群建设及营运安全关键技术

完成单位： 西南交通大学

技术负责人： 何川

联系人： 富海鹰

联系电话： 13036684112

邮箱： hyfu@swjtu.edu.cn

通信地址： 四川省成都市郫都区犀安路 999 号西南交通大学犀浦校区 4 号楼 4413

1. 专家简况

专家姓名	何川	专业或专长	隧道工程

何川，男，1964 年 6 月出生，重庆云阳人，工学博士，中国工程院院士。现任西南交通大学党委常委、副校长，校首席教授、博士生导师，陆地交通地质灾害防治技术国家工程研究中心主任、极端环境岩土和隧道工程智能建养全国重点实验室（西南交通大学）主任。国家杰出青年科学基金获得者、"长江学者"特聘教授、国家"万人计划"领军人才，国务院学位委员会土木工程学科评议组成员、教育部科学技术委员会委员、享受国务院政府特殊津贴专家。担任中国铁道学会副理事长、中国岩石力学与工程学会副理事长、中国土木工程学会隧道及地下工程分会高级顾问，川藏铁路、滇中引水等多项国家重大工程建设专家组成员。

长期致力于大型复杂隧道工程的结构分析与安全控制研究，主持承担 863、973、国家科技支撑计划、国家重点研发计划、自然科学基金重点项目等国家及重大工程科研项目 / 课题 70 多项，主编专著 7 部、教材 2 部，发表 SCI/EI 论文 300 余篇，获授权发明专利 57 项，主编国家铁路行业标准及地方标准各 1 部。主持获国家科技进步奖一等奖 1 项、二等奖 2 项、国家技术发明奖二等奖 1 项，主持获省部级及国家一级学会科技奖特等奖 1 项、一等奖 5 项，获何梁何利基金科技进步奖、首届全国创新争先奖状、詹天佑铁道科学技术成就奖、茅以升铁道科学技术奖、四川杰出人才奖、天府杰出科学家等荣誉。培养毕业博士及硕士 100 多名，指导博士后人员 20 名，带领的团队入选教育部创新团队和 111 引智基地团队，并获"全国高校黄大年式教师团队"称号。

2. 技术简介

技术名称：复杂艰险山区高速公路大规模隧道群建设及营运安全关键技术

2.1 研发背景

随着社会经济的发展，高速公路建设重点向欠发达的复杂艰险山区快速转移。复杂艰险山区山高谷深、沟壑纵横，不得不以连续的大规模隧道群方式穿越。如映秀—汶川、广元—甘肃、峨眉山—汉源、绵阳—九寨沟等相当多的高速公路的隧线比均超过 50%，重庆至长沙高速公路水武段隧道占比达到了 77.7%，形成了典型的隧道群（图 10.1）。汶川—马尔康、重庆—长沙、宜宾—攀枝花等多条高速公路中很多路段的隧线比更高达 80% 左右。由于艰险山区谷坡陡峻，地形狭窄，受地形、地质以及高速公路的线形要求等多重因素制约，常需突破隧道左右洞之间的最小安全净距限制，且无法避免穿越破碎岩体和高烈度地震区。地形地质的复杂性与隧道工程建设的高风险性相互叠加，进一步加大了复杂艰险山区隧道群建设的安全风险。同时，高速公路隧道群中隧道洞口距离普遍很近，以重庆市为例，洞口间距在 100 m 以下的隧道座数占比约 10%，洞口间距在 2 000 m 以下的隧道座数占比约 55%。隧道群内各隧道的通风照明、火灾等突发事件的防灾救援相互影响严重，隧道群的运营安全控制和防灾救援面临巨大挑战。

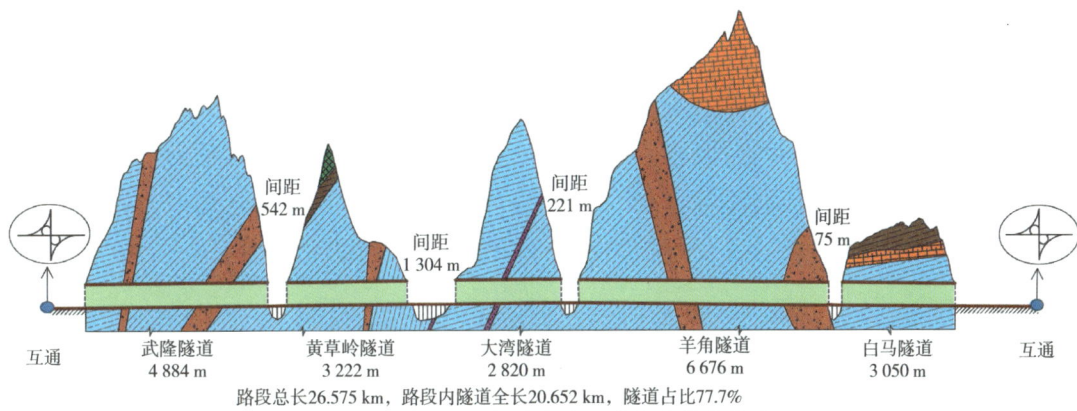

路段总长26.575 km，路段内隧道全长20.652 km，隧道占比77.7%

图 10.1 重庆至长沙高速公路水武段隧道群

图 10.2 初支破坏垮塌

图 10.3 隧道群灾害事故

2.2 技术原理与解决的工程难题

复杂艰险山区山高谷深、沟壑纵横，高速公路隧道占比极高，出现前后间距很小且相互影响的大规模隧道群，建设及运营期极易发生隧道失稳灾变、运营环境恶化、突发事件失控。

针对复杂艰险山区破碎岩体隧道失稳灾变问题，该技术建立了破碎岩体隧道围岩变形管控基准与分阶段变形协同支护方法，创建了破碎岩体隧道双洞间超小净距结构施工安全保障技术，提出了破碎岩体隧道抗震分析的拟静力法与综合抗震措施，如图 10.4 所示。

针对隧道群突发事件频发问题，研发了国内唯一具有组态内核的高速公路隧道群联动监控系统平台，创建了火灾等突发事件下高速公路隧道群应急救援联动控制预案体系，实现应急救援响应时间小于 2 s，隧道预案执行时间小于 30 s，同时突破了超饱和交通流下隧道群通风照明安全技术瓶颈，如图 10.5 所示。

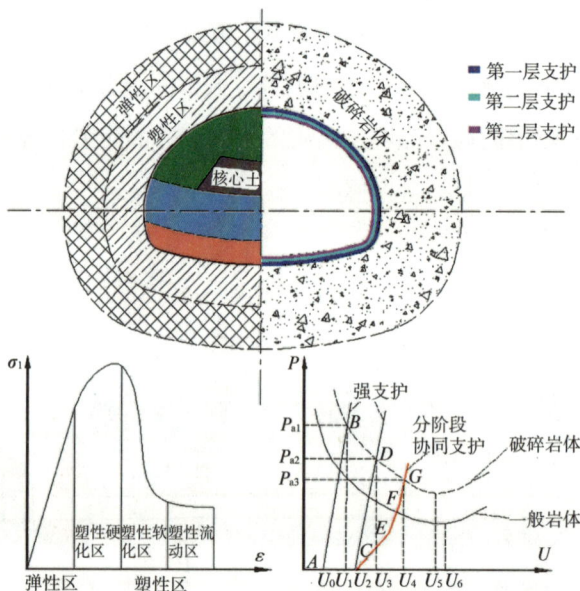

（a）分阶段协同支护体系

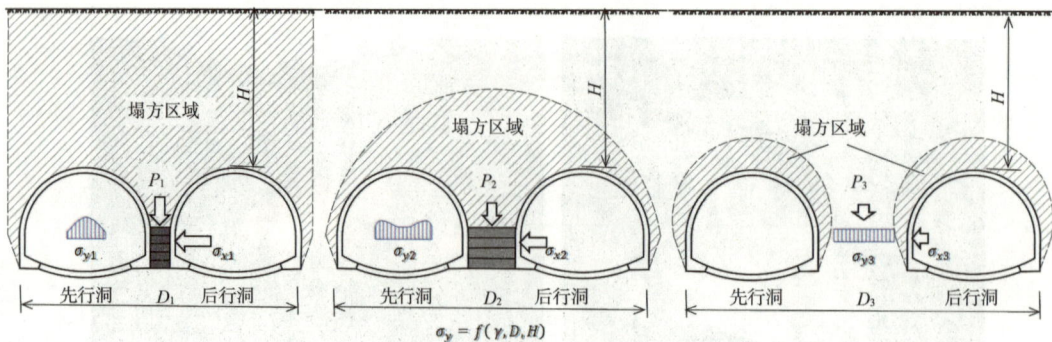

$$\sigma_y = f(\gamma, D, H)$$

（b）小净距结构围岩塌落模式

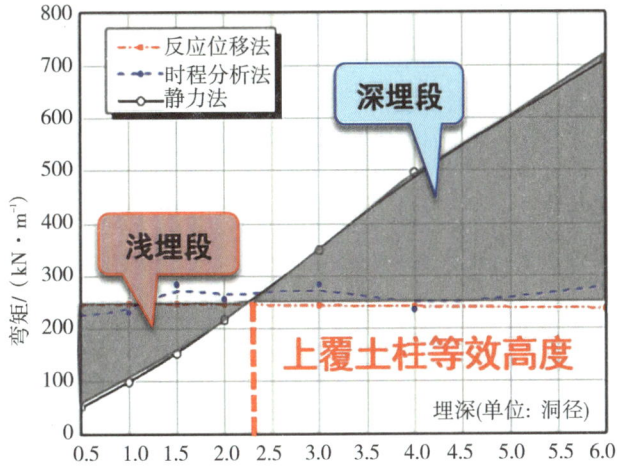

（c）拟静力法求解原理

图 10.4　复杂地形地质隧道群失稳灾变综合防控技术

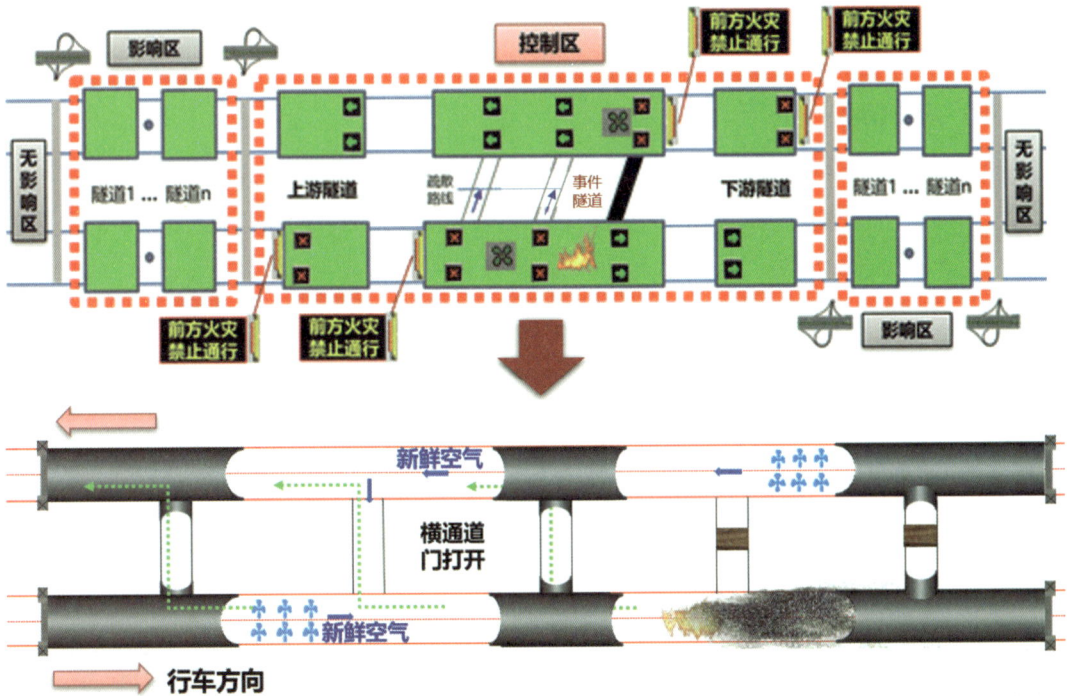

图 10.5　隧道群防灾救援联动控制技术

2.3　技术特点和主要技术经济指标

复杂地形地质环境隧道失稳灾变综合防控技术适用于极破碎岩体（岩石质量指标RQD<20%的极差岩体、易崩解且强度低于 10 MPa 的岩体、强流变性岩体）。根据岩性、支护、开挖等多因素制定围岩变形安全基准，实现围岩形变适度释放与隧道稳定性协调统一的目的。仅需基本地震烈度（PGA）即可快速分析，计算精度高，适应我国复杂山区无法获取大规模隧址地震动的情况。该技术还可对施工期隧道的初期支护安全性进行地震影响快速评估。此外，Ⅳ、Ⅴ级围岩的净距均仅需 0.25B（B 为洞室跨度），该技术还可实现净距自由变化。

隧道群防灾救援联动控制技术平台是自主研发的国内唯一具有组态内核的高速公路隧道群联动监控系统。它同时支持在线监控点 >10 万，同一平台监控单群隧道数量 ≥ 33 座、隧道群群数 ≥ 31 个、隧道总数 ≥ 180 座。隧道群多系统联动控制，将隧道群及路段作为整体实施联动应急救援；独创了隧道群与路网三级联动监控与应急救援体系；适用于大规模隧道群，整体应急响应时间 <2 s，隧道预案执行时间 <30 s。

2.4　推广应用情况

复杂艰险山区高速公路大规模隧道群建设及营运安全关键技术得到了国家重点研发计划项目、国家自然科学基金面上项目、国家自然科学基金人才项目、国家自然科学基金青年项目、国家 973 计划课题、863 计划课题、科技支撑计划课题、火炬计划课题等课题资助。该技术已成功应用于四川、重庆、贵州、云南、浙江、广东等 13 个省区市的 200 余条高速公路，涵盖 3 100 多座隧道，联动监控系统平台直接在线监控 130 余条高速公路（约 1.2万 km，涵盖 1 158 座隧道）的营运。隧道失稳灾变防控技术应用在"5·12"汶川特大地震极重灾区，在强余震频发、山体破碎等异常复杂困难情况下，创造了映秀至汶川（隧线比为 54%）、广元至甘肃（隧线比为 60%）等灾后重建高速公路短时间建成通车的奇迹。

（a）震后汶川　　　　　　　　　　　　　　　　（b）新汶川

图 10.6　"5·12"灾后重建

为建成抗灾能力强、安全便捷的灾区"高速公路生命线"提供了强力支撑，为灾后重建作出了巨大贡献（图 10.6）。独创的隧道群与路网联动监控与应急救援技术应用在三峡库区高速公路隧道群（世界最大规模，182 座隧道，双向总长 880 km），为工程的安全营运提供了持续可靠的技术支撑，为推动三峡库区高速交通经济走廊建设起到了重大保障作用（图10.7）。

图 10.7 三峡库区高速公路大规模隧道群

2.5 科技成果成效

复杂艰险山区高速公路大规模隧道群建设及营运安全关键技术获得国家发明专利 32 件、实用新型专利 19 件、软件著作权 22 件，发表论文 200 余篇，出版学术专著 5 部。本技术获得 2019 年国家科技进步奖一等奖 1 项，中国公路学会科学技术奖等省部级特等奖 1 项、一等奖 6 项。

图 10.8 学术专著

图 10.9　国家科学进步奖证书

2.6　人才培养成效

通过本技术培养博士研究生 18 名、硕士研究生 35 名，博士后 5 人。多篇博士及硕士论文获得校级及省级优秀博士/硕士学位论文。培养高级工程师 25 名，培养工程技术人员 40 名，熟练技术工人数 55 名。通过技术培训和讲座为四川、重庆、贵州、云南、浙江、广东等 13 个省等 60 多家设计、施工企业和工程技术管理部门培养了大量的隧道施工技术骨干以及优秀管理人才团队，提升了企业科技创新能力和市场核心竞争力及管理部门的技术水平。

3. 案例介绍

案例 1　广元至甘肃（四川境）高速公路隧道群建设关键技术

（1）工程简介

广甘（广元至甘肃）高速起于广元市青川县姚渡镇将军石（甘川界），经孟子沟、木鱼、骑马场、观音店、白朝、宝轮，止于罗家沟，全长 56 km。全线共有特长隧道 3 座、长隧道 4 座、特大桥 6 座、大桥 52 座、互通式立交 3 座，桥隧比达 80%，平均每千米就有一座桥梁或隧道。广甘高速连接四川、甘肃两省，是兰州至海口高速公路的重要一段，也是四川通往西北的一条高速通道。沿线 90% 为炭质千枚岩地层，受地形地质与线路线

图 10.10　广甘高速

性等多重因素的制约，无法避免大量穿越破碎岩体、高烈度地震区，且常需突破隧道左右洞之间的安全净距限制，同时受"5·12"汶川大地震影响，该路段余震频发，山体破碎，隧道施工极易失稳垮塌，大规模隧道群的建设难度极大，是我国高速公路建设史上前所未有的难题。

（2）病害情况

广元至甘肃高速公路沿线隧道穿越的地质90%是以千枚岩为主的软岩地层，呈粉末状，遇水软化发生层间脱落，变成稀泥塌方，岩层经常垮塌，施工难度很大。广甘线穿越龙门山后山断裂、中央主断裂、前山断裂等多条断裂带，地质情况十分复杂，在建设过程中多次出现大变形，塌方等工程问题。受"5·12"地震影响，极重灾区余震不断，因此破碎岩体隧道在地震作用下的围岩与结构的动力响应问题，以及初期支护结构在地震作用下的安全性问题，都是建设过程中面临的工程难点。

（a）千枚岩破碎岩体　　　　　　　　　　　　（b）洞口破碎岩体

图 10.11　破碎岩体隧道施工

（3）实施效果

该项技术攻克了复杂地形地质环境隧道失稳灾变综合防控难题，建立了破碎岩体隧道围岩变形管控基准与分阶段变形协同支护方法，创建了破碎岩体隧道双洞间超小净距结构施工安全保障技术，提出了破碎岩体隧道抗震分析的拟静力法与综合抗震措施，突破了破碎岩体隧道建设的安全净距限制，解决了破碎岩体隧道失稳灾变防控技术难题。本技术还支撑了灾后重建高速公路的安全高效建设，为汶川地震灾区重建家园、恢复生产作出了巨大贡献。尤其是连接震中映秀的灾区恢复重建标志性工程——映秀至汶川高速公路，以及途经青川极重灾区的广元至川甘境高速公路的建成，使得成都至甘肃 3.5 h 可达，广元至青川由 2 个多小时缩短至 40 min。映汶高速建成通车，这标志着都汶高速全线贯通，从成都到汶川可全部通过高速，全程耗时约 90 min，将比以往节约半小时。

（a）广甘高速公路隧道群　　　　　（b）映汶高速公路小净距隧道

图 10.12　复杂艰险山区高速隧道建设

（4）经济和社会效益

通过隧道破碎岩体失稳灾变防控技术，节约了初期支护用量，相关技术应用到广甘、映汶等高速公路的破碎岩体隧道当中，大大节约了工程造价和人工成本，节约工程造价18.878亿元，节约征地费用1.338亿元，减少人力成本9.283亿元。同时创造了广甘、映汶等灾后重建高速公路短时间建成通车的奇迹，从根本上提高了汶川极重灾区交通基础设施抗灾能力，为灾后恢复重建和灾区发展振兴提供了坚实的交通运输保障，是一条标准高、抗灾能力强、安全便捷的灾区"高速公路生命线"，为保障灾区人民的生产生活发挥了不可替代的作用。

案例2　重庆高速公路隧道群营运安全保障技术

（1）工程简介

重庆市目前高速公路通车里程达3 000余km，"三环十二射多联线"交通骨干网络基本建成。主要包括的路段有万州至开县高速公路、水江至界石高速公路、武隆至水江高速公路、彭水至武隆高速公路、洪安至酉阳高速公路、酉阳至黔江高速公路、黔江至彭水高速公路、石柱至忠县高速公路、云阳至万州高速公路、忠县至垫江高速公路、重庆绕城高速公路、黔彭高速公路等，以上路段共有隧道180余座，其中含特长隧道44座，隧道总延长达440余km。

由于重庆市地处中国内陆西南部，东邻湖北、湖南，南靠贵州，西接四川，北连陕西，山地与丘陵面积占98%，大量高速公路路段不得不以连续、密集的隧道群方式穿越。隧道群长度占线路长度比重（隧线比）极大，如渝湘高速水江至武隆段隧线比近80%；隧道群中前、后洞口距离普遍较近（洞口间距5 000 m以下的隧道座数占比近80%），形成大规模隧道群。不仅隧道间相互影响极大，而且一座隧道发生突发事件，还会波及整个路段，营运管控难度极大。

（2）病害情况

隧道间的相互影响造成营运环境更加恶劣。隧道群洞口间亮度最高可达 6 500 cd/m²，而洞内中间段亮度仅为 6.5 cd/m²（以时速 100 km 计），洞内外亮度变化达上千倍。车辆在隧道群中频繁进洞（图 10.13）、出洞，明暗环境突变和产生的眩光将引起驾驶员短期视觉障碍，危及驾驶安全。车辆行驶排放的尾气包含 CO、NO$_x$、SO$_2$ 等数百种有毒有害物质，其中以 CO 和烟尘最具代表性，这些有毒有害气体极易从隧道群中上游隧道窜流至下游隧道，导致下游隧道有毒有害气体积聚，可视度（VI）严重下降，恶化营运环境，威胁营运安全（图 10.14）。

| 图 10.13　隧道群洞口明暗突变 | 图 10.14　严重堵塞时有毒有害气体积聚 |

一般情况下需要为每座被监控隧道修建至少 1 处现场监控管理站（隧管站），如重庆至合川高速公路西山坪隧道设置了 1 处隧管站，北碚隧道（长 4 025 m，为特长隧道）设置了 2 处隧管站，每处隧管站需配置至少 7 名管理维护人员，隧管站建设数量大，隧管站维护人员多，投资成本高。重庆高速公路路网管理有限公司营运管理路网隧道总延长 440 km，路段年平均交通量约为 100 万辆，在此交通水平下，平均年突发事件达数百次、火情 14 ～ 24 次，其中相当一部分突发事件需要路网公司甚至外部救援介入。仅 2012 年以来，就发生了 14 起非常严重的隧道内车辆自燃事件，见表 10.1。

表 10.1　重庆隧道群车辆自然事件统计表

序　号	日　期	路　段	隧　道	处置时间 /min	事故详情
1	2012/1/16	界水路	太平隧道	557	一辆 38 t 拉煤焦油的罐车后轮爆胎引起自燃事件
2	2012/6/10	万云路	庙梁隧道	358	一水泥罐车自燃
3	2012/6/24	渝遂路	青木关隧道	434	一小车追尾一货车后引发自燃事件
4	2012/8/6	石忠路	望天堡隧道	1 968	一辆拉油漆的货车自燃
5	2013/8/25	水武路	白云隧道	210	两车追尾引发小车自燃，进出城双向交通中断

续表

序　号	日　期	路　段	隧　道	处置时间 /min	事故详情
6	2015/1/9	奉巫路	摩天岭隧道	242	一辆拉塑料管的货车自燃，无人员伤亡，隧道双向管制，巫山、小三峡入口管制，夔门、奉节往巫山方向入口管制
7	2015/2/5	渝遂路	云雾山隧道	604	一货车自燃，无人员受伤，隧道双向交通管制，G93 沙坪坝、璧山北至双江沿线收费站入口管制
8	2015/9/23	万云路	学堂湾隧道	95	一小车自燃，无人员受伤，双向全幅封闭，云阳站入口管制
9	2016/1/10	酉黔路	桃花源隧道	788	一辆装载电机及零配件的货车自燃
10	2016/2/1	万开路	铁峰山一号隧道	212	一辆天然气罐车自燃
11	2016/2/3	奉巫路	大风口隧道	85	一辆轻卡车因发动机故障冒烟
12	2016/2/12	水武路	白云隧道	279	一辆小轿车自燃
13	2016/2/28	界水路	石龙隧道	42	一辆小轿车自燃
14	2016/3/17	绕城路	施家梁隧道	79	一辆小轿车自燃

（3）实施效果

高速公路隧道群前馈式智能通风控制技术消除了后馈控制等方法的时滞现象，有效防止了有毒有害气体在隧道群内窜流引起的异常积聚，为超饱和潮汐交通流下的安全营运提供了保障。高速公路隧道群自适应调光照明控制技术消除了隧道群洞口明暗突变环境、眩光对行车安全的影响，保障了车辆安全快速行驶（图 10.15）。高速公路大规模隧道群集约化联动监控系统平台将隧道群联动控制模式中一个路段的隧道群可以视为统一整体，只需设置 1 处现场监控站即可对群内所有隧道进行集约化监控管理模式。得益于隧道群联动监控系统平台及应急救援联动控制技术，监控系统响应及时、应急救援预案正确，无一例自燃事件导致人员伤亡，尤其是在"2016 年万开路铁峰山 1 号隧道一辆天然气罐车自燃事件""2012 年石忠路望天堡隧道一辆油漆货车自燃事件"中，更是避免了重大灾害事故的发生。在突发事件的处置过程中，本项目中的"隧道群联动监控系统平台及应急救援联动控制技术"发挥了关键作用。此外，因该技术缩短了隧道应急响应时间，提高了隧道防灾救援效率，突发事件处置时间大大缩短，如"2016 年界水路石龙隧道小轿车自燃事件"，从火灾报警、应急救援预案执行、外部消防进入、灭火、拖离事故车辆及恢复交通等，处置时间缩短为 42 min，这对高速公路交通的快速恢复起到了重要作用。

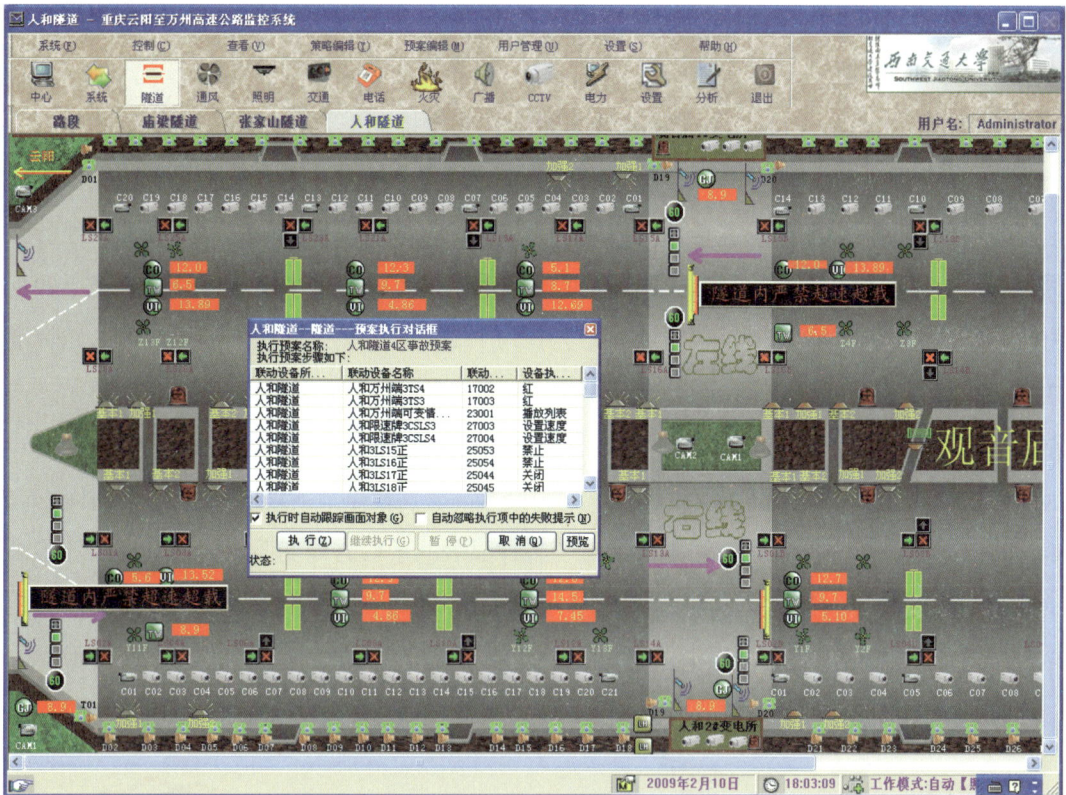

（a）隧道群监控平台

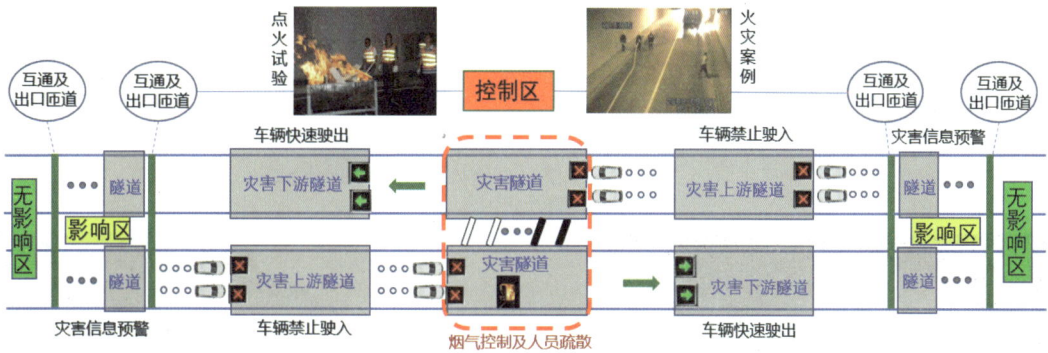

（b）隧道群应急救援联动控制方法

图 10.15　隧道群防灾救援联动控制技术

（4）经济和社会效益

　　复杂艰险山区高速公路大规模隧道群建设及营运安全关键技术，显著提高了隧道群的通风、照明服务水平，增强了隧道群防灾救援能力。以重庆市为例，重庆高速公路共省去了约 150 座隧管站的建设，大大减少了隧管站维护人员数量，降低了营运成本，经济和社会效益极为显著。重庆市高速公路快速发展，2007 年通车里程突破 1 000 km，2010 年通车里程突破 2 000 km，2015 年通车里程达 2 500 km，项目成果的应用产生了巨大的经济效益，并且避免了重大灾害事故的发生，间接经济效益和社会效益巨大。

案例 3　汶马高速公路软岩隧道施工期结构安全控制

（1）工程简介

汶马高速公路位于四川盆地西北边缘与青藏高原东缘交错接触带，起点顺接已建的映秀至汶川高速公路，路线沿国道 G317 线走廊按沿溪线布设，途经汶川、理县，止于四川省阿坝藏族羌族自治州州府马尔康。线路全长约 172.319 km，全线按四车道高速公路标准建设，设计行车速度 80 km/h。全线结构物中隧道众多，隧道总长 982 00 m（33 座），占路线总长的 56.9%，如图 10.16 所示。典型隧道包括狮子坪隧道、鹧鸪山隧道，如图 10.17 所示。汶马高速公路地形高差跨度极大，地形陡峻、岩性复杂、活动断裂发育、岩体破碎、地应力高。线路中分布了大量强度低、流变特性显著的千枚岩等变质软岩，其中占比最高的为砂岩和千枚岩，其比例分别为 42.80% 和 32.25%；其次为板岩，占汶马高速公路隧道全部围岩的 11.95%。施工过程中软岩大变形带来了极其重大的危害，如图 10.18 所示。

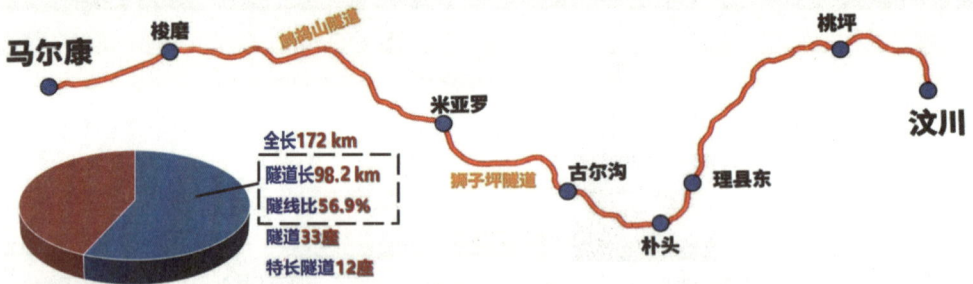

图 10.16　汶马高速公路线路图

（a）鹧鸪山隧道

（b）狮子坪隧道

图 10.17　汶马高速典型隧道

图 10.18 以千枚岩为代表的典型软岩隧道施工期结构大变形

（2）病害情况

汶马高速沿线大量分布以变质千枚岩为代表的层状软岩，存在高地应力、软弱围岩等风险源，如表 10.2 所示。软岩隧道在施工中往往会遭遇严重的挤压性大变形问题。而既有研究对隧道大变形段安全控制指标的认识不足，很少考虑隧道埋深、围岩特性等多种因素对隧道施工的综合影响，提出的指标往往不具有普适性。同时，软岩大变形导致的隧道结构破坏、监测元器件损坏，也增加了隧道施工结构监测与安全评价的难度，当前的隧道结构监测与安全评价难以满足复杂环境下隧道结构监测与评估准确性的要求。

表 10.2 汶马高速公路隧道施工风险源

风险源	特征识别	诱发灾害
高地应力	高应力区域、大埋深	大变形
软弱围岩	以泥岩、千枚岩、板岩等为主的软弱围岩	软岩大变形、初支侵限、二衬开裂

（3）实施效果

该工程是以鹧鸪山隧道、狮子坪隧道等为代表的典型软岩隧道，通过大规模三维数值模拟与现场调研分析，结合相关规范，构建了适用于汶马高速公路软岩隧道的位移控制基准，如表 10.3 所示。

表 10.3 汶马高速公路软岩隧道安全控制基准

大变形等级	强度应力比	变形量 U_a /mm	管理等级	累计位移 U /mm	变形速率 V_0 /（mm·d^{-1}）	围岩状态及措施建议
无	>0.8	<100	I	$U<4$	$V_0 < 0.2$	围岩达到基本稳定
			II	$4<U<8$	$0.2 \leqslant V_0 \leqslant 1$	加强观测，做好加固的准备
			III	$U>8$	$V_0 > 1$	加强支护，采取临时加固措施
轻微	0.65 ~ 0.8	100 ~ 250	I	$U<70$	$V_0 < 1$	围岩达到基本稳定
			II	$70<U<130$	$1 < V_0 < 10$	加强观测，做好加固的准备
			III	$U>130$	$V_0 > 10$	加强支护，采取临时加固措施

续表

大变形等级	强度应力比	变形量 U_a /mm	管理等级	累计位移 U /mm	变形速率 V_0 /（mm·d^{-1}）	围岩状态及措施建议
中等	0.35 ~ 0.65	250 ~ 500	I	$U<140$	$V_0 < 10$	围岩达到基本稳定
			II	$140<U<280$	$10 < V_0 < 30$	加强观测，做好加固的准备
			III	$U>280$	$V_0 > 30$	加强支护，采取临时加固措施
强烈	<0.35	>500	I	$U<170$	$V_0 < 50$	围岩达到基本稳定
			II	$170<U<330$	$30 < V_0 < 50$	加强观测，做好加固的准备
			III	$U>330$	$V_0 > 50$	加强支护，采取临时加固措施

在提出的控制基准基础上，为保障软岩隧道结构安全，构建了针对汶马高速软岩隧道结构安全监测与评价技术。以隧道二衬受力监测为基础，并根据不同情况（如高地应力、地下水丰富段、断层破碎带、软岩大变形段等）增加与之相适应的监测项目，并进行布设，如表 10.4 和图 10.19 所示。通过监测围岩内部应力分布、隧道衬砌结构所受到的围岩压力及水压力、隧道衬砌结构内部轴力及弯矩的量值及分布状况，并结合数值模拟，探明了在典型重大风险源影响下，隧道衬砌结构在施工期的力学特性与变形规律，采用基于多级模糊综合评价的隧道结构安全评价法对监测断面的隧道结构安全进行评价。

表 10.4　隧道断面监测项目

监测断面	断面类型	特征识别	监测项目
卓克基隧道 ZK221+888	软弱围岩	以泥岩、千枚岩、板岩等为主的软弱围岩	围岩–初支接触压力、初支–二衬接触压力、钢筋支撑应力、二衬轴力弯矩
鹧鸪山隧道 ZK187+460	高地应力	高应力区域、大埋深	围岩–初支接触压力、初支–二衬接触压力、钢筋支撑应力、二衬轴力弯矩

图 10.19　监测元器件布设

①典型断面隧道结构监测数据。通过监测断面埋设元器件进行结构受力监测，图10.20为典型软岩监测断面隧道结构轴力与弯矩的时态曲线图，通过监测获得轴力与弯矩，计算得到该断面各监测位置相应的安全系数，对监测位置处的截面安全进行了初步判定。

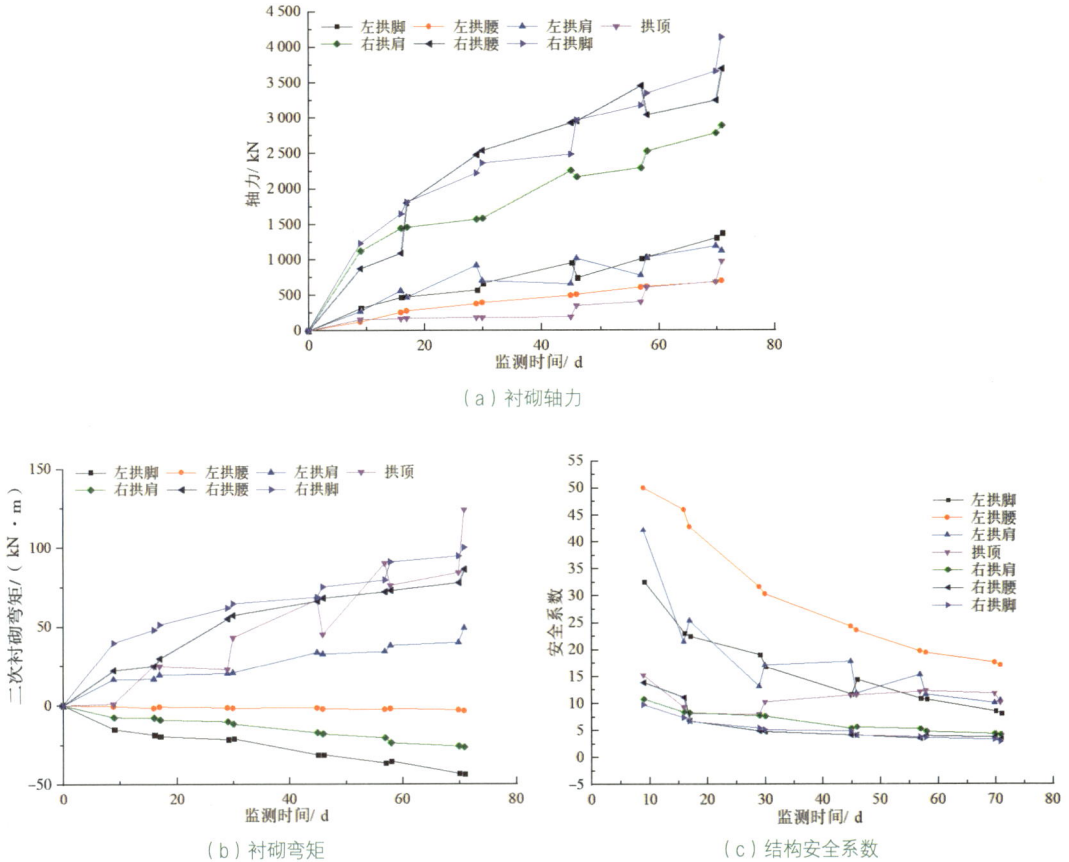

（a）衬砌轴力

（b）衬砌弯矩

（c）结构安全系数

图 10.20　典型隧道监测数据时态曲线

②监测断面隧道安全状态评价。以监测断面结构受力为基础，通过研究提出了基于多级模糊综合评价的针对汶马高速软岩隧道结构安全方法，并在现场进行应用，实现了对监测断面整体的结构安全评价，见表10.5。

表 10.5　典型监测断面隧道结构安全状态

监测断面	断面类型	评估结果	结构安全状态
卓克基隧道 ZK221+888	软弱围岩	0.185，0.482，0.267，0.017	Ⅱ级基本安全
鹧鸪山隧道 ZK187+460	高地应力	0.551，0.321，0.166，0.012	Ⅰ级安全

通过实施不同等级软岩隧道的位移控制基准，并结合对典型软岩隧道结构状态的实时监测与评价，有效地保障了软岩隧道结构的施工安全，取得了良好的效果。

（4）经济和社会效益

汶马高速公路软岩隧道安全控制基准用于隧道施工准备与施工过程中，根据大变形等级的判断，采取相应的处置措施，降低了隧道施工中的风险和事故发生率。同时，隧道结构监测与安全评价方法能够通过已有监测断面的监测数据，结合区域内工程水文地质、设计理念与施工水平等影响隧道结构安全的众多因素，综合评价该监测断面隧道结构的安全状态，完成了汶马高速公路软岩隧道的结构安全监测与评价，保障了隧道施工过程中的结构安全，节省了大量的隧道结构监测和安全防控费用，取得了显著的经济和社会效益。

典型案例技术十一：寒区公路基础设施全寿命周期耐久性提升与安全性保障关键技术

技术名称：寒区公路基础设施全寿命周期耐久性提升与安全性保障关键技术

完成单位：哈尔滨工业大学

技术负责人：谭忆秋

联系人：徐慧宁

联系电话：18246018910

邮箱：*xuhn@hit.edu.cn*

通信地址：哈尔滨工业大学二校区交通科学与工程学院

1. 专家简况

专家姓名	谭忆秋	专业或专长	寒区道路工程

　　谭忆秋，女，汉族，1968 年 1 月出生，吉林德惠人，工学博士，教授、博士生导师，"长江学者"特聘教授，国家杰出青年科学基金获得者，国家级高层次人才，入选"长江学者"奖励计划、教育部新世纪优秀人才支持计划等。

　　现任哈尔滨工业大学（威海校区）校长，交通运输工程一级学科带头人，工业与信息化部重点实验室主任，交通行业重点实验室常务副主任，兼任中国公路学报副主编、*Journal of Infrastructure Preservation and Resilience* 创刊副主编、道路工程领域国际权威期刊 RMPD 等 4 个期刊的编委，中国公路学会专家咨询委员会委员、2 个国家标准化委员会委员及国际路联（PIARC）冬季道路工作委员会委员，长期从事路面结构与材料基础理论与应用技术研究。作为我国寒区道路耐久与安全领域学术带头人，创立沥青路面抗冰防滑技术体系，突破改性沥青绿色生产和低温粘弹特性评价技术，构建寒区沥青路面结构 - 材料一体化设计理论与方法。主持国家重点研发计划项目、国家自然科学基金重点 / 面上项目、863 计划课题、"十二五"科技支撑计划、民航局重大专项等多项国家级、省部级和地方重点课题。发表学术论文 216 篇，出版专著 4 部，获授权发明专利 47 项，主持和参与编制国家标准与行业规范 7 部。成果获国家技术发明奖二等奖 1 项，国家科学技术进步奖二等奖 2 项，省部级科学技术奖一、二等奖 7 项。

2. 技术简介

　　技术名称：寒区公路基础设施全寿命周期耐久性提升与安全性保障关键技术

2.1 研发背景

寒区恶劣环境下的公路设施（道路、机场、桥梁及隧道等）寿命周期内的建设与养护是一个国际性难题，其中，寒区公路设施全寿命耐久与安全保障技术及装备是其瓶颈。一方面，受高纬度、低气温、强风雪等恶劣环境以及复杂地质水文条件的影响，寒区公路设施频繁发生路基冻融、路面开裂冰滑、桥梁桩基冻拔以及隧道结冰等病害，严重影响行车安全性及设施的耐久性，区域内的公路设施服役性能脆弱；另一方面，寒区公路设施由于施工期短、养护难度大，建养过程中成本消耗高，导致产生巨大的维修与养护费用。而世界各国目前对于寒区公路设施性能评价及提升技术缺乏通用的标准与规范，造成不同公路建养技术的适用性差，难以指导国际寒区公路工程领域的技术提升。因此，立足于中俄美三国公路工程领域的合作研究，建立高寒地区公路设施全寿命耐久与安全保障技术及装备体系，对于攻克恶劣环境下公路设施建养关键问题具有重要的意义。

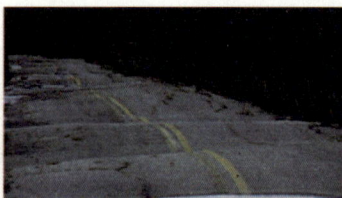

图 11.1　冰雪路面　　　　　图 11.2　路基冻害　　　　　图 11.3　流冰损伤

2.2 技术原理与解决的工程难题

（1）高寒地区公路设施脆弱性分析、分级与评估技术

结合灾害风险管理理论和寒区工程实践的海量数据，揭示高寒环境下公路设施结构与体系的易损性机理，阐明多灾种耦合作用下的公路设施脆弱性分析和区划方法。

（2）低温环境下长距离、超高分辨率、分布式光纤传感与监测技术

差分脉冲对技术及泵浦脉冲对参数的优化可提升布里渊光纤应变监测仪的空间分辨率，能为不同公路设施分布式监测提供有力支持。

（3）基于土体脱水原理的路基冻胀及融沉控制技术

现有研究局限于应用领域，其作用机理不明确，评价体系尚未形成，无法为其推广应用提供支持。因此，基于土体脱水原理，提出路基冻胀及融沉控制技术是亟待解决的关键技术之一。

（4）非开挖式公路设施应急处置主动防护及修复机器人技术

面向公路设施安全性快速感知与修复，研制安全性智能检测装置，开发高性能修复材料，形成公路主动防护及修复技术是本项目需要攻克的关键技术问题之一。

（5）高寒地区公路设施主动融冰化雪系统的优化配置

基于道路主动融冰雪技术适用条件，并结合寒区气候特征，实现不同类型公路主动融冰雪系统的优化配置是亟待解决的关键技术之一。

2.3 技术特点和主要技术经济指标

该项技术构建了寒区公路设施脆弱性分析理论体系，形成了寒区公路设施脆弱性监测与评估方法，研发了一系列寒区公路设施耐久性提升与安全保障技术与装备。其中，路面脆弱性监测系统的传感元件应变测量精度达 $\pm 1\mu\varepsilon$，温度测量精度达 0.1 ℃，压力测量精度达 0.05 MPa，动态采样频率可达 250 Hz；可对传感器数据进行多通道采集，并具备有线 / 无线两种数据传输方式；该技术还可以降低 15% 以上的沥青铺面全寿命周期运营成本；系统可以稳定运行 5 年以上，故障率低。此外，路面耐久性提升与安全性保障技术可使路面耐久性提升 35%，冰雪条件下路面安全性提升 56%，有效保障寒区公路的耐久性与安全性。

2.4 推广应用情况

（1）公路基础设施服役状态监测系统

监测技术应用于 4 个公路工程和 2 个机场工程：北京六环高速公路、交通运输部公路试验场抗车辙试验段、大广高速大庆至肇源段、通丹高速通化至新开岭段、重庆江北国际机场、北京首都国际机场，铺设断面包括半刚性基层、柔性基层及复合式沥青铺面结构。该技术的应用可以优化现行的沥青铺面结构设计方法和养护决策方法，提升铺面结构耐久性和安全性，降低沥青铺面 15% 以上的全寿命周期运营成本，具有显著的社会和经济效益。该技术的推广应用工程的具体情况如下：

①北京六环高速公路：位于西沙屯—马驹桥段，全长 78 km。采用后埋方法布设三向光纤光栅应变传感器与光纤光栅温度传感器。本项目明确了半刚性基层沥青路面的车辙病害机理，为后续的路面养护维修决策提供了理论依据和数据支持。

②交通运输部公路试验场抗车辙试验段：全长 5 m。采用后埋设的方法布设三向光纤光栅应变传感器、光纤光栅温度传感器以及振弦式渗压传感器，为北京市高速公路维修和北京长安街大修改造工程提供了新型抗车辙沥青路面结构。

③大广高速大庆至肇源段：采用后埋设的方法布设三向光纤光栅应变传感器和光纤光栅温度传感器，本项目从结构响应的角度评估了新型路面结构与材料设计的合理性。

④通丹高速通化至新开岭段：采用先埋设的方法布设三向应变、温度、湿度、土压力传感器，建立了一套包括车辆荷载信息、路面动力响应信息及路面内部环境信息的长期远程实时在线监测系统，并构建了沥青路面动力响应模型。

⑤重庆江北国际机场：布设光纤光栅三向应变、温度及土压力传感器，建立国内首个机场道面无线信息监测系统，研究了真实飞机荷载滑行作用下机场沥青道面力学行为。

⑥北京首都国际机场：布设光纤光栅应变、温度及土压力传感器。本项目建立了机场道面有线信息监测系统，实现了对机场沥青道面内部力学响应的实时监测。

图 11.4　通丹高速技术推广应用工程

图 11.5　北京首都国际机场推广应用工程

（2）公路基础设施冰雪环境运营安全保障技术

公路基础设施冰雪环境运营安全保障技术目前广泛应用于我国北方地区，典型工程应用有河北省涞曲高速 S31 段、青藏公路、哈尔滨西二环高架、北京大兴机场、木兰大桥、新疆东天山隧道等，铺设断面具有冬季易结冰、交通事故多发等特点。该技术的应用避免了 70% 以上的交通事故的发生，保障了人民的生命财产安全，提升了 30% 以上的运输效率，每年可以促进区域经济发展，避免由事故带来的直接、间接损失超过 2 000 余万元，具有显著的经济和社会效益。该技术的推广应用工程的具体情况如下：

①河北省涞曲高速 S31 段：位于保定市的西部地区，全长 72.805 km。共设置 2 个断面（K309+923、K354+947），运用监测系统实时监控路表冰雪情况，评价路面运营安全。

②青海省 G109 国道西宁市湟源县附近：共设置 3 个断面（K1958+450、K1959+670、K1986+700），以冰雪监测感知装置与冰雪路面抗滑预估理论为基础，实时评估路表运营安全系数，保障冬季路面通行安全。

③哈尔滨西二环高架：应用长度为 3 km，采用低冰点沥青混合料作为面层材料，开发低冰点沥青混合料设计方法，已观测 5 年。冬季可有效清除路表积雪，路表摩擦系数提升 83%，有力保障行车安全。

④新疆东天山隧道洞口路面：该地区冬季时间长、降水量大、海拔高，隧道洞口作为速度转换的关键交通节点极易出现因冰雪导致的交通事故，因此在隧道洞口 300 m 范围内使用低冰点沥青混合料，提升冬季行车安全性。

⑤北京大兴国际机场飞行区：采用流体加热路面融雪系统，铺筑 3 600 m² 的站坪融雪道面，服务于世界级航空枢纽，为冰雪天气状况下机场的安全运营保驾护航。

图 11.6　冰雪监测系统应用于青藏公路　　　图 11.7　主动融雪技术应用于北京大兴机场

2.5　科技成果成效

本技术获得发明专利 11 项，软件著作权 8 项。

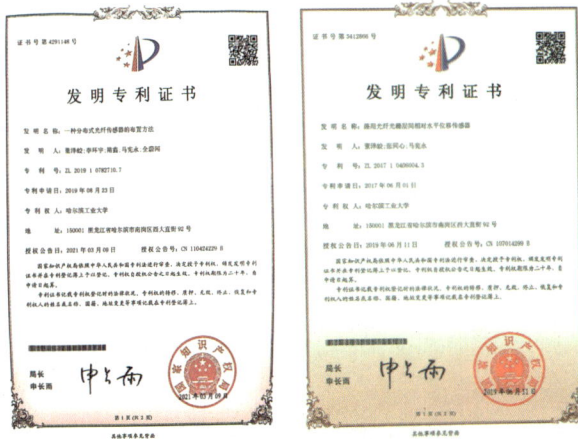

图 11.8　部分专利授权书

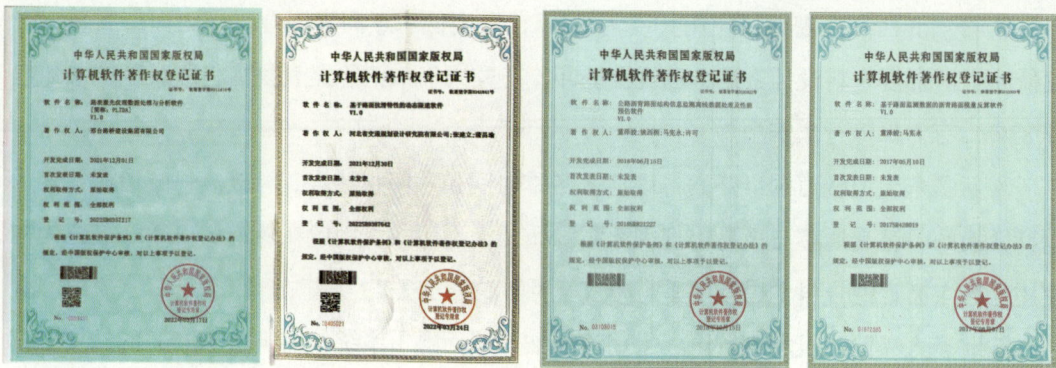

图 11.9　软件著作权

2.6　人才培养成效

依托该项技术的开发与应用，培养博士研究生 8 人、硕士研究生 9 人。

3. 案例介绍

案例 1　吉林省通丹高速长寿命路面结构信息监测及分析试验段

（1）工程简介

本监测技术案例应用于通丹高速通化至新开岭段，路段全长 52.406 km，是吉林省公路"十一五"重点建设项目。本路段通车后，实现从吉林省通化市到辽宁省丹东大东港高速公路相连，距离仅 280 km，从吉林省会长春到丹东港 560 km。该路段的建设不仅能够拉动地方经济的发展，也将成为吉林省东南部地区重要的出海入关通道，使通化市打造成真正意义上的"近海城市"，对于促进吉林省中东部区域经济发展具有十分重要的意义。该路段采用了 4 种长寿命路面结构，包括复合式沥青路面和柔性基层沥青路面。为了对长寿命路面结构的使用状况进行动态长期观测，揭示路面结构在温度、荷载作用下的变化规律，并构建力学响应模型，选取 4 个断面（K384+260、K390+756、K387+800、K389+772），应用该技术搭建了沥青路面长期远程实时在线监测系统。

图 11.10　通丹高速沿线环境

图 11.11　监测断面周围环境

（2）病害情况

通化至新开岭段是通丹高速公路中的一段，是吉林省公路"十一五"重点建设项目。该路段包含四种长寿命沥青路面结构，其中结构一和结构三为柔性基层沥青路面，沥青层相对较厚，结构二和结构四为复合基层沥青路面。在以往的研究中，尚未有研究论证和比较上述四种长寿面沥青路面结构的耐久性。此外，在以往的养护工作中，通常借助定期检测来判断沥青路面的服役状态，从而采取养护措施。然而，这种方式会导致沥青路面服役状态评价不及时、不准确的问题，从而大幅降低了路面的使用周期，使其提前进入大修期。大修铣刨不仅需要耗费大量的人力物力，而且需要对相关路段采取交通管制措施，使得道路通行能力大幅降低，从而对区域经济的发展造成严重影响。因此，建立一套包括车辆荷载信息、路面动力响应信息及路面内部环境信息的长期远程实时在线监测系统，及时获取路面内部的力学状态，对于制定及时、合理、科学的路面结构养护维修策略，降低路面的全周期运营成本具有重要意义。

图 11.12　路面病害　　　　　　图 11.13　养护维修引起的交通封闭

（3）实施效果

本案例提出了各类动力响应传感器以及动态称重秤的布设方案和埋设方法，开发了沥青路面结构信息监测软件，实现了结构信息的实时监测。通过长期观测，分析了车辆通过不同断面时的路面动力响应状况，对比了四种路面结构的使用性能，评价了不同结构组合的优缺点。以监测数据为基础，基于温度、轴载、荷载位置、车速等，综合考虑路面厚度、荷载、温度、车速、荷载偏移量等影响因素，建立了路面响应预估模型，为路面养护决策提供理论支持。本案例实施时间为 2014 年 4 月—2017 年 12 月，布设了动态称重系统、轴位置传感器和不同类型光纤光栅传感器，获取了车辆信息及路面内部的温度、湿度、三向应变、压力等数据，通过长距离传输光缆将路面现场采集的数据传输至中央监测室，结合数据分析软件、服务器和大容量存储设备实现数据的处理、分析和存储。

图 11.14　监测传感器布设

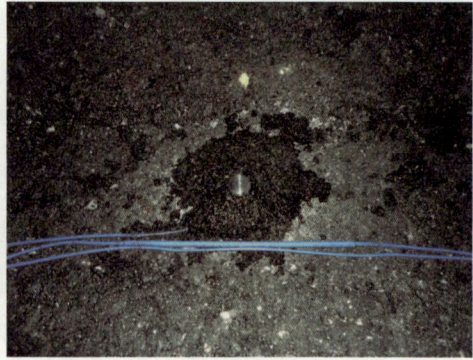

图 11.15　传感器安装完成效果图

图 11.16　监测系统室内设备安装

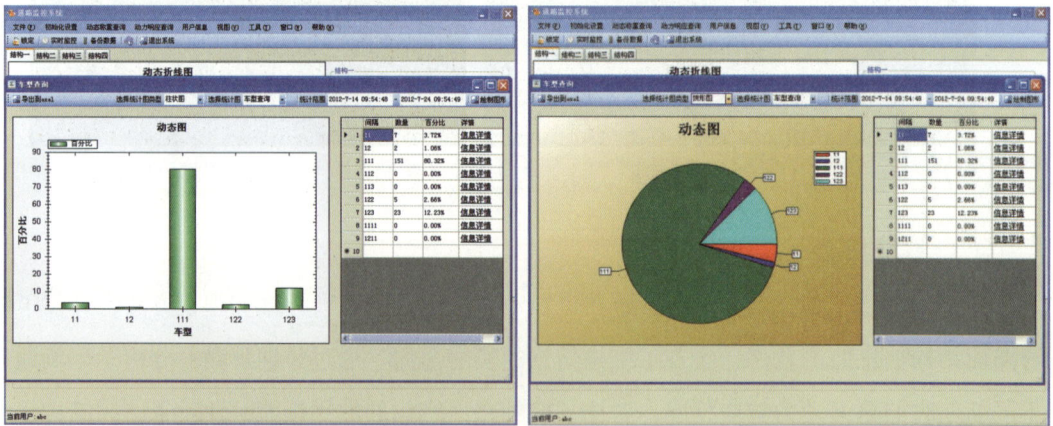

图 11.17　监测系统

（4）经济和社会效益

应用该技术的公路设施具有显著的经济和社会效益，主要体现在：

①根据道路和机场部门统计，应用本技术有助于制定合理、科学的养护维修策略，延缓裂缝、车辙等病害的出现时间，延长沥青铺面维修周期达30%，降低其养护费用达15%。

②避免了因大规模养护维修造成道路 / 机场通行能力下降，提升了服务质量，保障了物资的高效运输，降低了运输成本，振兴了区域经济。

案例 2　河北省涞曲高速冰雪监测与预警技术试验段

（1）工程简介

本检测探测技术案例应用于河北省涞曲高速 S31 冰雪监测与预警试验段工程。河北省涞曲高速 S31 路段位于保定市的西部地区，全长 72.805 km，是河北省扶贫开发示范区的重点线路，连接涞源县、曲阳县，沿途村县旅游资源丰富，但当地人民的经济收入相对较低。道路的畅通对当地经济和社会发展具有极强的推动作用，是沿途各地发展的重要支点。冰雪天气严重制约该路段冬季的正常运营，具体体现在：该路段周围多山，雨雪天较多且背阴，冬季气温较低，容易积雪结冰，交通事故多发，人民出行困难，区域经济的战略发展受限。选取两个断面（K309+923、K354+947）应用本技术铺筑试验路段。

图 11.18　涞曲高速路面　　图 11.19　涞曲高速周围
冰雪监测预警设备　　　　　　环境

图 11.20　涞曲高速位于山侧

（2）病害情况

冬季该路段区域气温较低，降水频率较高，在降水情况下路面存在反复冻融结冰或持续结冰的情况，正常运营受冰雪影响严重。当降水较小时，道路持续运营，但是道路服务水平显著下降，交通参与者对路面情况不明，风险判断不足，道路运营安全受到较大威胁，容易导致交通事故的发生，造成巨大的经济损失。当降水较大时，道路即封锁，交通运输活动完全停止。公路作为人民生产生活主要的交通方式之一，完全封锁的管控政策不仅不便于人民的生活，也对区域经济发展造成了一定阻碍。总的来说，保障冰雪条件下该路段的正常运营十分必要，应该明确不同工况下道路的运营风险，根据风险的动态变化情况实施科学、安全的交通管控策略。

（3）实施效果

图 11.21　冬季交通事故

图 11.22　受冰雪影响涞曲高速封闭

本案例中应用了自主研发的宽温域、高精度道路表面冰雪感知传感器，案例基于冰雪传感器、摄像头等设备以原位监测、深度学习等方式，形成了路面冰雪状态多源感知技术；基于实时监测的路表冰雪状态，首次量化了多因素耦合作用下冰雪路面的抗滑特性，明确了冰雪道路运营风险的动态变化规律，创新性地提出了冰雪道路运营风险辨识体系及风险评估技术，确定了风险分级制度并构建了数字化冰雪道路运营预警平台。本案例实施开始时间为 2020 年 9 月，采用钻孔、割槽的方式在路面安装冰雪传感器，将线路引至路肩外，架设供电系统及远程无线摄像头，利用云端进行数据传输，在工作站上架设预警平台进行计算预警。迄今为止，监测设备及风险评估预警平台已经持续运行近三年。相比未应用本技术之前，技术的应用成功监测了所有道路结冰的情况，监测精度高于 95%；科学有效地评估了道路的运营风险，预防了 60% 以上的冰雪路面事故的发生，提升了 30% 以上的交通运输能力，减少了污染物的排放，带来了显著的经济和社会效益。

图 11.23 冰雪监测设备埋设　　图 11.24 冰雪传感器安装完　　图 11.25 监测设备电源及摄像头
　　　　　　　　　　　　　　　　　　　成效果图

（4）经济和社会效益

应用本技术的公路设施具有显著的经济和社会效益，具体体现在：

①根据道路部门统计，应用本技术节约了人工成本，避免了冬季 60% 的交通事故的发生，每年可节约成本，避免直接、间接经济损失超过 200 万元。

②应用本技术提升了交通运输能力，减少了低速行车和频繁启动导致的 NO_x、CO 等污染物的排放。实际测量应用本技术的区域空气质量表明，有害气体排放量降低了 72%，空气颗粒悬浮物降低 83%。

③保障了冬季人民出行的生命财产安全和物资的高效运输，降低了运输成本，振兴了区域经济。

典型案例技术十二：基于自发漏磁的桥梁隐蔽病害无损检测技术

技术名称：基于自发漏磁的桥梁隐蔽病害无损检测技术

完成单位：重庆交通大学

技术负责人：周建庭

联系人：张洪

联系电话：15310975053

邮箱：hongzhang@cqjtu.edu.cn

通信地址：重庆市南岸区学府大道 66 号

1. 专家简况

专家姓名	周建庭	专业或专长	桥梁病害诊断与加固

周建庭教授现为重庆交通大学副校长、山区桥梁及隧道工程国家重点实验室主任，2021 年、2023 年中国工程院院士有效候选人、国家创新人才培养示范基地建设负责人、第三批"全国高校黄大年式教师团队"负责人、全国杰出专业技术人才、教育部"长江学者"特聘教授、国家杰出青年科学基金获得者、中组部"万人计划"科技创新领军人才、全国优秀科技工作者、首批科技部科技创新领军人才、新世纪百千万人才工程国家级人选、首届重庆市杰出英才奖、首届重庆市优秀科学家，领衔的"桥梁状态感知与先进维护"创新团队入选重庆市首批自然科学基金创新群体和 2019 年度交通运输部交通运输行业重点领域创新团队。

长期从事桥梁病害诊断与加固领域研究，承担了国家杰出青年科学基金、国家重点研发计划课题、973 计划项目、国家自然科学基金项目、交通运输部重大科技攻关项目、重庆市重大科技攻关项目等重大课题，主要围绕桥梁内在病害诊断—安全监测与评估—性能提升形成了桥梁安全保障全链条研究成果：带领团队率先攻克了桥梁内部钢筋锈蚀、拉吊索腐蚀断丝、永存预应力降低等内在病害无损量化检测的核心技术，实现了我国桥梁内在病害精准、量化、无损检测的技术引领；首次提出并构建了基于结构响应包络、劣化效应和时变可靠性的桥梁安全评估理论和技术，解决了基于海量监测信息的桥梁安全评估技术难题；首次提出了基于预埋 - 表贴传感器"接力"监测模式，创建了桥梁从建设期到营运期的全寿命安全监测理论和技术体系；首次研发了多点弹性支撑加固拱桥技术和套箍封闭主拱圈加固拱桥技术，创新了拱桥性能高效提升理论与技术，系列成果形成了拱桥加固系列标准图纸，该技术支撑了我国山区 70% 以上的拱桥加固工程。

先后主持了国家级和省部级科研项目40余项，获得国家科技进步奖二等奖3项（2项排第一、1项排第三），省部级科学技术奖特等奖、一等奖14项（5项排第一）等重要奖励30余项；授权国家发明专利129项（57项排名第一），取得软件著作权19项；发表论文400余篇，出版著作15部，制/修订国家行业标准规范6部；培养硕、博士研究生150余名。研究成果应用于国内15个省市4 000多座桥梁的诊断与加固，带来了显著的社会经济和环保效益，推动了桥梁管养的科技革新，引领了行业的发展。

2. 技术简介

技术名称：基于自发漏磁的桥梁隐蔽病害无损检测技术

2.1 研发背景

我国桥梁建设取得了辉煌成就，但管理与养护的压力接踵而至。桥梁隐蔽病害已经成为威胁桥梁安全性和耐久性的"第一杀手"。常规桥梁定期检查和专项检查缺少专门的隐蔽病害定量化、精准化检测与监测技术，以致桥梁建成后出现安全隐患多、结构使用性能差、使用寿命短等诸多问题，直接影响桥梁安全与路网畅通。随着桥梁管养新技术、新材料、新装备的发展，现有检测方法主要依靠磁场、声波、热像仪、射线、雷达等非接触无损检测技术，在定性检测方面取得了长足的发展，但定量化效果仍然不佳，无法对病害状态进行准确评估，极大地制约桥梁隐蔽病害检测的有效性。据统计，因桥梁隐蔽病害导致的危桥占总危桥数的80%以上，及时、精准地诊断桥梁隐蔽病害已经成为亟待解决的重大科学和技术问题。

图12.1 混凝土结构钢筋锈蚀

图12.2 桥梁拉吊索腐蚀断丝

2.2 技术原理与解决的工程难题

自发漏磁技术的检测原理可表达为：在地磁场环境下，当外荷载作用于铁磁性构件时，其内部结构会发生磁畴组织定向以及不可逆的重新取向，逐渐产生位错稳定滑移带，高密度的位错聚集便形成了磁畴边界，从而在应力集中或缺陷位置产生自发漏磁场，且该磁场切向分量出现最大值，法向分量通过零点；另外，由于应力引起的这种磁状态变化在载荷消除后将继续保留，因此可通过测定漏磁场切向分量、法向分量，据此判断铁磁性构件的应力集中与缺陷位置，进而对结构的损伤程度进行诊断。利用自发漏磁检测技术，解决桥梁钢结构方面的隐蔽病害检测难题，主要包括混凝土结构内部的钢筋锈蚀诊断问题、桥梁拉吊索结构的腐蚀断丝诊断问题、钢结构的疲劳早期预测及裂纹探测问题。

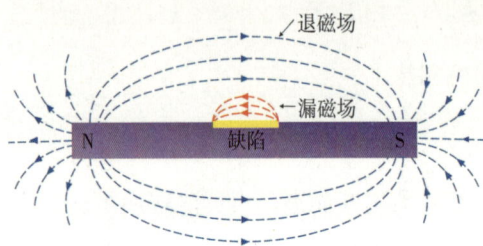

图 12.3　带缺陷的铁磁构件磁场分布图

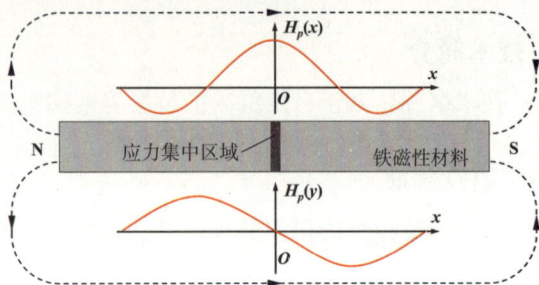

图 12.4　自发漏磁场分布特征

2.3　技术特点和主要技术经济指标

①在技术创新方面，该技术为国内外首次应用于实体工程的非励磁漏磁检测技术，避免了外加磁场对结构损伤漏磁信号的干扰，真实反映出材料的原有磁特性。

②在装置研发方面，自发漏磁检测过程中不需要庞大复杂的人工激励装置，检测装置体积小、检测速度快、精度高，具有更突出的先进性和优越性。

③在检测效率方面，该技术成果免去了钢结构磁化的环节，提高了检测效率，通过减轻装置质量，在同等电量储备下，装备的续航时间更长。

④在综合成本方面，采用该技术的检测装置不需要磁化模块，负荷小，耗电低，减小了经济成本；装置轻便小巧，检测速度更快，有效降低了时间成本，推动了我国桥梁检测的智能化、装备化发展。

2.4　推广应用情况

针对桥梁结构内部钢筋锈蚀、拉吊索腐蚀等隐蔽病害状态无损量化检测难、精确获取难这一国际性难题，通过协同创新、学科交叉融合，形成了保障桥梁安全服役的关键技术成果。系列成果在重庆、贵州、云南、广西等地区的 10 余座大跨桥梁以及 50 余座中小跨径桥梁上得到成功应用，取得了显著的经济效益，有效提升了桥梁养护品质，延长了桥梁的服役寿命，降低了桥梁重大安全事故风险，减少了服役桥梁垮塌等恶性事件，保障了桥梁安全和路网畅通，带来了显著的社会效益。技术成果践行了"创新、协调、绿色"的理念，实现了桥梁隐蔽病害无损量化检测，为实现全寿命周期成本最优的桥梁养护提供了技术支撑，有利于作出科学的管养决策、实施科学合理的桥梁维修加固策略，降低交通拥堵、减少废弃物和汽车尾气排放，带来显著的环保效益。

（a）　　　　　　　　　　　　　　　　（b）

图 12.5　技术成果应用

依托贵州、重庆等地的 4 座斜拉桥，开展了斜拉索腐蚀断丝无损检测装置的应用示范研究，获取了拉索外观护套的图像数据和内部钢索的磁场分布数据，并利用拉索腐蚀程度诊断指标进行深入分析。实桥数据表明，该装置能够全方位地展现拉索外观状态，且自发漏磁信号及诊断指标变化平稳、现象合理，验证了拉索腐蚀断丝自发漏磁检测技术的实用性和可靠性，实现了研究成果的应用与推广。

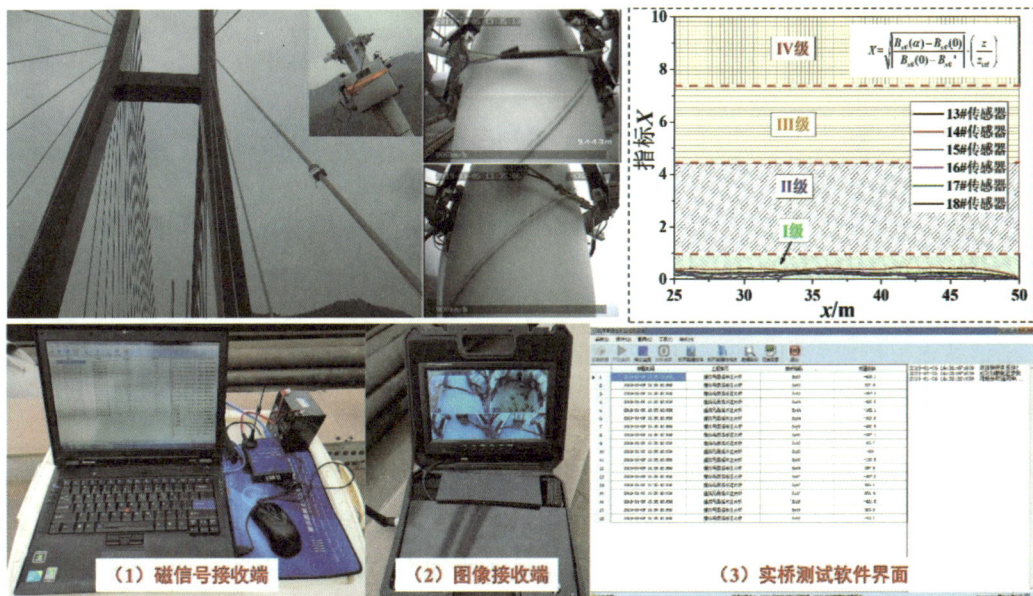

图 12.6　拉索腐蚀断丝无损检测装置应用示范

研究成果已成功应用于贵州红水河大桥、重庆大佛寺长江大桥、重庆嘉悦大桥和重庆马桑溪长江大桥，实现了科学管养，带来显著的经济、社会和环保效益，应用推广情况良好。

　　研究成果从拉吊索内部结构本身的磁场出发，精准检测拉吊索内部腐蚀损伤，为客观、科学地诊断拉吊索的安全状况提供可靠的科学技术依据，实现了拉吊索的自动化、快速化和精准化检测；有效节省了拉吊索检测费用，避免了拉吊索的盲目更换，延长了拉吊索的使用寿命，有效推动了我国桥梁检测的智能化、装备化发展，促进了我国交通基础设施安全保障的技术进步与学科发展。该成果可应用于斜拉桥的拉索、悬索桥以及中下承式拱桥的吊杆，具有广阔的应用前景。

图 12.7　项目成果应用情况

2.5　科技成果成效

　　该技术以桥梁安全运维保障为导向，促进了桥梁工程、工程力学、电磁学、计算机科学等学科交叉融合与联动创新，取得了一批促进行业科技进步的研究成果，荣获国家科技进步奖二等奖 1 项，省部级科研奖励 10 余项，授权发明专利 12 项、实用新型专利 14 项、软件著作权 6 项，学术论文 60 余篇（SCI/EI 检索 40 余篇）。成果助推桥梁管养往高效、智能和信息化，装备化发展，带动了交通运输工程和土木工程学科发展，提高了桥梁检测技术自主创新能力和国际竞争力，推动了交通基础设施安全保障技术的进步，引领了公路桥梁无损检测技术的发展方向。

图 12.8　国家科技进步二等奖

图 12.9　重庆市技术发明一等奖

2.6　人才培养成效

通过该项技术的研究与应用，培养博 / 硕士 60 余人，汇聚了桥梁工程、工程力学、应用物理、计算机科学、电子科学等方面的优秀人才，打造了一支以国际科技领军人才为牵引、各学科专业人才齐全、年龄结构合理的创新团队。

3. 案例介绍

案例 1　重庆马桑溪长江大桥拉索无损检测实施案例

（1）工程简介

重庆马桑溪长江大桥是中国重庆市境内连接大渡口区与巴南区的过江通道，西经大渡口立交接银桥路，上跨长江水道，东经华陶立交汇接与李家沱长江大桥交汇的两桥连接道，是重庆市外环高速公路（G75 高速）的重要组成部分之一。线路全长 1 104.7 m，主桥全长 718 m，上部结构为三跨预应力混凝土双塔双索面漂浮体系斜拉桥（179.0 m+ 360.0 m+179.0 m），采用的是世界上最先进的平行钢绞线斜拉索体系，引桥采用预应力简支 T 梁；主桥桥宽 30.6 m，引桥桥宽 29.6 m，主梁截面形式采用预应力混凝土分离式三角箱形断面；桥面为双向六车道高速公路，设计速度为 80 km/h。

图 12.10　桥梁整体图片

（2）病害情况

拉索是斜拉桥的重要承重结构，但随着时间的推移，大多数运营中的斜拉桥都会面临由于拉索发生腐蚀而导致承载力降低、安全系数变小等问题。自建成以来，重庆马桑溪长江大桥已服役 20 余年，而斜拉索长期受到高温湿热、紫外线、酸雨、腐蚀海洋气流等因素影响，其内部钢丝、钢绞线极易出现腐蚀病害。长此以往，拉索的高应力状态促使病害继续恶化，甚至导致拉索断裂，严重威胁整座桥梁的使用寿命与行车安全。另外，拉索结构悬空导致检测工作难以通达，内部钢索腐蚀隐蔽性强、不易察觉，拉索断裂破坏具有突发性、难以预测性，导致其损伤程度难以被准确量化，盲目换索将增加换索成本，成为桥梁管养工作的痛点和难点。

（3）实施效果

针对重庆马桑溪长江大桥的斜拉索检测难题，将基于自发漏磁的桥梁隐蔽病害无损检测技术应用于拉索内部钢索的腐蚀断丝无损检测中，并基于自发漏磁检测原理，自主研发出集成摄像头和磁传感器的斜拉索腐蚀断丝无损检测装置。该装置能够沿着斜拉索稳定地爬升与下降，并采用自主研发的磁信号采集软件和图像采集设备，以无线数据传输方式，获取斜拉索外观图像及内部钢丝磁场数据，实现桥梁拉索外观病害与内部腐蚀的同步检测。

检测过程中，装置运行稳定高效、数据存储便捷，为拉索状况的检测奠定了坚实的基础。磁信号采集软件既能实时地显示当前的测试数据，又能将数据储存于电脑中。检测装置能够实时拍摄拉索的表观情况，装置上的 4 个摄像头能够全方位地展现拉索表观图像。检测结果发现，靠近斜拉索锚头处的磁信号分量变化幅值较大，而从远离拉索锚头的拉索区间检测数据可以看出，虽然磁场信号存在微小的波动，但总体趋势变化平稳，再结合无量纲指标计算分析得知：待测拉索内部不存在严重腐蚀断丝缺陷。

图 12.11　桥梁检测过程

图 12.12　桥梁检测效果

（4）经济和社会效益

斜拉索腐蚀断丝无损检测装置有效解决了桥梁拉吊索结构的病害检测难题，降低了运营、管理和养护成本，提高了桥梁运行的安全等级，避免了因为盲目更换拉索导致的建筑材料浪费，延长了桥梁使用寿命，实现了投资的有效回报，具有显著的经济效益。鉴于斜拉桥拉索腐蚀引起断丝的危害性，该技术成果可有效防止发生拉索系统钢丝断裂和重大安全事故，保障桥梁正常运营，避免了因频繁维修造成的资源浪费与交通拥堵，减少了碳排放量，对保护环境起到了积极的作用，具有显著的社会意义。

案例 2　贵州红水河大桥拉索无损检测实施案例

（1）工程简介

贵州红水河大桥位于贵州省罗甸县与广西壮族自治区天峨县交界处，横跨红水河 U 形峡谷。桥梁全长 956 m，塔高 195.1 m。桥梁主桥为双塔双索面混合式叠合梁斜拉桥（213 m+508 m+185 m），是世界首座非对称混合式叠合梁斜拉桥。

（2）病害情况

贵州红水河大桥地处云贵高原与广西丘陵过渡的斜坡地带，地形条件复杂，水路、陆路交通闭塞，是典型的复杂山岭重丘区特大桥梁。为了克服地形地质条件的限制，首次提出将缆索吊装系统用于斜拉桥上部结构施工的思路，首创将缆索吊装、自动连续顶推、超高支架现浇三项施工工艺同时用于同一座桥梁施工的方法，在业内极为罕见，创新了山区桥梁设计施工新理念。同时，因该桥处于高温高湿环境，易导致桥梁索体产生腐蚀断丝现象，养护单位需要实时掌握索体健康状态，采取及时有效的措施保障桥梁安全运营。

（a）　　　　　　　　　　　　　　　　（b）

图 12.13　桥梁整体图片

（3）实施效果

2018 年 1 月至今，依托贵州省交通运输厅科技项目"斜拉桥拉索内部腐蚀和断丝磁记忆检测技术与装置研发"研究成果，对示范工程进行现场测试与评估。结果表明，采用自主研发的基于金属磁记忆的斜拉索腐蚀断丝检测装置，可以有效获取拉索外部 PE 护套的表观图像与内部钢绞线束的磁记忆信号，并通过无线数据传输方式存储于电脑中。依据拉索结构腐蚀程度分级评价标准，可以实现拉索基于腐蚀程度检测的安全评估，由此减小了桥梁管理部门的安全隐忧，提升了桥梁管养的针对性和科学性，具有广阔的应用前景。

（4）经济和社会效益

项目研究成果直接应用于贵州红水河大桥，提高了斜拉桥拉索检测的质量和工作效率，实现了斜拉索缺陷检测的自动化、快速化和精准化。基于本项目的研究成果，该桥预计取得 1 210 万元的经济效益，大致体现在：

①与常规拉索检测技术相比，其设备轻便、检测速度快、准确度高，有效地节省了拉索检测费用。如进行拉索检测 10 次，按每次 30 万元计，共预计节约拉索检测费用 300 万元。

②由于实时掌握了拉索内部腐蚀程度，避免了对部分拉索的盲目更换，有效延长了拉索使用寿命。如可延长服役寿命 10 年，按每年 35 万元计，共预计产生经济效益 350 万元。

③采用拉索检测装置开展斜拉桥拉索检测工作，可避免中断交通，减少由于交通拥堵带来的经济损失，按开展拉索检测工作 20 年，每年交通减损 28 万元计，预计共产生社会经济效益 560 万元。

案例3　重庆大佛寺长江大桥拉索无损检测实施案例

（1）工程简介

重庆大佛寺长江大桥是中国重庆市境内连接江北区与南岸区的过江通道，位于长江水道之上，是重庆—湛江高速公路（G65高速）的重要组成部分。大桥全长1 176 m，主桥长846 m，采用198 m+450 m+198 m的跨径布置；引桥长150 m，采用50 m+50 m+50 m的跨径布置，宽30.6 m；桥面为双向六车道高速公路，设计速度为80 km/h。

（a）　　　　　　　　　　　　　　　　　　　（b）

图12.14　桥梁整体图片

（2）病害情况

重庆大佛寺长江大桥采用镀锌高强钢丝的成品索，拉索两端设减震器。主梁尾部设大吨位的拉压支座与边墩相接；引桥简支梁设固定球型支座与主梁尾部相连，设单缝解决转动变位的问题，在该简支梁的另一端设纵向大变位伸缩缝。

（3）实施效果

为实现重庆大佛寺长江大桥斜拉索无损检测，引入基于自发漏磁效应的拉索内部腐蚀和断丝检测技术，并开发相应检测设备，对示范工程进行现场测试与评估。结果表明，本装置能够同时检测拉索内部腐蚀断丝以及外部PE护套的破损情况，并将检测结果通过无线设备进行实时传输；实现了对拉索结构腐蚀程度的评估，能有效判断拉索的安全性，为桥梁拉索的管养决策提供了科学依据。

（4）经济和社会效益

本项目研究成果应用于重庆大佛寺长江大桥，具有重大的社会经济效益。拉索一旦出现腐蚀或断丝现象，将会导致拉索强度下降，甚至发生断裂事故，严重威胁人身和财产安全。本成果能够实现拉索腐蚀断丝的自动化、快速化和精准化检测，进而及早发现问题并采取相应的维修措施，节约检测维护成本，确保拉索的安全可靠性，避免事故的发生。

典型案例技术十三：再生块体混凝土工程应用关键技术

技术名称：再生块体混凝土工程应用关键技术

完成单位：华南理工大学、中建三局集团有限公司

技术负责人：吴波

联系人：赵新宇

联系电话：13570373755

邮箱：ctzhaoxy@scut.edu.cn

通信地址：广州市天河华南理工大学土木与交通学院

1. 专家简况

专家姓名	吴波	专业或专长	混凝土再生利用与结构抗灾

吴波，男，1968 年出生，博士，研究员，博士生导师，华南理工大学副校长。国家杰出青年科学基金获得者、教育部"长江学者"特聘教授、国家"万人计划"科技创新领军人才。

先后主持国家自然科学基金重点项目、国家 973 计划课题、国家重点研发计划课题等国家和省部级科研项目 20 余项；获授权美国专利 4 件、中国发明专利 25 件、实用新型专利 21 件；出版专著 2 部，发表国际 / 国内期刊论文 260 篇。

长期从事混凝土结构和钢 – 混凝土组合结构的基本性能、耐火性能、抗震性能研究，并先后涉及新建结构、加固结构和废旧混凝土循环利用结构。

主持了国内摩擦消能器的首例减震工程应用，主编了国际上首部再生块体混凝土结构技术标准，以及国内第一部建筑混凝土结构耐火设计标准，实现了建筑结构采用再生块体混凝土的首例工程应用。

先后荣获国家科技进步奖二等奖 3 项（分别排名第 1、第 1、第 4），省部级科技进步奖一等奖 3 项（分别排名第 1、第 1、第 2）、二等奖 4 项（均排名第 1）。

2. 技术简介

技术名称：再生块体混凝土工程应用关键技术

2.1 研发背景

2021 年我国商品混凝土产量为 32.9 亿 m³，约占世界总产量的 50%，消耗大量砂石和水泥，不利于保护环境。近年来我国砂石资源日渐枯竭，很多城市出现砂石短缺、价格暴

涨的局面。与此同时，我国每年旧有建（构）筑物拆除会产生 2 亿 t 以上的废旧混凝土，直接弃置填埋不但会占用大量土地，还会严重污染环境，已成为制约我国可持续发展的瓶颈。若能在新建结构中循环利用废旧混凝土，不仅可以缓解砂石资源短缺的困境，还可达到大宗固体废弃物减排的效果。

再生骨料混凝土是较早被提出的废旧混凝土循环利用策略，该策略采用废旧混凝土破碎而成的再生骨料（粒径为 0.075 ~ 31.5 mm），部分或全部代替新混凝土中的天然骨料。然而，制备再生骨料需经多次破碎筛分，不仅能耗大，且粉料增多导致利用效率明显降低，加之再生骨料必须与新水泥拌和才能形成再生骨料混凝土，无法节省水泥用量。如何切实提高废旧混凝土的循环利用效率，进一步减少水泥用量，实现更低碳更环保的再生利用目标，是本领域研究与发展的难点和长期痛点。

图 13.1　废旧混凝土侵占土地资源

图 13.2　砂石开采破坏环境

2.2　技术原理与解决的工程难题

为从根本上突破废旧混凝土利用效率偏低的困境，课题组根据废旧混凝土破碎的实际情况，当破碎机出料口宽度为 150 mm 时，一次性破碎产物的实际尺度可能涵盖 1 ~ 300 mm

的宽泛区间，创新性地提出了废旧混凝土一次破碎所得小尺度再生骨料（简称"再生骨料"）与大尺度再生块体（简称"再生块体"）的双轨利用思想，此时后者不再进行多次破碎，破碎效率因而得到显著提升，处理能耗和产生的粉料数量明显降低。其中的再生骨料用于生产再生骨料砖、再生骨料混凝土及其构件等，再生块体直接用于再生块体混凝土（再生块体与新混凝土的混合物）及其构件的浇筑。

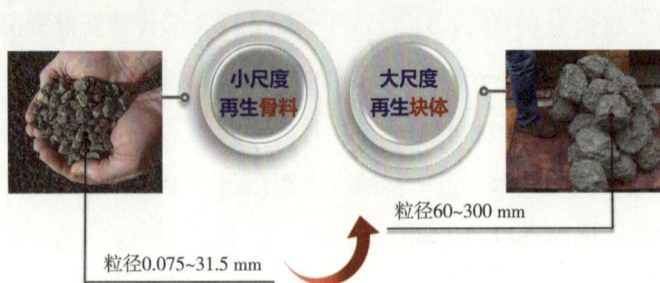

图 13.3　双轨利用循环策略

2.3　技术特点和主要技术经济指标

再生块体的特征尺度（粒径为 60 ~ 300 mm）相比传统再生骨料（粒径为 0.075 ~ 31.5 mm）提高 1 ~ 2 个数量级，破碎能耗降低 40% ~ 60%，若块体用量达到全部混凝土用量的 1/3，则水泥用量可节省约 30%，水化热随之显著降低，大体积混凝土普遍存在的温度裂缝难题基本上可因此得以解决。

该技术提出了再生块体混凝土的强化策略，使低强度废旧混凝土的应用范围大幅拓展，当废旧混凝土强度仅 20 MPa 时，可实现再生块体混凝土组合强度达 50 ~ 70 MPa；提出了再生块体混凝土的组合力学参数概念，构建了不同组合力学指标的计算公式，解决了其结构设计中最具共性特征的技术难题。

此外，该技术还研发了梁、板、柱、墙、节点等再生块体混凝土结构构件系列，系统揭示了再生块体混凝土的拉、压、剪、徐变、疲劳、冻融、高温、尺寸效应、形状效应等基本性能，发现再生块体混凝土的新、旧界面并非薄弱部位，展示了再生块体混凝土构件优良的力学性能和抗震、耐火性能，建立了相应的设计方法。提出了再生块体混凝土构件的高效施工工艺，确定了块体的单次最大允许堆放高度和优化取代率范围，相比既有方法提高了施工效率 1 ~ 2 倍。

2.4　推广应用情况

再生块体混凝土系列研究成果已先后在广东省紫金县文化活动中心、福建省泉州市千亿商帆、广州珠啤生产线搬迁工程、贵州省毕节市医学高等专科学校新校区、广州市保利

"琶洲眼"、广州市恒盛大厦、深圳市深圳湾创新科技中心、华南理工大学国际校区一期、华南理工大学游泳馆、广交会展馆四期展馆扩建工程等 19 个实际工程中应用，并取得了明显成效。

表 13.1　部分工程应用概况

项目名称	应用技术	应用时间
广东省紫金县文化活动中心	再生块体混凝土钢管柱	2010 年
福建省泉州市千亿商帆	再生块体混凝土钢管柱	2013 年
广州珠啤生产线搬迁工程	再生块体混凝土承台	2014 年
贵州省毕节医学高等专科学校新校区	再生块体混凝土梁、板、柱	2015 年
广州市保利"琶洲眼"	再生块体混凝土梁、板、柱	2015 年
广州市恒盛大厦	再生块体混凝土钢管柱、外包钢梁、板	2017 年
深圳市深圳湾创新科技中心	再生块体混凝土楼板	2018 年
华南理工大学国际校区一期	再生块体混凝土叠合梁、板	2019 年
华南理工大学游泳馆	再生块体混凝土楼板	2021 年
广交会展馆四期展馆扩建工程	再生块体混凝土底板	2022 年

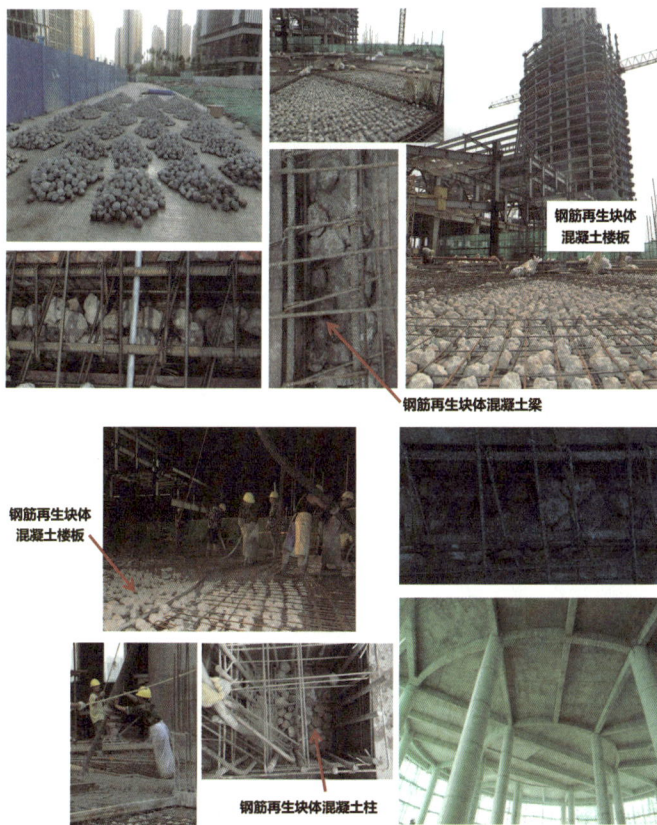

图 13.4　再生块体混凝土在钢筋混凝土梁、柱、楼板上的应用
（2015 年 广州市保利"琶洲眼"）

2.5 科技成果成效

课题组通过多年系统研究，形成了涵盖材料力学性能、构件力学性能、构件抗灾性能、高效施工工艺等方面的再生块体混凝土成套技术，授权美国专利 6 件、中国发明专利 14 件，主编了国际上首部再生块体混凝土结构技术标准《再生块体混凝土组合结构技术规程》（DBJ/T 15—113—2016）和住建部行业标准《再生混合混凝土组合结构技术标准》（JGJ/T 468—2019），为废旧混凝土的高效循环利用提供了新思路与新方法，相关成果先后荣获教育部科技进步奖一等奖（2016）、全国发明展览会金奖（2017）、国家科技进步奖二等奖（2018）。

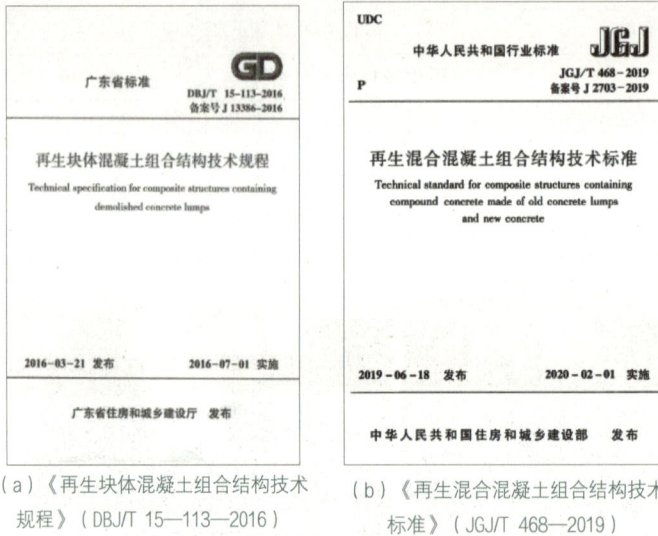

（a）《再生块体混凝土组合结构技术规程》（DBJ/T 15—113—2016）　（b）《再生混合混凝土组合结构技术标准》（JGJ/T 468—2019）

图 13.5　主编技术标准

（a）2016 年教育部科技进步奖一等奖　（b）2017 年全国发明展览会金奖　（c）2018 年国家科技进步奖二等奖

图 13.6　获奖证书

2.6 人才培养成效

通过课题组的研究，先后培育教育部"长江学者"特聘教授 1 人、国家杰出青年科学基金获得者 1 人、博士生 12 人、硕士生 29 人，人才培养成效显著。

3. 案例介绍

案例1　再生块体混凝土结构在华南理工大学游泳馆工程中的应用

（1）工程简介

华南理工大学游泳馆位于广州市天河区五山路华南理工大学五山校区，是学校第一个大型综合性高水平室内游泳馆，其投入使用后将结束学校没有室内游泳馆的历史，进一步提升学校建设一流大学的条件和水平。游泳馆造型疏朗轻盈，布局灵活有致，功能科学齐全，运营低碳环保。项目建设单位为广州市重点公共建设项目管理中心，设计单位为华南理工大学建筑设计研究院有限公司，总承包单位为中建三局集团有限公司。项目含主游泳池、训练池、主游泳池观众席、乒乓球馆、门厅及更衣室、设备用房等附属用房。总建筑面积为 14 926 m²，总用地面积为 11 067.2 m²，建筑高度为 14.2 m，建筑层数为地上 2 层、半地下 1 层、地下 1 层，属框架结构。

图 13.7　鸟瞰效果

图 13.8　落成实景（2022 年）

（2）病害情况

为促进绿色低碳新技术的应用，积极践行党中央提出的"绿色"新发展理念，同时助力企业实现降本增效和节能环保目标，经华南理工大学建筑设计研究院有限公司、华南理工大学土木与交通学院、中建三局华工游泳馆项目部三方沟通协调，报广州市重点公共建设项目管理中心批准，拟在华南理工大学游泳馆项目负一层、首层、二层局部区域的楼板采用同等强度等级及性能水准的再生块体混凝土。本次技术应用拟实施的区域面积大、再生块体的用量高、施工工期紧，参与各单位在技术方案的变更审定、原材料的质量控制、施工工序的协调等方面面临着考验。

（3）实施效果

2020 年 12 月 20 日—2021 年 3 月 30 日，在华南理工大学游泳馆项目的负一层、首层、二层的 10-14 轴与 G-N 轴所围区域，采用了课题组研发的钢筋再生块体混凝土楼板，板厚 120 mm，总应用面积约 1 400 m²，其中再生块体取代率约为 25%。再生块体源自广州市地铁十四号线工程的基坑支护梁（经钻芯取样，其混凝土抗压强度实测值大于 35 MPa），破碎后再生块体的特征尺寸为 60 ~ 100 mm。在上述钢筋再生块体混凝土楼板中，现浇新混凝土的强度等级采用 C35。施工工序主要包括再生块体的生产与再生块体混凝土楼板的浇筑两个环节，如图 13.9、图 13.10 所示。施工完成后板面与板底外观与常规混凝土无异，浇筑密实表面平整（图 13.11）。施工同期浇筑了与再生块体取代率相同且边长为 300 mm 的再生块体混凝土立方体试件，经第三方检测机构检测，这些立方体试件的实测抗压强度完全满足设计要求（图 13.12）。

（a）废旧混凝土钻芯取样

（b）炮机初步破碎

（c）二次破碎与筛分

（d）再生块体

图 13.9　再生块体的生产

（a）铺放再生块体

（b）泵送混凝土浇筑与振捣

图 13.10　再生块体混凝土楼板的浇筑

图 13.11　施工后板面与板底效果

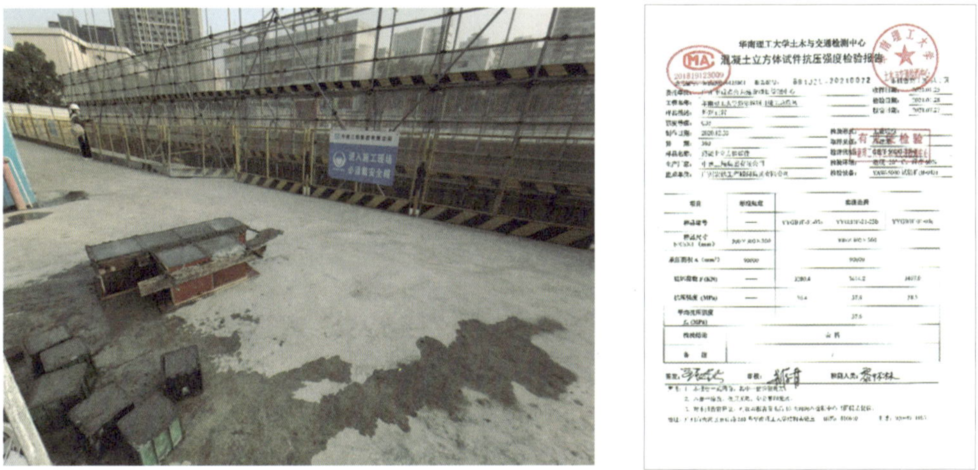

图 13.12　同等条件养护试件的强度检验

（4）经济和社会效益

钢筋再生块体混凝土楼板在华南理工大学游泳馆项目中的成功应用，既减少了建筑固体废弃物排放，同时也降低了现浇新混凝土以及相应水泥、砂石等资源的消耗，充分响应了国家的"双碳"目标，可降低能源消耗与碳排放，缓解供需矛盾，践行绿色发展理念，满足可持续发展的要求。此外，经测算，在本项目中采用 C35 再生块体混凝土的综合单价较采用 C35 常规商品混凝土的综合单价降低了约 15.1%，具有显著的经济效益和社会效益。该项工程目前已竣工，且用户反馈良好。

案例 2　再生块体混凝土结构在广交会四期展馆工程中的应用

（1）工程简介

广交会四期展馆扩建工程位于广州市海珠区新港东路北侧，工程包括东、西两个地块。四期项目是广交会展馆建设史上规模最大的扩建项目。项目为国内外展商提供了更多展示平台，助力打通国内国际双循环。项目建设单位为广州市重点公共建设项目管理中心，设计单位为华南理工大学建筑设计研究院有限公司，总承包单位为中建八局集团有限公司。东地块为指挥中心，建筑面积约 9.27 万 m^2，其中地上建筑面积约 7.37 万 m^2，地下建筑面积约 1.9 万 m^2。西地块包括登录厅、会议中心与展厅区域，建筑面积约 48.86 万 m^2，其中地上建筑面积约 33.42 万 m^2，地下建筑面积约 15.44 万 m^2。建筑主要包括展馆、会议中心、登录厅、地下室及其他附属设施等。展厅共 9 个（首层 4 个，二层 5 个），展厅总高度为 38 m。

图 13.13　鸟瞰效果

图 13.14　主体完工实景（2022 年 9 月）

（2）病害情况

为有效降低工程水泥消耗，简化废旧混凝土的循环利用过程，提高废旧混凝土的利用率，实现绿色低碳发展目标，经华南理工大学建筑设计研究院有限公司、中建八局广交会展馆四期扩建工程项目部沟通协调，报广州市重点公共建设项目管理中心批准，拟在广交会四期展馆扩建项目东、西两地块地下室底板采用同等强度等级及性能水准的再生块体混凝土。本次试点应用面临在建工程社会影响大、施工周期紧、废旧混凝土材料需求量大等难题，需要各方通力协作、反复协调才能圆满完成任务。

（3）实施效果

2021年10月20日—2021年11月14日，在广交会四期展馆扩建项目西地块G11底板、东地块C1-3地下室底板区域，采用了课题组研发的钢筋再生块体混凝土底板，板厚600 mm，总应用面积约1 350 m²，其中再生块体取代率约为25%。再生块体源自广州市白云区石井大道路面废旧混凝土原料（经钻芯取样，其混凝土抗压强度实测值大于35 MPa），破碎后再生块体的特征尺寸为80～150 mm。在上述钢筋再生块体混凝土底板中，现浇新混凝土的强度等级采用C35。施工工序主要包括再生块体的生产与再生块体混凝土底板的浇筑两个环节，如图13.15、图13.16所示。施工完成后板面外观与常规混凝土无异，浇筑密实表面平整（图13.17）。施工同期浇筑了与再生块体取代率相同且边长为300 mm的再生块体混凝土立方体试件和标准尺寸的再生块体混凝土抗渗试件，经第三方检测机构检测，这些试件的实测抗压强度和抗渗等级完全满足设计要求（图13.18）。

（a）废旧混凝土钻芯取样

（b）炮机初步破碎

（c）二次破碎与筛分

（d）再生块体

图 13.15　再生块体的生产

（a）铺放再生块体

（b）泵送混凝土浇筑与振捣

图 13.16　再生块体混凝土楼板的浇筑

图 13.17　施工后板面效果

图 13.18　同等条件养护试件的强度、抗渗性能检验

（4）经济和社会效益

钢筋再生块体混凝土底板在广交会四期展馆扩建项目中的成功应用，不仅从源头上解决了废弃混凝土的处理问题，同时节省了现浇新混凝土以及相应的水泥、砂石等资源消耗约20%，具有显著的社会经济环保效益。充分响应了国家的"双碳"目标，可降低能源消耗与碳排放，缓解供需矛盾，践行绿色发展理念，满足可持续发展的要求。

案例3　再生块体混凝土结构在华南理工大学国际校区一期工程中的应用

（1）工程简介

华南理工大学国际校区位于广州市番禺区，一期工程地块C位于国际校区校园南侧，中轴线西侧，兴业大道北侧。项目建设单位为广州市重点公共建设项目管理中心，设计单位为华南理工大学建筑设计研究院有限公司，总承包单位为中建四局集团有限公司。材料基因工程产业创新中心位于地块C场地东侧，包括一栋14层的塔楼（简称A塔楼）及5层的裙楼，A塔楼建筑高度为64.3 m（室外设计地面至其屋面面层高度），裙楼建筑高度为23.8 m（室外设计地面至其屋面面层高度）。

图13.19　鸟瞰效果

（2）病害情况

为进一步在预制装配式结构中促进混凝土再生利用，实现更高质量的绿色低碳混凝土技术发展，经华南理工大学建筑设计研究院有限公司、华南理工大学广州国际校区一期工程项目部沟通协调，报广州市重点公共建设项目管理中心批准，拟在华南理工大学广州国际校区一期工程项目A塔楼的第12、13和14层的部分预制叠合梁和叠合板采用同等强度等级及性能水准的再生块体混凝土。本次技术应用所涉及的预制构件类型多、应用时无已有案例参考。面对这些挑战，密切的合作、良好的沟通、详细的计划和严格的质量控制是成功实施该项目预制再生块体混凝土构件技术应用的关键。通过合理的项目管理和有效的团队协作，有望克服相关困难并确保项目按时高质量完成。

（3）实施效果

2019年4月—2019年6月，在华南理工大学广州国际校区一期工程项目A塔楼的第12、13和14层的部分区域，采用了课题组研发的30块预制再生块体混凝土叠合板［板厚65（预制部分）mm/140（整板）mm］和38根预制再生块体混凝土叠合梁［梁高460（预制部分）mm/600（整梁）mm］。其中，在预制再生块体混凝土叠合板中，废旧混凝土块体取代率约为预制部分的40%及整个构件的25%；在预制再生块体混凝土叠合梁中，废旧混凝土块体取代率约为预制部分的 30% 及整个构件的 25%。再生块体源自广州市地铁五号线基坑梁（经钻芯取样，其混凝土抗压强度实测值大于 35 MPa），破碎后再生块体的特征尺寸为 70 ~ 100 mm。在上述预制再生块体混凝土叠合板和叠合梁中，现浇新混凝土的强度等级采用 C35。施工工序主要包括再生块体的生产、预制再生块体混凝土叠合板和叠合梁的生产以及现浇新混凝土的浇筑三个环节，如图 13.20—图 13.22 所示。施工完成后板面外观与常规混凝土无异，浇筑密实表面平整。

（a）废旧混凝土钻芯取样

（b）炮机初步破碎

（c）二次破碎与筛分

（d）再生块体

图 13.20　再生块体的生产

（a）铺放再生块体

（b）预制叠合板和叠合梁的浇筑与振捣

（c）预制再生块体混凝土叠合板和叠合梁的成型

图 13.21　预制再生块体混凝土叠合板和叠合梁的浇筑

（a）预制再生块体混凝土叠合板和叠合梁吊装

（b）现浇新混凝土浇筑

图 13.22　预制再生块体混凝土叠合板和叠合梁吊装和现浇新混凝土浇筑

（4）经济和社会效益

预制再生块体混凝土叠合板和预制再生块体混凝土叠合梁在华南理工大学广州国际校区一期工程项目中的成功应用，不仅省去了叠合板预制部分的拉毛工序，简化了施工工艺，而且从源头上解决了废弃混凝土的处理问题，同时还节省现浇新混凝土以及相应的水泥、砂石等资源消耗约25%，具有显著的经济和社会环保效益，充分响应了国家的"双碳"目标，可降低能源消耗与碳排放，缓解供需矛盾，践行绿色发展理念，满足可持续发展的要求。

典型案例技术十四：异形全断面隧道掘进机设计制造关键技术

技术名称：异形全断面隧道掘进机设计制造关键技术

完成单位：中铁工程装备集团有限公司

技术负责人：王杜娟、贾连辉

联系人：范亚磊

联系电话：13594250906

邮箱：1972976430@qq.com

通信地址：河南省郑州市经济技术开发区第六大街 99 号

1. 专家简况

专家姓名	王杜娟、贾连辉	专业或专长	隧道施工机械研发设计

王杜娟，正高级工程师，中铁高新工业股份有限公司总工程师，第十三届、第十四届全国人大代表，享受国务院政府特殊津贴。主持 / 参与国家 863 计划、973 计划、河南省重大科技专项等 10 余项重大科研项目，带领技术人员完成 40 多项技术攻关，相继创新

研制出国内首台具有完全自主知识产权的复合式土压平衡盾构机、首台敞开式岩石隧道掘进机、世界最大断面矩形顶管机、世界首台大断面马蹄形盾构机等多台重大装备。先后被河南省政府授予"河南省学术技术带头人"、中华全国铁路总工会授予"火车头奖章""全国铁路先进女职工"称号、中华全国总工会授予"全国五一巾帼标兵"称号，获得"2019 感动中原十大年度人物"等荣誉，被中央宣传部、科技部、中国科协评为"最美科技工作者"，被国务院国资委授予第三届"央企楷模"，被国务院国资委党委"中央企业优秀共产党员"荣誉称号。

贾连辉，正高级工程师，国家"万人计划"科技创新领军人才，享受国务院津贴，现任中铁工程装备集团有限公司总工程师，隧道掘进机及智能运维全国重点实验室常务副主任，河南省机械工程学会副理事长，国家科技部、中国科协、中科院评审专家。长期从事隧道掘

进机设计制造与施工，先后获得国家科技进步奖和省部级等重大科技奖励 10 余项，出版著作 8 部，制定国家标准 6 项，发表高水平论文 30 余篇，并授权发明专利 40 余项，先后被授予国家卓越工程师团队、河南省优秀专家、中国机械工程学会青年科技成就奖等荣誉称号。

2. 技术简介

技术名称：异形全断面隧道掘进机设计制造关键技术

2.1 研发背景

随着我国海绵城市、城市立体交通、人防战备等基础设施建设的深入推进，在建造施工领域，隧道建设多样化断面的需求急剧增加，城市地下空间开发日益精细化，隧道需要在浅覆土、狭窄空间条件下施工，常规圆形盾构机已无法满足要求。而异形（非圆形）断面掘进机在能适应上述工况的同时，还可提高开挖空间利用率 15 % 以上。据规划，未来 5 年，仅我国异形隧道年开挖任务就超过 2 000 km，但国内外尚未完全突破异形全断面掘进机关键技术，这成为制约异形隧道发展的瓶颈。为保障我国地下综合管廊等重大民生与战略性工程的顺利实施，克服传统异形隧道施工工法与设备的不足，研制异形全断面掘进机迫在眉睫。

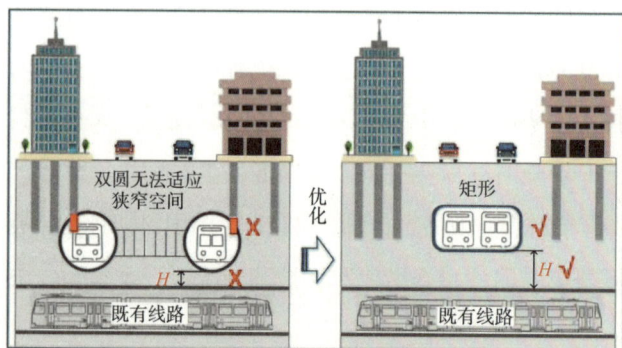

图 14.1　圆形与异形断面在狭窄空间的适应性对比

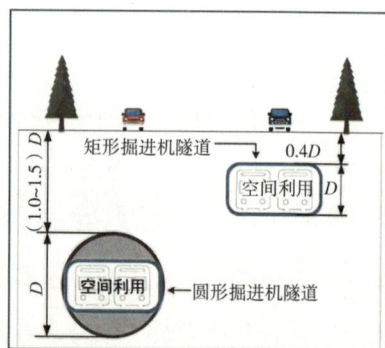

图 14.2　圆形与异形断面空间利用率对比

2.2　技术原理与解决的工程难题

在实现隧道断面由圆形到非圆形的改变过程中，异形全断面掘进机施工面临一次开挖成型、复杂位姿控型、异形管片拼装定型的新挑战，施工装备面临"三单到三多"（单刀盘到多刀盘协同切削、单维度到多维度隧道成型控制、单曲率到多曲率管片拼装）的三大世界难题。针对异形断面开挖难题，设计了异形全断面隧道掘进机开挖机构，分析了开挖面流场动态特性，突破了低扰动多刀盘多驱动联合开挖技术难题，研制出紧凑型多刀盘多驱动协同开挖系统，解决了异形断面一次开挖成型的国际难题。针对异形掘进机的姿态控制难题，设计了异形掘进机导向系统，构建了异形掘进机的多点联动纠偏机构，提出了异形掘进机姿态纠偏控制策略。发明了双螺旋输送机协同出渣的土压自适应平衡技术，实现土仓压力的精准控制，满足异形隧道高精度掘进的目标，解决了异形隧道控型难题。针对变曲率异形管片拼装的难题，构建了异形管片拼装机构的多体动力学模型，设计了多自由度异形管片拼装机构，开发了适应重载大惯量管片的电液柔性控制系统，研制了国际首台曲率自适应"6+1"自由度拼装机，解决了异形多曲率管片高效精准拼装难题。

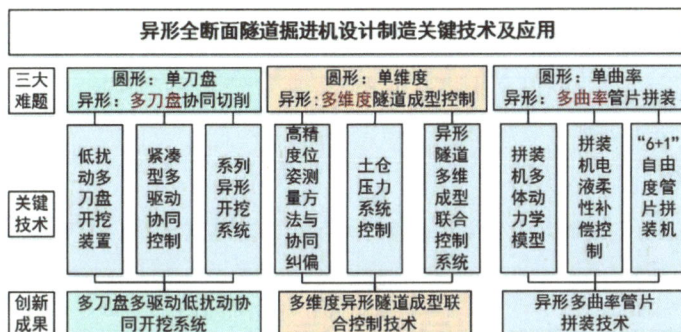

图 14.3　项目总体思路和创新成果

2.3　技术特点和主要技术经济指标

该项目不仅提高了矩形掘进机对超大断面的适应性，更是填补了马蹄形铁路、公路隧道使用盾构法施工的空白。与传统明挖法、矿山法相比，采用异形掘进机的盾构法施工具有不开挖路面、不封闭交通、不搬迁管线、高效安全施工等优势（表 14.1）。

表 14.1　异形隧道开挖装备及工法对比

异形全断面隧道掘进机与国外同级别圆形盾构机相比，不仅能够适应更浅覆土、更小空间工况，其位姿控制精度也更高（表 14.2）。

表 14.2　掘进机性能对比

指　标	该项目 （10 m 级）	国外同级别 圆形	国外异形掘进机	
覆土深度	0.4 D	$(1 \sim 1.5)\,D$	矩形掘进机（断面面积 > 35m²）（国外无）	马蹄形掘进机（国外无）
间距 /m	0.5	6		
导向精度 /mrad	0.5	1		
位姿偏差	±1‰	±5‰(轴线)		
管片拼装时间 /min	40	50		
管片错台 /mm	3	5		

2.4　推广应用情况

研制出拥有完全自主知识产权的系列异形全断面隧道掘进机，并成功应用于郑州市中州大道下穿、蒙华铁路（现浩吉铁路）白城隧道等工程，经过现场工业性试验，可知设备掘进性能良好，满足安全、快速、环保施工的要求。该研究成果的成功应用，得到了国内外工程人员的广泛好评与认可，为该种新工法的推广应用起到了很好的示范作用。项目的实施带来了显著的经济和社会效益，目前已形成异形全断面隧道掘进机生产线 5 条，新增经济收入超 50 亿元，并成功推广应用于新加坡地铁汤申线地铁出入口、天津黑牛城道下穿、中铁装备郑州基地地下停车场、杭州德胜路综合管廊项目、成都人民南路下穿等 20 余项国内外重大标志性工程。该项技术为城市综合管廊、地铁出入口、地下停车场、山岭公路铁路双线隧道等工程建设提供了安全、高效、经济、环保的新工法与新装备，加快了城市建设与经济发展。

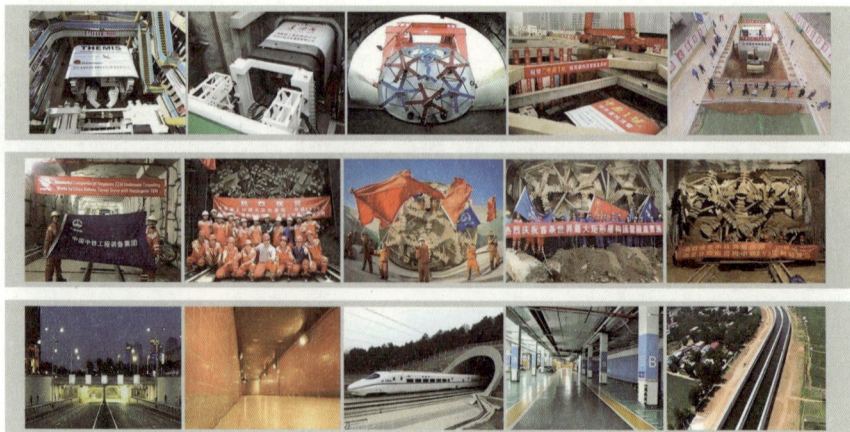

图 14.4　技术推广应用场景

2.5 科技成果成效

基于上述创新，研制出超大断面矩形、马蹄形、U形3类世界首台套异形掘进机，形成了系统化的设计制造方法与技术。获得授权发明专利42项，制定相关标准5项，发表论文61篇，获国家科技进步奖二等奖、省部级科学技术奖一等奖3项、中国工程院"中国好设计"金奖、新加坡工程与建筑类施工管理金奖。中国机械工程学会成果鉴定："该成果填补了国内外异形掘进机技术空白，多项创新技术达到国际领先水平。"

图 14.5　取得成果情况

2.6 人才培养成效

通过该项目的实施，直接、间接提供就业岗位1 000个左右，并为企业、高校培养了5名教授级高工、23名高级工程师、12名博士、29名硕士等异形全断面隧道掘进机技术人才，同时培养了入选国家"万人计划"中青年科技领军人才1人、入选中国科协"青年人才托举计划"1人，建立了一支异形掘进机研发设计团队。

3. 案例介绍

案例1　异形掘进机施工地下停车场项目

（1）工程简介

中铁装备郑州基地地下停车场项目，为中国首个盾构法施工地下停车场示范项目，采用地下单层五柱六跨结构，建筑面积约3 200 m²（90 m×36 m），设计停车位约93个，配建有一个车行出入口、两个人行出入口、三个自然采光井和一个机械排烟风井。项目场地开阔，北侧为一座 6 层框架结构办公楼，南侧为一座 2 层砖混办公楼，西侧为工业厂房，东侧为城市道路。地下水位埋深约 18 m，地层主要由人工填土、粉砂、粉土、粉质黏土组成。

设计团队创新性提出结构分割转换工法（CC 工法），采用分体组合式矩形掘进机分步施工出预制拼装大跨地下空间。

图 14.6　项目位置

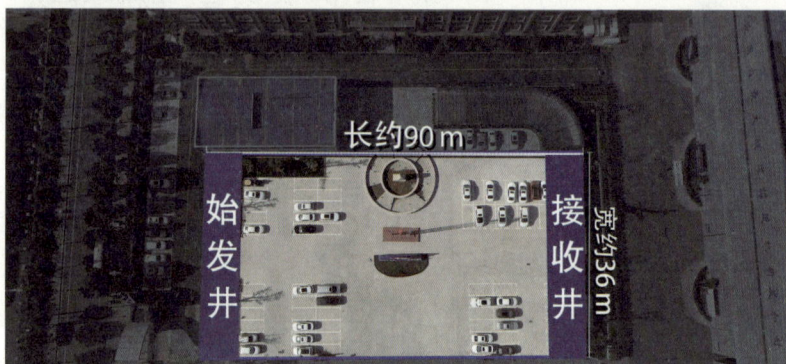

图 14.7　建筑规模

（2）病害情况

本项目主要存在以下几个难点：

①超浅覆土：为了保证地下车库使用的便宜性，结构覆土不宜太深。拟建项目结构顶部覆土厚度为 3 m，分部掘进单元断面尺寸为 5 m×5.7 m（高 × 宽），整体结构断面为 5 m×35 m（高 × 宽），覆土厚度仅为结构断面高度的 0.6 倍，属于超浅埋地下工程，控制顶部土体变形较为困难，对异形掘进机提出较高要求。

②多次、密贴掘进施工：施工过程中存在多次密贴暗挖掘进施工，由于施工影响区的叠加，会对结构周围土体和管节结构自身产生多次扰动影响，因此在掘进过程中需严格控制每条隧道的掘进轴线偏差，保证管节姿态，减小对周围土体和已建成结构的影响。

③结构受力转换：各分部单元隧道掘进完成后，需在隧道内部施工梁、柱等主体结构，并拆除临时钢管片，处理顶、底板管节接缝，完成结构受力转换。

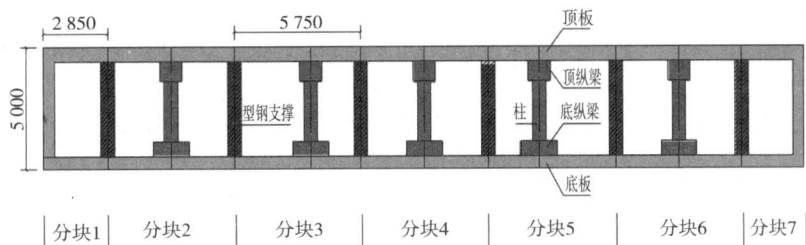

图 14.8　分部单元划分

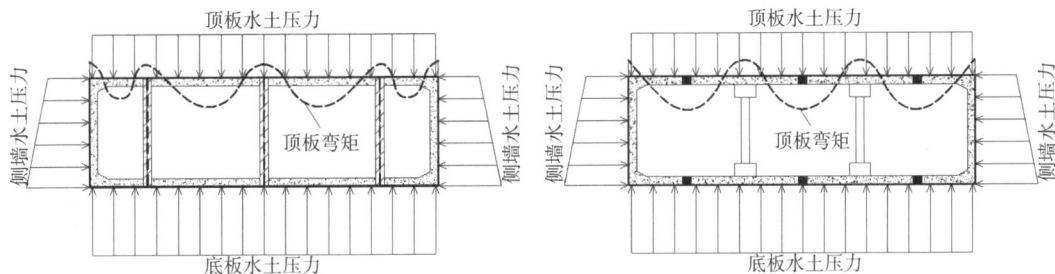

图 14.9　受力转换原理

（3）实施效果

本项目采用结构分割转换工法（CC 工法），采用分体组合式矩形掘进机进行施工。场地东端为始发井，宽 12.0 m；西端为接收井，宽 11.15 m；工作井深 9.5 m，顶进长度 62.7 m，埋深 3.0 m。大型地下空间由 7 个分部单元隧道组成，采用一台 5.0 m×5.7 m 掘进机顶推中间 5 跨，其余 2 个边跨由掘进机拆分断面为 5.0 m×2.85 m 的小断面后，再分别从东往西顶进。掘进施工过程中，在管节和周围土体之间同步注入减摩泥浆，用以减小摩擦力，保持结构周围土体稳定。隧道轴线和管节姿态采用管节预留导向槽、掘进机集成的导向系统、纠偏系统进行保持和调整，并辅以全站仪监测进行校核。

分部隧道掘进施工完成后，在由组合式管节拼装形成的作业空间内施作型钢顶部纵梁、型钢立柱和混凝土底部纵梁等永久结构，然后拆除组合管节中的临时钢管片，将结构周围土体荷载从临时钢管片转移至永久结构体系上，完成受力转换，待全部拆除临时钢管节并处理管节间接缝后，形成大跨度的地下空间。

（4）经济和社会效益

在经济效益方面，本项目地下车库土建工程单位造价为 1.22 万元 /m²，而采用传统暗挖法施工时，土建工程单位造价为 1.5 万元 /m²，节省总投资 986 万元；采用组合式矩形顶管机可以减少设备投资约 800 万元。同时，在项目施工期间不影响上部广场正常使用，减少了能源和资源的消耗，经济效益显著。

图 14.10　场地布置

图 14.11　组合式矩形掘进机

图 14.12　结构受力转换

图 14.13　地下车库内景

在社会效益方面，结构分割转换工法施工效率高、安全性好、适用性强，社会经济效益好。主要表现在以下几个方面：

①与传统暗挖法相比，实现了全机械化、装配式作业，提高了施工安全性和施工速度。

②与明挖法相比，仅需围挡工作井施工场地，施工占地面积小，拆迁工作量少，可有效降低工程造价，且有利于保护周边环境。

③采用可循环使用的标准内部临时支撑构件，减少了临时支撑的使用量和废弃量，具有良好的经济性，并减少了施工过程中的人工投入，改善了施工工作环境。

④地层适用性强，尤其是浅埋软土地质条件下施工，可有效降低对周边建筑物和管线的影响。

案例2 异形掘进机施工马蹄形山岭隧道项目

（1）工程简介

白城隧道位于陕西省靖边县内，隧道进口桩号为 DK206+365，出口桩号为 DK209+710，隧道全长 3 345 m，设计时速 120 km，为双线电气化铁路隧道，隧道最大埋深为 81m。隧道全段位于直线上，隧道纵坡为人字坡，坡度及坡长依次为 4.5‰/1 935 m、-3‰/900m、-11‰/510 m。区内地质构造相对简单，主要穿越粉砂、细砂砂质新黄土地层，隧道围岩级别为 Ⅴ、Ⅵ 级；未发现地表水，地下水位于隧道洞身以下。该区域的地质构造图如图 14.14 所示。为满足双线铁路通行，白城隧道盾构施工段隧道断面设计为三心圆形状，整体呈马蹄形（图 14.15），上部为圆拱，下部稍扁，左右两翼下侧的弧度较小。

在本项目之前的马蹄形隧道均采用传统矿山法施工，马蹄形盾构机尚属空白，本项目的实施开创了马蹄形盾构施工山岭隧道的先河。

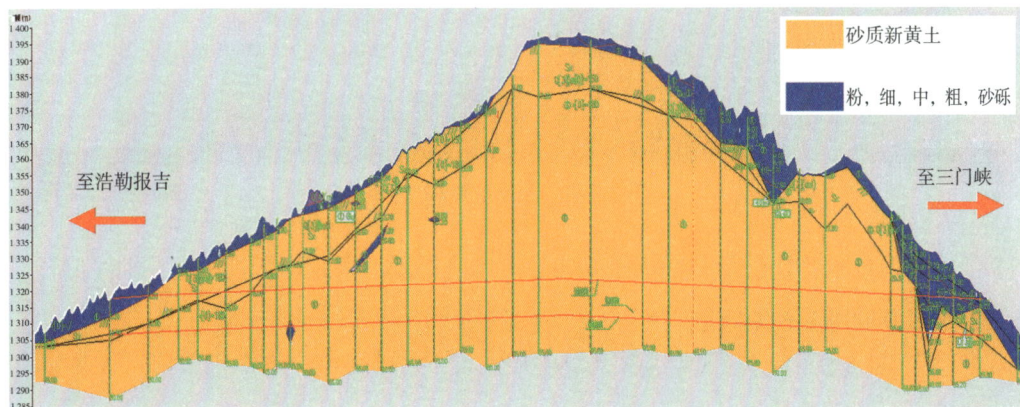

图 14.14 隧道地质构造图

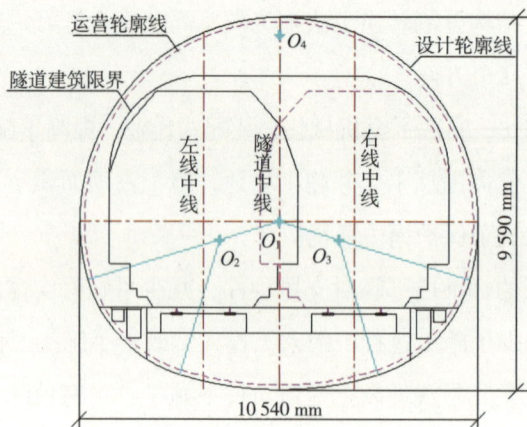

图 14.15　白城隧道纵断面图

（2）病害情况

与传统圆形盾构机相比，马蹄形隧道施工面临一次开挖成型、复杂位姿控型、马蹄形管片拼装定型的新挑战，马蹄形土压平衡盾构装备面临"三单到三多"（单刀盘到多刀盘协同切削、单维度到多维度隧道成型控制、单曲率到多曲率管片拼装）的三大世界难题。具体表现在：

①开挖成型难：相比圆形掘进机单一刀盘回转切削，马蹄形掘进机形状不规则，全断面切削难度大。

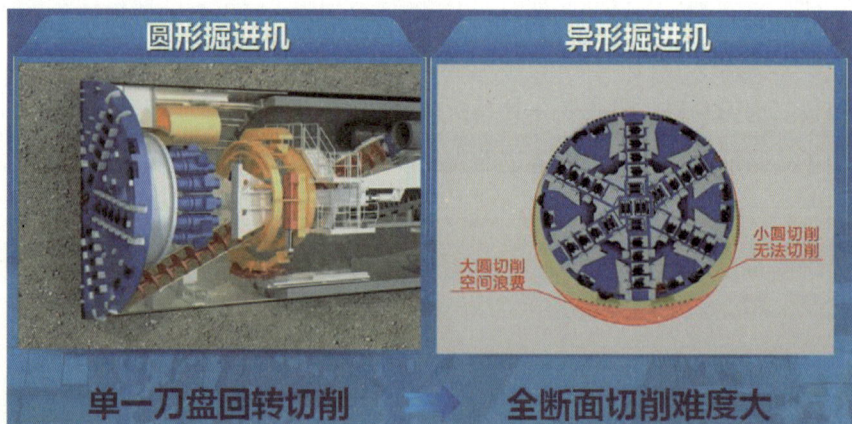

图 14.16　开挖成型难

②位姿控型难：相比圆形掘进机轴线偏转单维度控制，马蹄形掘进机存在轴线偏转、姿态滚转等多维度协同控制难题。

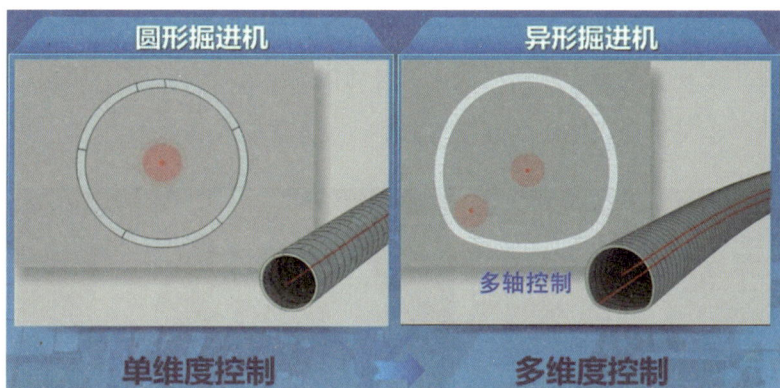

图 14.17　位姿控型难

③拼装定型难：相比圆形单曲率管片唯一圆心回转拼装，马蹄形多曲率管片运动轨迹复杂，拼装机构设计难点多。

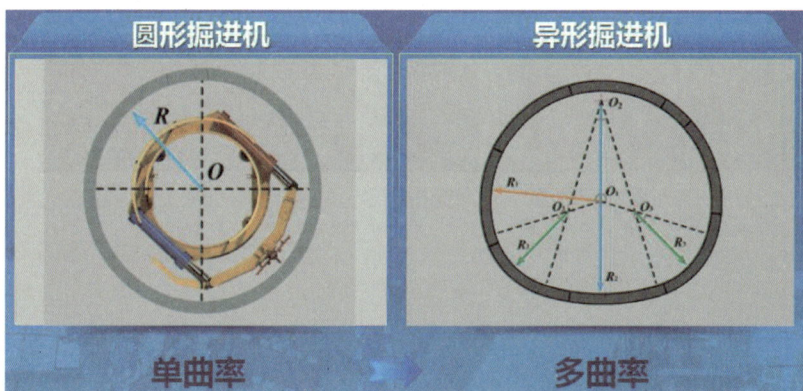

图 14.18　拼装定型难

（3）实施效果

针对上述难题，设备在如下 3 方面实现了创新：

①发明了马蹄形全断面多刀盘多驱动协同开挖系统，破解了单一圆刀盘旋转切削无法实现非圆断面开挖成型难题，实现了异形断面低扰动切削掘进。

②突破了马蹄形掘进机多维度位姿测控技术，通过可编逻辑程序控制器及各类传感器等随时监测施工状况，采用协同纠偏控制策略，使整个施工过程处于受控状态，解决了马蹄形隧道偏转、滚转、沉降等多维度控型难题。

③攻克了重载大惯量马蹄形管片拼装技术，研制了国际首台曲率自适应"6+1"自由度拼装机，解决了马蹄形多曲率管片高效精准拼装难题。

2016 年 11 月 11 日—2018 年 1 月 8 日，利用该设备完成了中铁四局集团第四工程有限公司施工的浩吉铁路白城隧道整个工程标段的施工，在整条隧道施工过程中，设备掘进性能良好，实现了日最高 17.6 m 的掘进速度（平均每月掘进 203 m，最高月掘进 308 m）。该设备的运用真正实现了马蹄形隧道机械化、自动化安全无障碍施工，为施工人员提供了可靠的安全保障，也是对现代化环境友好型新型施工方法的成功探索。

图 14.19　世界首台马蹄形盾构机下线

图 14.20　马蹄形盾构机在浩吉铁路白城隧道始发

图 14.21　马蹄形盾构机贯通3 340 m 长的浩吉铁路白城隧道

图 14.22　马蹄形盾构机施工成型隧道

（4）经济和社会效益

经济和社会效益主要表现在以下几个方面：

①空间利用率高。与圆形掘进机相比，空间利用率提高 15% 以上，有效减少地下空间的占用。

②施工速度快。可实现马蹄形隧道开挖、出渣、支护一次施工成型，与传统矿山法相比，施工效率提高了近 5 倍。

③施工更经济。与同级别圆形盾构机相比，空间利用率的提高带来马蹄形掘进机尺寸的缩减，同时采用多刀盘多驱动方式开挖，与单刀盘单驱动相比，可显著减小刀盘、轴承尺寸，降低刀盘、轴承加工制造难度，设备加工制造成本可降低 35%。施工应用方面，马蹄形隧道较圆形隧道空间利用率更高，减少了无用空间的浇筑回填步骤，具有少开挖、少注浆、少工序的优点，每千米隧道施工成本可节约 30%。

案例 3　异形掘进机施工过街通道项目

（1）工程简介

该项目为嘉兴市长水路下穿南湖大道工程，是嘉兴市快速路环线工程的重要组成部分，也是嘉兴市快速路网"一环七射"总体布局中的"一环"。工程主线采用城市快速路标准，设计速度为 80 km/h，隧道穿越地质为素填土、粉质黏土、淤泥质粉质黏土，隧道长 100.5 m，隧道断面为矩形，开挖面积达 123 m^2，潜水位埋深为 0 ~ 1.8 m。隧道设计为双向六车道，项目采用矩形掘进机设备暗挖施工，管节断面尺寸宽 14.8 m，高 9.426 m，是目前世界最大断面矩形顶管，项目面临着超大断面（最大跨度 14.8 m）、超小间距（隧道间距 1.2 m）、超浅覆土（5.68 ~ 6.54 m）等诸多复杂工况挑战。

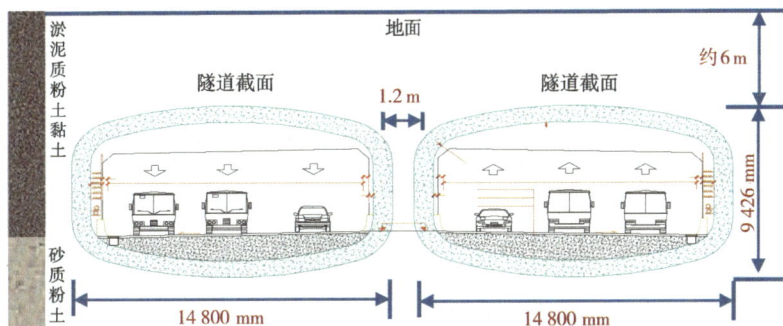

图 14.23　双向六车道隧道横断面设计图

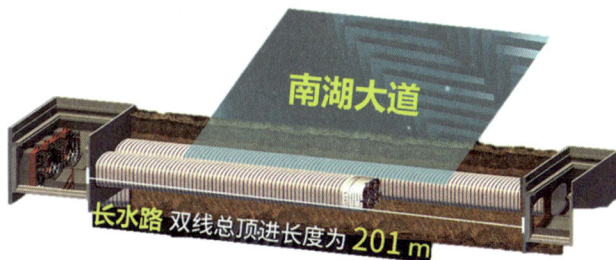

图 14.24　长水路下穿南湖大道效果图

（2）病害情况

该隧道要下穿的南湖大道是通往红色革命圣地——南湖景区的重要道路。南湖大道作为嘉兴城市主干道，车流量大、地下管线复杂（下穿燃气管线、电力管线、混凝土污水管、钢给水管等）、土质松软、地下水位高，复杂的现实环境要求施工中设备掘进能精准控制。设备始发后又面临自然环境的影响：梅雨季节长，加之紧随其后的高温天气。现实与自然环境的复杂影响，对设备和施工提出了极高的要求和挑战。项目设计面临着超大断面矩形顶管机开挖系统设计技术、超大特重矩形盾体刚强度分析及分块设计技术、地层扰动及沉降针对性控制设计、超大断面矩形顶管机长距离掘进姿态控制技术等设备设计技术难题。

（3）实施效果

项目设计团队针对性设计出世界上最大的土压平衡矩形顶管机，设备宽 14.82 m、高 9.446 m。整机采用前 6 后 8 的多刀盘组合开挖设计、盾体左中右分块优化设计、多螺机出渣设计、自动减摩以及姿态控制等关键技术，解决了超大断面（15 m 级）矩形顶管施工一次开挖成型、主机姿态控制以及土体沉降控制等技术难题，取得了日最高掘进 4.5 m、周最高掘进 28.5 m、月最高掘进 87 m 的好成绩，创造了超大断面矩形顶管掘进新纪录，施工速度是传统箱涵顶进法的 2 ~ 3 倍。同时，姿态精度控制在 ±25 mm，地表沉降控制在 –20 ~ +10 mm，均满足设计与施工要求，具有不影响交通、不破坏环境、安全高效的特点。该项工程在 2020 年 6 月 18 日始发掘进，至 2020 年 10 月 18 日已完成整个项目双向隧道的全线贯通。开创了矩形顶管应用于三车道矩形隧道施工的先河，为城市地下空间隧道设计提供了新的解决方案。

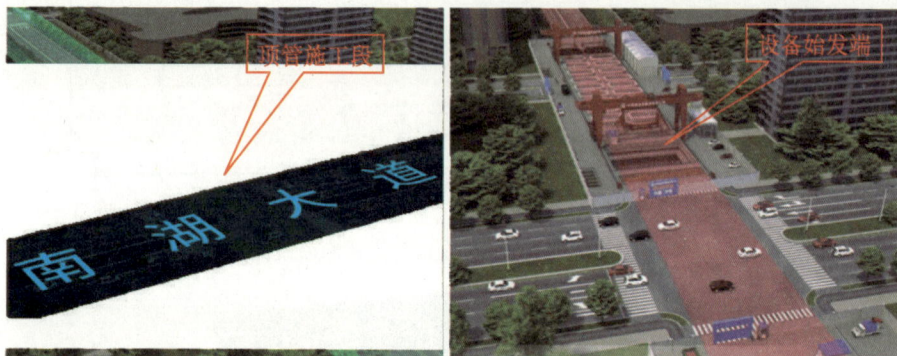

图 14.25　施工项目地上布置及交通概况

图 14.26　设备工厂下线与现场组装调试

图 14.27　现场设备始发与掘进

图 14.28　设备贯通与成型隧道

（4）经济和社会效益

异形掘进机施工过街通道项目具有不开挖路面、不封闭交通、不搬迁管线、噪声小和尘土少等优势，其开挖与运输也不会对周边环境产生扬尘等二次污染，实现了环境友好型的建筑施工，真正实现了隧道施工机械化、自动化、无障碍施工，减少施工人员 50% 以上。同时，工作人员可在地面控制室内实现设备的操控，使其从地下隧道恶劣的施工环境中解放出来，避免了爆破施工可能造成的人员伤亡，减少了事故的发生。相比传统矩形隧道施工，该设备极大地改善了施工人员的劳动条件，其生命安全也得到了有效保障。

典型案例技术十五：轴流式和贯流式水轮机性能优化关键技术

> **技术名称：**轴流式和贯流式水轮机性能优化关键技术
>
> **完成单位：**西安理工大学
>
> **技术负责人：**罗兴锜
>
> **联系人：**冯建军
>
> **联系电话：**18802936315
>
> **邮箱：**18802936315@163.com
>
> **通信地址：**陕西省西安市碑林区金花南路5号

1. 专家简况

专家姓名	罗兴锜	专业或专长	水电工程

罗兴锜，二级教授，博士生导师，现任西北旱区生态水利国家重点实验室主任，西安理工大学学术委员会主任，2021年度中国工程院第二轮有效候选人。兼中国工程热物理学会流体机械专委会副主任，中国农业机械学会排灌机械专委会副主任，中国电机工程学会水电设备专委会副主任，中国动力工程学会水轮机专委会副主任，《排灌机械工程学报》编委会副主任委员，《水动力学研究与进展》编委。

长期从事水力机械及其系统的理论与技术研究，先后主持国家自然基金重点项目、各类省部及相关企业的科研项目100余项，围绕水力机械效率低、磨蚀严重、振动突出三大问题，创建了具有自主知识产权的高效、稳定、抗磨蚀的水力机械水力设计理论与技术，并获重大工程应用；获国家科技进步奖二等奖2项（均排名第1）；授权发明专利49项；发表SCI/EI论文190余篇，出版专著1部。

2. 技术简介

技术名称：轴流式和贯流式水轮机性能优化关键技术

2.1 研发背景

水电不仅是清洁的可再生能源，而且还是电网优质的调频调峰资源。截至2021年底，我国水电装机高达3.91亿kW，居世界首位。水轮机是水电站的"心脏"，是决定水能转换效率的关键。轴流式和贯流式水轮机是水力发电的两种主力机型，与混流式水轮机相比，其转轮叶片（桨叶）数少、过流量大、桨叶角度可调（转桨式）、空化要求高，由此引发的桨叶间隙空化问题、桨叶磨蚀问题和转轮体漏油污染环境问题一直是水轮机设计与运行的世界难题。

我国轴流式水轮机的自主水力设计始于 1981 年首台机组发电的葛洲坝电站，贯流式水轮机则始于 1984 年的白垢电站。直到 20 世纪末，国内轴流式和贯流式水轮机性能与国外先进水平仍存在较大差距，模型最高效率低 2% 以上，普遍存在着空蚀磨损破坏严重、转轮体漏油、难以达到最优协联工况等突出问题，大型轴流式和贯流式水轮机长期依赖进口。特别是近 10 年来，随着大量具有随机性、间歇性和波动性运行特征的风电和光电的并网，因水轮机参与调峰导致的变工况运行情况更加频繁，致使上述问题越加突出。因此，开展轴流式和贯流式水轮机性能优化的关键技术及应用研究意义重大。

图 15.1　轴流式、贯流式水轮机结构

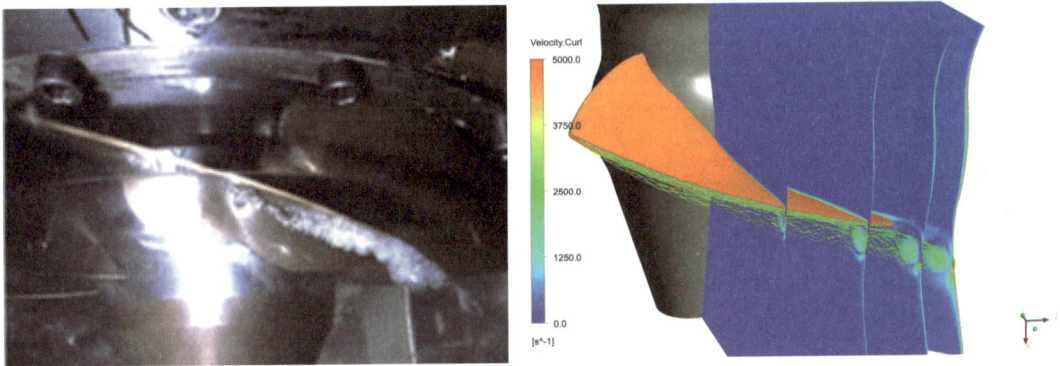

图 15.2　轴流式水轮叶顶泄漏涡

2.2　技术原理与解决的工程难题

我国水轮机水力设计起步较晚，直到 20 世纪末，轴流式和贯流式水轮机性能与国外先进水平的差距仍较为明显。轴、贯流式水轮机引水部件与下游部件的流动匹配特性制约着水轮机的整体性能，而基于等速度矩等传统设计理论获得的引水部件一直存在周向出流不均匀、水流环量与下游部件不匹配，进而导致水轮机总体效率低下、转动部件径向载荷分布不均衡的问题。

水流经过导叶与底环之间的间隙、桨叶与轮毂以及桨叶与转轮室之间的间隙时，将产生明显的射流和畸变涡系等不良流动结构，诱发桨叶空化，加重泥沙磨损。转桨式水轮机自 20 世纪 20 年代投入使用以来，真机与模型的差异导致的难以准确达到最优协联工况、调速器速度饱和引起的调节品质差以及转轮体漏油造成的环境污染等突出问题长期存在。

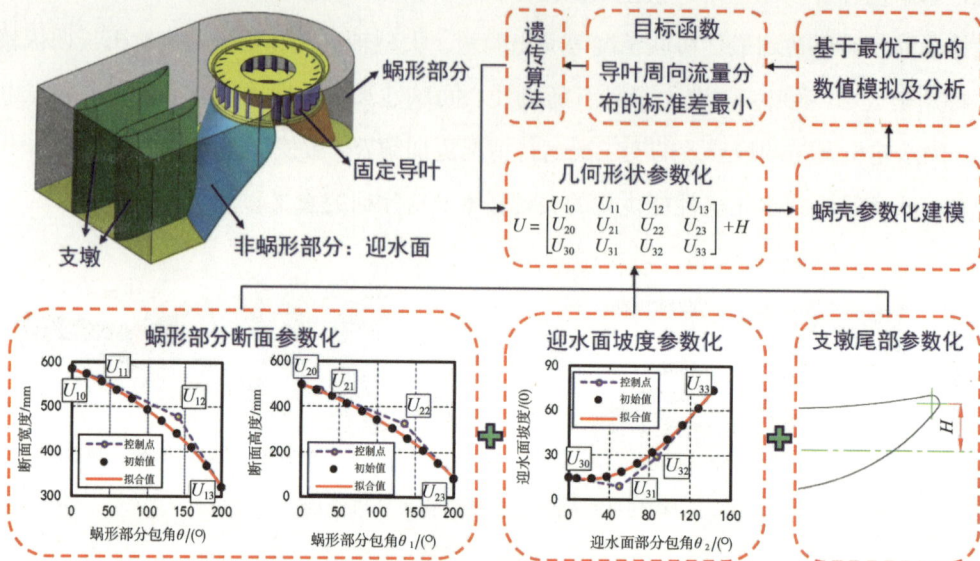

图 15.3　不完全蜗壳优化

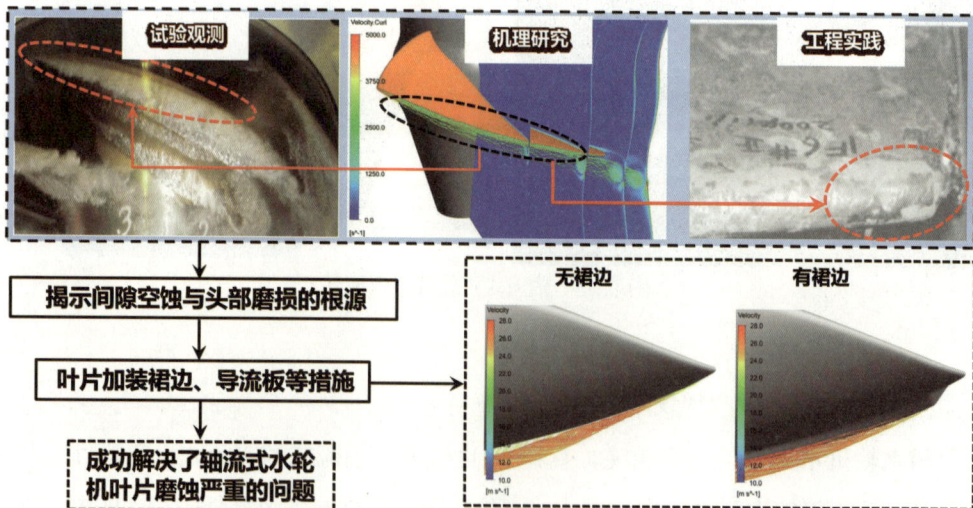

图 15.4　间隙空蚀成因及控制

2.3 技术特点和主要技术经济指标

轴流式和贯流式水轮机性能优化关键技术揭示了轴流式水轮机不完全蜗壳对导叶出流特性的影响规律，提出了以导叶出流均匀度和总压损失为目标的蜗壳优化方法，解决了导叶出流均匀性差引起的机组转动部件径向载荷分布不均衡的难题；建立了兼顾正反向水力性能的潮汐贯流式水轮机后置导叶优化设计方法，解决了其在反向工况运行时存在的水力效率低、运行稳定性差的问题。

该技术首创了联合控制环量和轴面流速分布的轴流式和贯流式转轮全三维有旋反问题设计方法，形成了转轮叶片动应力分析技术，构建了转轮多学科多工况性能的高效量化评价方法，形成了具有完全自主知识产权的水轮机优化设计体系，将轴流式和贯流式水轮机效率普遍提高了 2% 左右，两种机型的综合性能指标均为国际领先水平。

此外，该技术还首次确定了贯流式机组调速系统稳定运行的惯性比率范围，促成了水轮机调速系统国标的修订；首创了一种自寻优桨叶调节方法，解决了转桨式水轮机运行中偏离最优协联工况的难题；提出了有效的抗速度饱和控制策略，改善了转桨式机组的运行稳定性；发明了一种无油润滑转桨式水轮机转轮结构，降低了漏油风险。

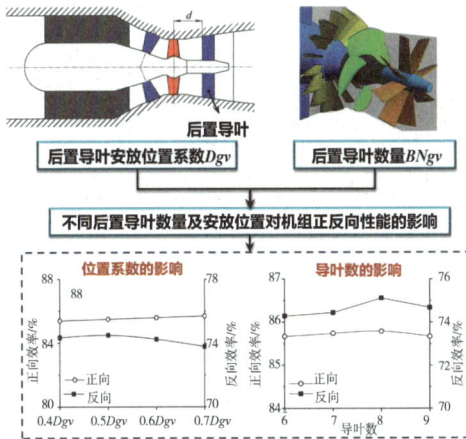

图 15.5 双向贯流后置导叶的影响

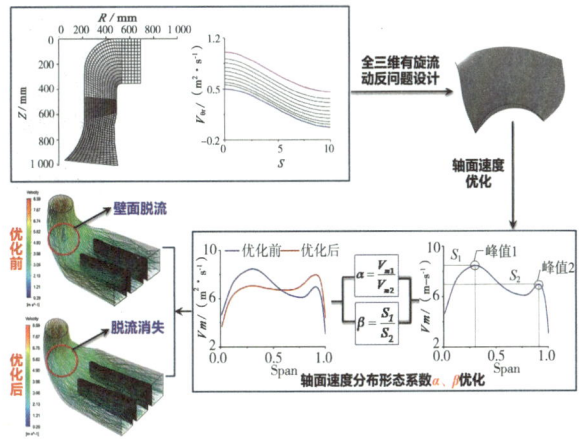

图 15.6 控制环量和轴面流速分布的转轮设计

2.4 推广应用情况

项目组以国家和企业项目为依托，历经近 30 年的攻关，围绕工程中普遍存在的突出问题，结合大藤峡、南欧江二级、陶岔等大型水电站水轮机的开发与改造，先后攻克了轴流式和贯流式水轮机间隙泄漏流动机理、空蚀与磨蚀机理、水力优化设计方法和调节与控制策略等方面的难题，形成了具有完全自主知识产权的轴流式和贯流式水轮机技术体系，将我国轴流式和贯流式水轮机的综合性能提升至国际领先水平，打破了西方企业在轴流式和贯流式机组的技术垄断。

项目组已为我国设计和制造了 200 多台轴流式和贯流式水轮机，并向阿根廷等 10 多个国家出口了此类水轮机产品，有力地提升了我国水电制造业的国际影响力。近 10 年，项目组在单机容量为 100 MW 及以上轴流式机组和 30 MW 及以上贯流式机组的国内市场占有率达 50% 以上。其中，为大藤峡水电站开发的轴流式机组单机容量为 200 MW，居轴流式世界第一，极大地推动了水力机械行业的技术进步，并为水电站创造了数百亿元的经济效益。仅 2017 至 2019 三年，制造企业利用本项目技术产生的经济效益已达 11.5 亿元，经济和社会效益显著。

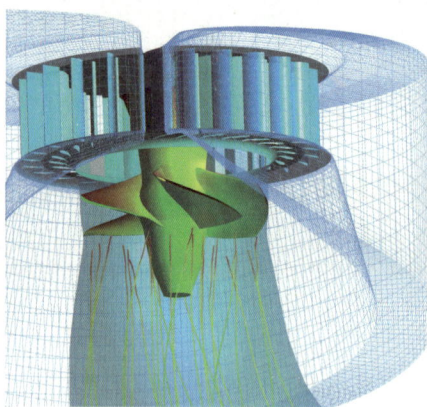

图 15.7　轴流式水轮机流场

图 15.8　大藤峡水电站真机转轮

2.5　科技成果成效

围绕轴流式和贯流式水轮机性能优化关键技术，已获授权发明专利 13 项，实用新型 19 项；修 / 制订国家标准 1 部；发表学术论文 130 余篇，其中 SCI/EI 收录 49 篇；依托的国家自然科学基金重点项目"潮汐能发电中的水动力学问题研究"结题验收，10 位评审专家全部评价为"A"级；获国家科技进步奖二等奖 1 项，省部级科技进步奖一等奖 1 项、二等奖 2 项和三等奖 1 项。

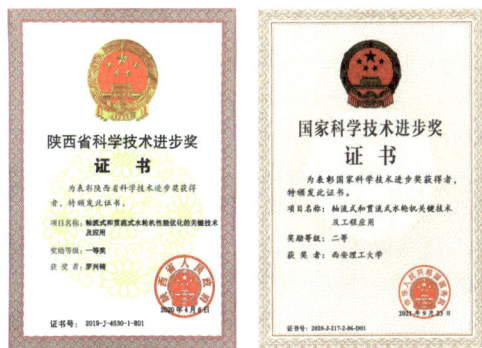

图 15.9　获奖证书

2.6　人才培养成效

轴流式和贯流式水轮机性能优化关键技术已培育了一支具有国际影响力的水力机械团队，建成了陕西省水力机械及其控制技术研究中心，组建了浙江富安水力机械研究所，支持建设了西北旱区生态水利国家重点实验室和水利工程国家一级重点学科。

通过该技术的研究与应用，已培养硕士、博士 70 余人。其中，冯建军教授主持设计了世界最大容量的大藤峡轴流式水轮机、效率最高的贯流陶岔水电站水轮机；王钊宁博士主持开发了单机功率为世界最大的白鹤滩百万千瓦巨型水轮发电机组；孙龙刚博士参与研发的"绿能动力——高性能水轮机创新设计引领者"获第七届中国国际"互联网 +"大学生创新创业大赛全国总决赛银奖，"绿能动力——世界巨型水轮机创新设计引领者"获第七届中国国际"互联网 +"大学生创新创业大赛陕西赛区金奖。

3. 案例介绍

案例　大藤峡水电站轴流转桨式水轮机研发

（1）工程简介

大藤峡水利枢纽工程位于广西壮族自治区桂平市境内西江水系黔江干流大藤峡出口，下距桂平市黔江与郁江汇合口处约 6.6 km。工程任务为防洪、航运、发电、补水压咸、灌溉等。水库正常蓄水位 61.00 m，汛限水位 47.60 m，死水位 47.60 m，总库容 34.30 亿 m³，工程规模为 I 等大（1）型工程。

大藤峡水利枢纽工程是珠江流域的防洪控制性工程和重要水资源配置骨干工程，是打造西江黄金水道、促进西江经济带发展的关键项目，是国务院列入国家 172 项重大水利工程的第一项，社会影响力大，受关注程度高。电站总装机容量为 1 600 MW，安装 8 台单机容量为 200 MW 的轴流转桨式水轮发电机组，其中左岸厂房安装 3 台机组，右岸厂房安装 5 台机组，多年平均发电量 60.55 亿 kW·h，保证功率 366.9 MW。工程建设总工期为 9 年。

图 15.10　大藤峡水利枢纽工程

（2）病害情况

大藤峡工程为日调节水库，其特征为发电水头变幅较大且变化频繁，这极大地增加了水电站的核心——水轮机的设计和制造难度，既要求在低水头大流量工况下稳定运行，又能在非汛期担任电网的调峰任务，且为满足航运流量不小于 700 m³/s 的要求，水轮机在高水头部分负荷区也要能够稳定运行。电站水头变幅大，导致高水头和低水头运行时叶片头部脱流控制困难，而该电站 200 MW 轴流转桨式水轮机为轴流式世界最高容量，效率及空化等指标苛刻。

大藤峡水电站真机转轮高 7.5 m，最大直径为 10.4 m，总质量达 460 多 t。由于尺寸大、质量大，离心力和科氏力大，转动惯量高，导致相对刚度低，激振载荷大、固有频率低，从而造成共振系数放大，局部共振风险提高，水力不稳定性威胁巨大。真机与模型之间的差异导致难以准确达到最优的导叶桨叶协联工况，调速器速度饱和引起调节品质差，转轮体漏油可能造成环境污染。

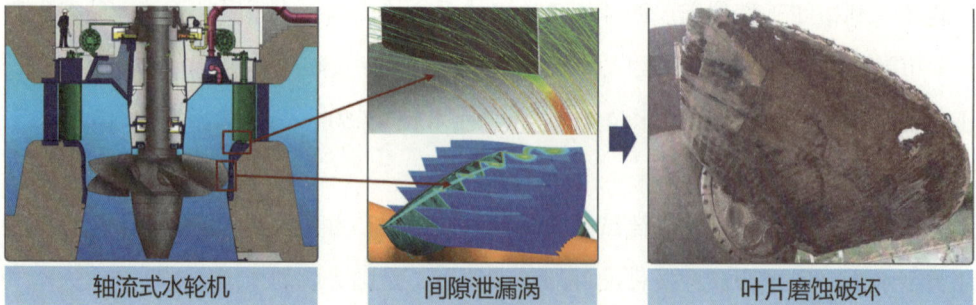

轴流式水轮机　　　　间隙泄漏涡　　　　叶片磨蚀破坏

图 15.11　轴流式水轮机转轮叶顶泄漏涡破坏

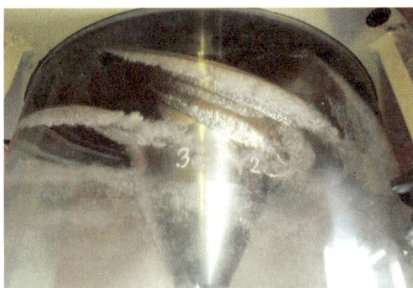

图 15.12　轴流式水轮机空化

（3）实施效果

①针对大藤峡水轮机水力模型开发中的技术难点，提出了转轮叶片外缘加装裙边、叶片表面加装导流板和叶片头尾部联合修型等有效改善叶片磨蚀的控制措施，解决了间隙泄漏诱发的二次涡流引起的高含沙水流中轴流式转轮叶片磨蚀严重的问题。

②提出了一种水轮机转轮多学科多工况性能的量化评价方法，将样本转轮与期望转轮间综合性能的欧式距离作为量化指标，实现了不同工况下水轮机水力性能和强度性能参数的归一化，极大提升了靶向优化问题的求解效率，能够实现水轮机水力性能和桨叶强度性能的同步快速提升。

③提出了桨叶步长递减循环搜索的自寻优调节方法，并在国内率先将其成功应用于步进式 PCC 双重调速器，解决了由于真机与模型之间的差异引起的转桨式水轮机偏离最优协联工况所导致的运行效率下降问题。

④发明了一种无油润滑转桨式水轮机转轮结构，提出一种适合运行环境的自润滑轴承作为转轮运动副和摩擦副的轴承，以水或其他环境友好液体替代常规轮毂体内的润滑油，极大降低了转桨式水轮机因部件磨损、密封件老化以及突发事故导致转轮体漏油而污染环境的风险。

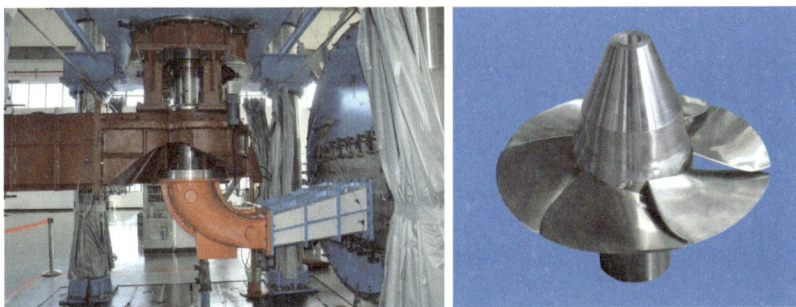

图 15.13　大藤峡水电站水轮机模型试验及转轮

所研发的大藤峡水轮机在同台对比试验中，模型水轮机最高效率、加权平均效率最高，空化安全裕度和压力脉动最优，机组各项性能指标满足合同要求，运行平稳良好，综合性能已达到国际领先水平。

（4）经济和社会效益

大藤峡工程8台机组全部投入使用后，将成为保障广西电力系统安全稳定的主力电站，可有力改善电网电力结构，进一步提升绿色可再生能源比重，调整贵港市和来宾市的电力网架支撑条件。相较于火电，使用大藤峡生产的电能每年可节约标煤220万t，减少烟尘排放40余万t，可将珠三角地区供水保证率由65%提至97%，确保全年淡水供应。大藤峡工程将为广西乃至西南地区的经济和社会发展提供源源不断的清洁能源，成为促进绿色发展、建设环境友好型社会的重要支撑。

典型案例技术十六：锦屏二级超深埋特大引水隧洞发电工程关键技术

技术名称：锦屏二级超深埋特大引水隧洞发电工程关键技术

完成单位：中国电建集团华东勘测设计研究院有限公司

技术负责人：张春生

联系人：陈平志

联系电话：15858264330

邮箱：chen_pz@hdec.com

通信地址：浙江省杭州市余杭区高教路 201 号

1. 专家简况

专家姓名	张春生	专业或专长	水工结构工程 / 岩土工程

张春生，中国电建集团华东勘测设计研究院院长，国家水电站大坝安全和应急工程技术中心主任，全国工程勘察设计大师。从事水电工程设计 38 年，主持了白鹤滩、锦屏二级等 22 座大型水电站的设计和技术工作。在水电地下工程领域取得一系列技术成果，获国家科技进步奖二等奖 3 项；省部级科技进步奖特等奖 3 项和一等奖 9 项、发明一等奖 1 项；获得全国五一劳动奖章、全国杰出工程师、中国电力科学技术杰出贡献奖等荣誉。

2. 技术简介

技术名称：锦屏二级超深埋特大引水隧洞发电工程关键技术

2.1 研发背景

锦屏二级水电站装机容量为 4 800 MW，是我国"西电东送"骨干工程之一。其中，4 条世界埋深最大、规模最大的引水隧洞群为关键控制性工程，长距离穿越高山峡谷岩溶地区，特殊的地质和工程条件带来诸多世界级技术挑战：

①超埋深超高地应力：埋深 2 525 m 为世界最大埋深水工隧洞群，实测地应力 113.87 MPa 为世界地下工程实测最大值，易引发强烈岩爆，严重威胁隧洞施工与人员设备安全。

②超高压大流量岩溶地下水：实测地下水压力 10.22 MPa 为世界水电工程实测最高值，实测单点突涌水流量高达 7.3 m³/s，高压大流量突涌水严重危害施工安全与工程进度。

③超深埋隧洞成洞：在100 MPa级超高地应力与10 MPa级超高外水压力耦合作用下，如何保证隧洞成洞与结构安全，国内外既没有成熟技术可循，也缺乏成功案例可借鉴。

④复杂水力瞬变流：单洞装机容量为1 200 MW，引水发电系统长17.5 km、发电流量457 m³/s，水体惯性巨大、波动幅度强烈，特大长引水式电站灵活稳定运行受限，对"西电东送"电网的安全和供电品质影响重大。

为保障超深埋特大引水隧洞施工期的安全、运行期的可靠和发电工程的稳定灵活运行，项目组以"产学研用"的模式进行理论创新、技术攻关和工程应用，构建了超深埋特大引水隧洞发电工程关键技术体系。

2.2 技术原理与解决的工程难题

（1）提出了超高地应力场测试分析和岩爆风险分区新方法

超高地应力场的准确测试分析是评价岩爆风险的关键基础。研发了最高耐压达150 MPa的超高压水压致裂地应力测试装置，测试能力为常规装置的3～4倍。首次提出了"历史继承性，区域协调性，局部一致性"的长线型隧洞工程区地应力场分析原则，形成了超深埋长隧洞工程区地应力场综合分析方法，克服了洞线长、测试数据少、传统回归方法外延可靠性差等缺点，全面揭示了隧洞沿线地应力场的分布规律和影响机制，建立了突出宏观地应力场特征及局部地应力场异常的岩爆风险分区方法，为岩爆风险预测提供了重要科学依据。

（2）创新并发展了深部岩体的力学本构理论，构建了岩爆风险多指标评价系统

①发明了超高地应力下岩石无损取样和测试成套技术，全面真实地揭示了深部岩体力学特性，建立了能够准确描述超高地应力开挖卸荷大理岩脆性破坏、脆-延-塑转换和时效破裂等典型特征的深部岩体力学模型与分析方法（图16.1），有力推进了深部岩体的力学本构理论发展，成为近年来国际岩石力学领域的突出进展之一。

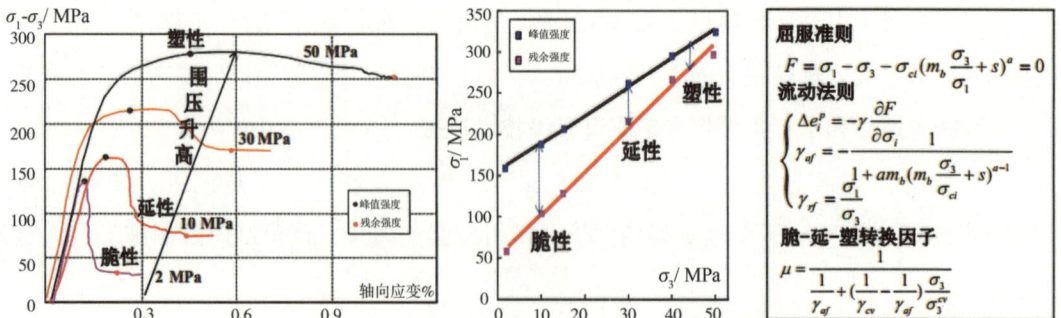

图 16.1　大理岩脆-延-塑转换特征及本构模型

②首次开展了以声发射、三向应力计、光纤光栅和声波为主的世界上埋深最大的隧洞岩爆综合原位测试研究，系统揭示了应变型岩爆、构造型岩爆和岩柱型岩爆的形成机理与时空演化规律。

③构建了以应力路径、超剪应力、能量释放率为主要指标的岩爆风险评价系统，为岩爆灾害防治提供了理论基础。

（3）首创"超前诱导释放能量，时空分序强化围岩"的岩爆防控集成技术体系

①超前诱导释放能量：通过应力解除爆破、掌子面形态修正和超前导洞等主动方法对岩体内的应力聚集状态进行人工干预，耗散和转移前方岩体内能量聚集（图16.2），从源头上实现对强烈岩爆发生概率和发生烈度的控制。

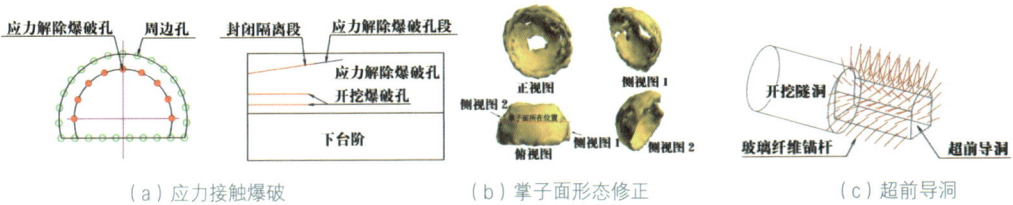

（a）应力接触爆破　　　　　（b）掌子面形态修正　　　　　（c）超前导洞

图 16.2　超前诱导能量释放方法

②时空分序强化围岩：以围岩为主要承载结构，充分利用深埋大理岩脆-延-塑转换力学特性，快速强化围岩，增强围岩的抗冲击能力，建立有机协调的吸能支护系统，提高岩爆防治的主动性和有效性，保证了施工安全，显著提高了施工效率，创造了超深埋特大隧洞群多掌子面单月开挖 3 300 m 的世界纪录。

（4）提出了高山峡谷岩溶水孕育演化、突涌运移规律的非线性分析预测方法

以峡谷深部岩体水力-力学非线性动态演化为核心和研究主线，揭示了超高地下水压下深部岩体破裂、渗流耦合演化的宏观规律和细观机理，建立了高地应力、高水压条件下岩体非线性流固耦合演化模型和渗透率演化模型，提出了高山峡谷岩溶水孕育演化、突涌运移规律的非线性分析预测方法，建立了判别突涌水的充分必要条件（图16.3），实现了对高山峡谷岩溶突涌水灾害的合理分析与准确预测。

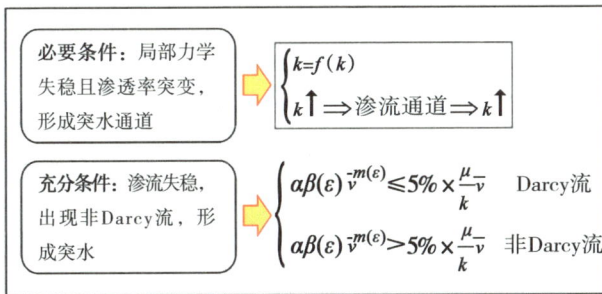

图 16.3　判别突涌水的充分必要条件

（5）建立了超深埋特大隧洞突涌水灾害风险多尺度递进识别与预警方法

构建了"大尺度区域宏观勘查→中尺度近场重点识别→开挖过程中超前精细探测"的突涌水灾害风险多尺度递进识别与预警方法，综合运用不同尺度识别技术，显著提高了突涌水灾害识别精度。

①大尺度区域宏观勘查：开展了世界上规模最大的高山峡谷岩溶水示踪试验和长期追踪分析，全面揭示了锦屏山地下水补给、运移、富集、排泄特征和分布规律。

②中尺度近场重点识别：构建了高差达 3 000 m 的高山峡谷岩溶区多介质水文地质分析系统，提出了岩溶水文地质单元划分与突涌水风险源识别方法。

③开挖过程中超前精细探测：发明了以探地雷达首波相位法、孔内雷达等为核心的含水构造精细探测方法。

（6）研发了千米水头级超高压大流量地下突涌水治理成套技术

基于"无序动水转为可控静水"的治理理念，研发了千米水头级超高压大流量地下突涌水治理成套技术。

①发明了凝固时间可控、抗分散性能强的高压堵水灌浆材料和超高压混合灌浆装置，填补了高压突涌水封堵材料和设备的技术空白。

②提出了大流量地下涌水导洞引流治理技术，利用高压闸阀引流、堵头封堵涌水点、灌浆加固、闸阀控制，成功实现了最大涌水量达 7.3 m^3/s 的地下涌水治理。

③发明了超高压地下突水分流减压治理技术，通过钻孔分流降低突水点水压、流速，调节突水点水量，实现了突水点的直接灌浆封堵，解决了千米水头级超高压突水治理难题。

（7）构建了超深埋条件下反映真实围岩性状的围岩分类体系

准确进行围岩分类是围岩稳定分析和隧洞结构设计的基础，之前的分类方法不能反映超高地应力和超高外水压力影响下的真实围岩类别。在全面研究分析 5 km 锦屏探洞和引水隧洞现场围岩开挖响应的基础上，通过对隧洞围岩宏观和微观破坏机理的研究，揭示了超深埋围岩力学响应、岩体破坏模式和分布规律，建立了突出高地应力及岩爆、高外水压力等关键控制因素的超深埋围岩分类体系，分类结果实际吻合率超过 90%，为围岩的稳定分析提供了科学依据。

（8）提出了以抑制围岩时效破裂为核心的超高应力下隧洞成洞设计和围岩稳定控制方法

以变形和块体稳定控制为基础的传统支护设计理念，不能适应超深埋围岩时效破裂的基本特征。基于深埋大理岩脆 – 延 – 塑转换力学特性，提出了深部围岩损伤破裂控制策略，建立了以抑制围岩时效破裂扩展为核心的隧洞成洞设计方法；构建了以围岩破裂和应力扰动监测为主、变形监测为辅，能够及时有效地捕捉围岩开挖响应的隧洞形态实时监测系统；以维持围压为目标，创新了以纤维纳米混凝土、涨壳式预应力锚杆为主的掌子面快速封闭支护技术，最大程度提高围岩"自承载"能力，保证了 2 500 m 级埋深隧洞安全成洞。

（9）建立了以围岩为主体的复合承载结构设计方法，保证了隧洞长期运行的安全

发明了采用不同比表面积水泥和不同灌浆压力构筑多重固结灌浆圈的渗压控制结构，使层间水力梯度合理分布，实现了超高外水压力的逐层消减和有效控制。提出了以围岩为承载主体，集支护系统、混凝土衬砌、多重灌浆圈、衬砌减压孔于一体的隧洞复合承载结构体系（图 16.4），解决了 100 MPa 级超高地应力、10 MPa 级超高外水压力耦合作用下引水隧洞结构长期运行安全难题，多年监测成果表明隧洞结构安全可靠。

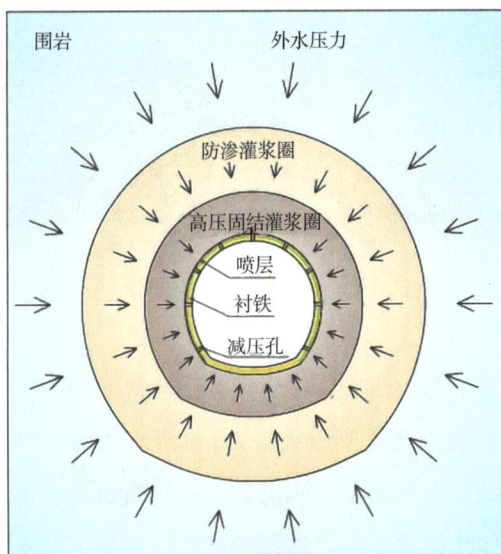

图 16.4　复合承载结构体系

（10）提出了大流量长隧洞高压引水发电系统机电一体化水力瞬变流计算方法

特大规模长引水发电系统水力瞬变流调控直接关系到电站运行的安全性、稳定性和灵活性。首次在水力瞬变流计算中引入结构矩阵算法；研发了多电站联网运行仿真技术，全面纳入了电网边界条件，形成了特大流量长引水发电系统机电一体化水力瞬变流计算方法；开发了集引水系统模块、水力机械模块和区域电网模块于一体的水力瞬变流分析系统，

实现了大规模复杂引水发电系统的全过程、高精度计算分析。经原型试验验证，分析误差在 1% 以内。

（11）建立了以全新差动式调压室为核心的水力调节设计方法

全面系统揭示了特大规模引水发电系统水力－机械动态特性，发明了三井集成、双拱隔墙、多孔阻抗、分流减跨的全新巨型差动式水力调节设施（图 16.5），创新了基于差动效应的引水发电系统水力调节设计方法，成功建成了世界上规模最大、水力调控压差最高的差动式调压室，实现了引水发电系统的快速调节和平稳运行。

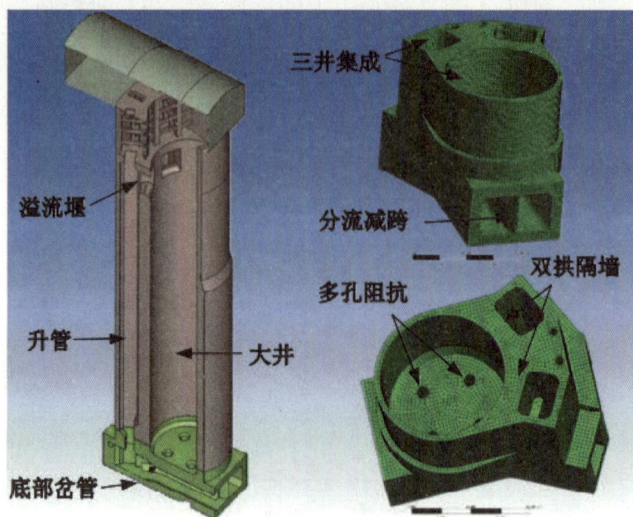

图 16.5 新型差动式调压室

（12）研发了引水发电系统机电一体化精准反馈智能调控技术

首次开展了包含大容量差动式调压室、300 m 级水头段世界最大单机容量机组、直流输电电网的联合原型测试，全面揭示了水力调节、机组负荷、电网调度协同运行的能量相消机理，形成了机电一体化精准反馈智能调控系统，实现了对水位波动快速衰减的主动调控，突破了大容量长引水式电站负荷调整时间间隔过长的运行限制瓶颈，极大缩短了运行调节间隔时间。

2.3 技术特点和主要技术经济指标

①创建了超深埋特大隧洞强烈岩爆风险预测与防控集成技术体系，攻克了 100 MPa 级超高地应力强烈岩爆区隧洞安全施工难题。研发的超高地应力测试装置首次实现了 113.87 MPa 地应力实地测量，为国内外地下工程中最高实测值。强烈岩爆风险预测方法准

确率超过 90%。前期未采用本技术成果建设的相同地质条件下的辅助洞室，发生中等及以上岩爆 706 次，约 14.1 次 /km，而在 4 条引水隧洞施工过程中发生中等及以上岩爆 510 次，约 7.6 次 /km，发生频率下降约 46.1%，并且在引水隧洞施工过程中，未发生人员伤亡和重大设备损失。

②提出了超高压大流量岩溶突涌水灾害预测预警与防治成套技术，解决了千米水头级超高压大流量地下突涌水高效治理难题。高山峡谷岩溶水示踪试验，三元示踪剂当量相当于投放食盐 7 364 t，为世界最大规模。突涌水灾害风险预警系统预报准确率超过 90%。突涌水治理成套技术，成功实现了对 23 个水量大于 0.1 m^3/s、5 个大于 1 m^3/s（最大达 7.3 m^3/s）突涌水点的有效治理。综合采用岩爆防控集成技术和突涌水治理成套技术，锦屏二级特大引水隧洞仅用时 54 个月贯通，实现了安全高效建设和提前发电，刷新了超深埋特大隧洞建设多项世界纪录。

③建立了超深埋特大隧洞成洞设计方法，破解了超高地应力和超高外水压力耦合作用下特大隧洞建设的世界级难题。超深埋围岩分类体系填补国内外技术空白，已被纳入国家标准和行业手册。超深埋特大隧洞成洞设计方法解决了在围岩强度应力比小于 1 的条件下隧洞成洞的世界级难题。放空检查和多年运行监测数据表明，隧洞复合承载结构安全可靠，渗压控制系统运行良好，单洞长 16.7 km 的 4 条引水隧洞实测渗漏量为 62 ～ 130 L/s，远低于 350 L/s 的设计允许值。

④创新了长大引水发电系统机电一体化水力设计方法和调控体系，实现了大流量长引水式电站的安全稳定灵活运行。机电一体化瞬变流计算成果，经原型试验验证，压差、涌浪等分析计算误差在 1% 以内。基于提出的水力调节设计方法，建成了世界规模最大、压差最高的差动式调压室，将水位波动衰减速率和隔墙压差承载能力提高 2 倍以上；采用机电一体化精准反馈智能调控系统，运行调节间隔最长时间由 120 min 缩短到 15 min 以内，保证了大流量长引水式电站的灵活运行和"西电东送"电网的安全性与供电品质。

2.4　推广应用情况

该项技术成果全面支撑了锦屏二级工程安全高效建设，代替火电发电量 239 亿 kW·h/年、节约燃煤 1 130 万 t/年，削减二氧化硫 18 万 t/年、二氧化碳 1 850 万 t/年，荣获 2015 年世界工程组织联合会杰出工程建设奖，并作为技术攻关成功范例写入《电力发展"十三五"规划》。该项成果为千岛湖供水、鄂北水资源配置等水利工程提供重要技术支撑，为我国第二大水电站白鹤滩、杨房沟、苗尾、句容、卡拉等水电工程提供坚实技术基础，获得直接经济效益达 81.35 亿元。同时，利用该项技术成果建成了中国锦屏暗物质地下实验室，该实验室为世界埋深最大、规模最大的地下实验室，为我国基础学科的研究提供了较好的实验条件。

图 16.6　中国锦屏暗物质地下实验室

2.5　科技成果成效

研究成果授权发明专利 25 项，实用新型专利 82 项，软件著作权 15 项，SCI、EI 收录论文 38 篇，出版专著《深埋围岩损伤演化理论与工程实践》《深埋隧洞岩石力学问题与实践》《深埋软岩隧洞稳定性控制理论与技术》3 部。"锦屏二级超深埋特大引水隧洞发电工程关键技术"荣获国家科学技术进步奖二等奖。此外，锦屏二级水电站还荣获中国土木工程詹天佑奖、工程建设项目绿色建造设计水平评价一等奖，大禹水利科学技术奖等 30 余项奖励。

图 16.7　获奖证书

2.6　人才培养成效

华东院成立了院士工作站和博士后流动站，依托工程和设立科研课题，与高等院校和科研院所联合培养，培养了 80 余名优秀博士和博士后，申请国家基金和面上基金 50 余项，研究成果获得国家、省部级奖 30 余项。华东院成立科创团队和申请国家级、省部级工程技术中心，与高校联合培养研究生。通过科创大赛、技术沙龙、技能大赛等多种形式，为科技创新活动搭建平台，大力倡导学习型企业文化和开放式学习态度，全面调动、激发广大全体员工的创新热情和活力，注重员工个人在科技开发过程中的活跃作用与能动性，培养了大批优秀科技创新团队、科技创新带头人、科技创新标兵评选等。大力弘扬敢于创新、勇于竞争、诚信合作、宽容失败的精神，着力营造尊重劳动、尊重知识、尊重人才、尊重创造的文化氛围。

图 16.8 人才培养成果

3. 案例介绍

案例 锦屏二级超深特大隧洞工程

（1）工程简介

锦屏二级水电站是我国三大河湾中雅砻江首个开发的国家"西电东送"骨干工程，电站装机容量为 480 万 kW，是四川省除界河外装机容量最大的水电站，也是我国十三大水电基地——雅砻江流域装机规模最大的水电站。水电水利工程安全关系到国计民生，尤其是关键水工建筑物的失稳与破坏，将严重影响工程安全和人民群众生命财产安全。当前我国多座世界级的大型水利水电工程已经建成或即将建成，这些工程大多处于西部高山峡谷地区，不但埋深大、应力水平高，而且工程规模大、运行要求高。尤其是对水工隧洞工程，在高应力和高水压的耦合作用下，工程安全面临极大挑战。锦屏二级水电站工程规模巨大，技术复杂，尤其是 4 条横穿锦屏山的引水隧洞，隧洞单洞长 17 km，开挖洞径为 13 ~ 14.6 m，普遍埋深超过 1 500 m，最大埋深达到 2 525 m，具有大断面、特长、深埋、高压外水、地质条件复杂等特点，工程设计、施工及建设管理极具挑战性，是国内外自然条件最复杂和技术难度最大的大型水电建设项目之一。

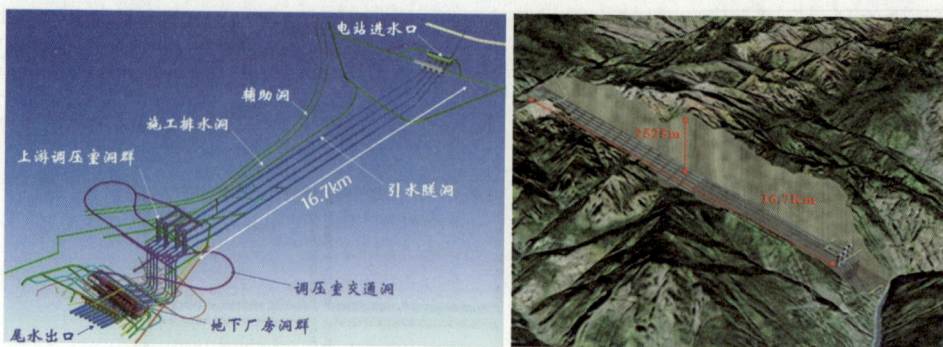

图 16.9　锦屏二级水电站工程

（2）病害情况

锦屏二级水电站引水隧洞轴线和锦屏山脊线近乎正交，沿线山体陡峭雄厚，其中73.1% 的埋深在 1 500 m 以上，隧洞群沿线水文地质条件复杂，其超过 10 MPa 的高外水压力和长期稳定的水源补给，以及 100 MPa 级的地应力等，给隧洞建设带来强烈岩爆、高压大流量突涌水、复杂岩溶、软岩大变形等一系列技术难题。

①高地应力及岩爆。锦屏二级引水隧洞埋深大，地质构造条件的相互影响形成了复杂的高地应力环境，极易造成隧洞围岩破裂损伤松弛破坏，甚至诱发强烈岩爆地质灾害。工程建设前，工程界对深埋岩体力学特性、岩爆发育规律和形成机制尚缺乏清晰的认识，能准确识别岩爆风险和预测岩爆破坏等级的方法不多，相应的岩爆灾害防治策略、支护系统

图 16.10　引（2）11+006 强烈岩爆

设计缺乏理论研究，工程实践经验也不多，给引水隧洞的建设带来了极大困难。工程建设期间统计 4 条引水隧洞各等级岩爆累计总长为 11 027.93 m，其中轻微岩爆（Ⅰ级）占岩爆累计总长的 71.02%，中等岩爆（Ⅱ级）占 21.75%，强烈岩爆（Ⅲ级）占 6.68%，极强岩爆（Ⅳ级）占 0.54%。

②高压大流量突涌水。引水隧洞工程区岩溶地下水具有高压、大流量、强交替、突发性等特征，溶蚀结构面呈管道形近垂直展布，隐蔽性强，且往往没有明显的构造异常显示，常规的水文地质勘探和预测预报方法难以查明其位置和赋存规律。4 条引水隧洞共揭露流量大于 0.05 m^3/s 的涌水点 42 个，其中流量大于 1 m^3/s 的涌水点达 6 个，最大单点流量达到 7.3 m^3/s，实测最大压力达到 10.22 MPa，给引水隧洞的快速安全施工带来了极大的挑战。

图 16.11　锦屏二级突涌水

③深埋软岩大变形。锦屏二级 1 号、2 号引水隧洞在首部 1.5 ~ 1.8 km 处开挖揭露约 400 m 洞长的绿泥石片岩软岩洞段，所开挖揭露洞段岩性杂、岩层产状较乱，围岩完整性差，以Ⅳ类围岩为主。绿泥石片岩单轴抗压强度平均值为 38.8 MPa，饱和抗压强度 19.5 MPa，饱和条件下其强度软化系数为 0.5，弹性模量软化系数为 0.27，遇水软化效应十分明显。岩体遇水易软化，存在岩体长期流变变形等工程问题，属典型的工程软岩。隧洞开挖后围岩最大变形达到 1.5 m，变形持续时间超过 1 年，围岩变形导致侵占衬砌净空，给隧洞施工和衬砌结构设计造成极大困难。

④复杂岩溶处理。锦屏二级引水隧洞工程区岩溶发育总体微弱，洞线高程的深部岩溶形态为溶蚀裂隙和岩溶管道，不存在地下暗河及厅堂式大型岩溶形态，但锦屏山两侧岸坡地带局部岩溶相对发育。岩溶发育以近垂直方向为主，溶洞多为充填~半充填型，工程性状一般，并伴有渗涌水，给隧洞施工和隧洞结构设计造成较大影响。引水隧洞沿线揭露规模不一的溶洞，最大可达 10 m 以上，直径大于 10 m 的大型溶洞 6 个，中型溶洞（直径 5 ~ 10 m）15 个，小型溶洞（直径 0.5 ~ 5 m）112 个，溶蚀宽缝（宽 0.5 ~ 2.5 m）37 条，溶穴（直

径 10 ～ 50 cm）286 条，溶孔（＜0.1 m）674 条。

（3）实施效果

锦屏二级深埋综合采用岩爆防控集成技术，提高了岩爆防治的主动性和有效性，保证了施工安全，提高了施工效率，创造了超深埋特大隧洞群多掌子面单月开挖 3 300 m 的世界纪录，与前期未采用本技术相同地质条件下的辅助洞室相比，事故发生频率下降 46.1%。采用突涌水治理成套技术，成功实现了对 23 个水量大于 0.1 m^3/s、5 个大于 1 m^3/s（最大达 7.3 m^3/s）突涌水点的有效治理，引水隧洞仅用时 54 个月贯通，实现了安全高效建设和提前发电。

隧洞放空检查和多年运行监测数据表明，隧洞复合承载结构安全可靠，渗压控制系统运行良好，单洞长 16.7 km 的 4 条引水隧洞实测渗漏量为 62 ～ 130 L/s，远低于 350 L/s 的设计允许值。

（4）经济和社会效益

通过解决锦屏二级水电站工程建设遇到的难题，提出针对性的设计方案，避免了高地应力和高外水压力对隧洞结构造成的破坏，优化了支护措施和监测手段，节省了工程投资，保障了工程的安全优质建设。技术成果可为类似工程提供良好的技术服务，为我国水电工程开发、深埋越岭隧道建设提供了技术支撑，还可用于深埋条件下铁路和公路建设，以满足西部大开发需求。同时，因南水北调西线、放射性核废料和化学废弃物深部地下处置及能源地下储备等重大工程也都涉及大量深埋条件下隧洞工程建设，由此也可说明该技术的运用具有显著的社会效益。

典型案例技术十七：高混凝土坝性能优化和安全保障技术

技术名称：高混凝土坝性能优化和安全保障技术

完成单位：中国水利水电科学研究院

技术负责人：贾金生

联系人：郑璀莹

联系电话：（010）68781633

邮箱：zhengcy@iwhr.com

通信地址：北京市复兴路甲一号中国水科院 A 座

1. 专家简况

专家姓名	贾金生	专业或专长	水工结构工程

　　贾金生现任中国水科院国家重点实验室副主任、国际大坝委员会荣誉主席。作为水工结构学科带头人，承担了三峡工程、南水北调工程、小湾工程、水布垭工程、马来西亚巴贡水电站等世界级工程技术攻关，并完成了国家科技攻关、973 计划、863 计划、国家自然科学基金等 90 余项课题，提出了大坝结构性能优化理论和保障特高坝安全新方法，首创了胶结坝新坝型。获国家科技进步奖一等奖 1 项（排名第 4）；二等奖 4 项（排名第 1、1、5、6）；获国际大坝委员会创新奖 1 项（排名第 1）；获光华奖、国家创新争先奖等；获授权发明专利 36 项，其中作为第一发明人有 22 项，主 / 参编规范 11 项，出版著作 16 部，发表论文 175 篇。

　　提出了大坝结构性能优化理论，应用于 100 多座拱坝优化设计，一般投资节省 5%~15%。提出了特高混凝土坝抗高压水劈裂新准则和混凝土配制新方法，应用于三峡大坝，解决了高耐久、高抗裂难以兼顾的难题，同时节省 2 亿元；应用于小湾等 300 m 级特高坝，破解了 300 m 级特高拱坝混凝土易开裂、拱坝结构易被高压水劈裂的挑战性难题。提出了混凝土坝性态精细模拟新模型和方法，对南水北调丹江口大坝、丰满大坝等老坝进行了科学评估，支撑了工程方案决策。

提出了大坝变形、变形协调双控的设计新准则，解决了大坝面板抗裂、抗挤压破坏难题。发明了止水新结构新方法，可承受 300 m 水头和三向大变位作用。应用于水布垭等国内外 150 多座工程。

首创了胶结坝新坝型，提出利用少量水泥、粉煤灰、外加剂等胶结天然砂、砾、石和开挖料形成筑坝新材料，提出功能梯度结构设计和宽级配材料配合比设计新方法，编制了国际标准，发明了设备，引领了世界坝工新的发展。已应用于国内外 40 多座工程，形成了新的筑坝体系。

作为国际大坝委员会主席、荣誉主席推动发布了《储水设施与可持续发展》世界宣言和联合国《水电可持续发展》宣言。提出并设立了国际大坝里程碑工程奖、国际杰出大坝工程师奖并为三峡、胡佛等 50 多座工程授奖，促进了中国标准国际化、提升了国际话语权，跨界河流等建议被水利部等部委采纳。

2. 技术简介

技术名称：高混凝土坝性能优化和安全保障技术

2.1 研发背景

图 17.1　法国马尔巴赛拱坝垮坝

图 17.2　美国圣弗朗西斯混凝土重力坝垮坝

混凝土坝是世界高坝建设的主要坝型之一。国外在引领混凝土大坝建设过程中曾发生过严重开裂漏水、溃坝等重大事故，造成巨大生命财产损失，国内外不少高坝因性能不良导致垮坝和开裂大破坏，技术亟须突破。

传统设计理论和建设技术难以满足特高混凝土坝安全建设需要，表现在：

①传统方法算出的高坝应力、变形、稳定与真实情况差别大，大坝性态预测误差大。

②高混凝土坝材料的高强度与高抗裂、高耐久之间矛盾突出，采用传统方法配制难以兼顾。

③高混凝土坝高压水劈裂风险高，劈裂后危害重，传统方法尚未解决这一难题。

④传统施工缺乏精细预测质量控制技术，施工期混凝土易开裂。

为此，需要提出新的理念和方法，攻克高混凝土坝建设关键技术难题，保障施工和运营安全，降低工程造价。

2.2 技术原理与解决的工程难题

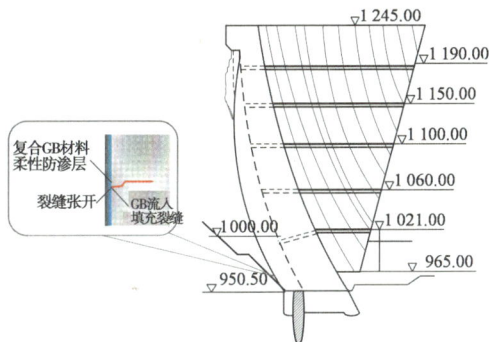

图 17.3 坝前柔性防渗体系原理图

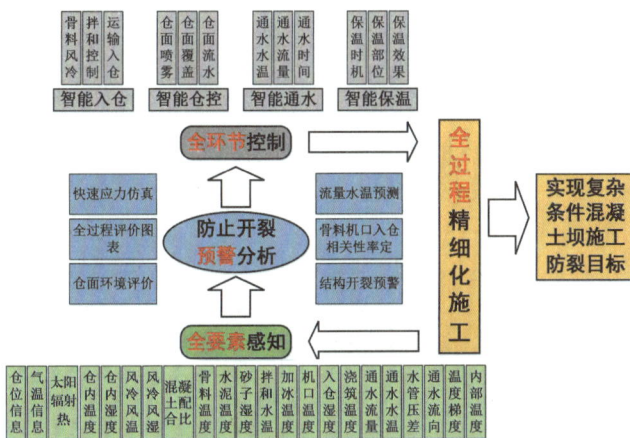

图 17.4 施工防裂智能监控技术总体构成

大坝安全问题的症结是，在水与各种荷载耦合作用下结构细观上的损伤导致中观上的失衡和宏观上的失稳。为此，提出了大坝结构性能优化理论，以科学辨识累积损伤导致的突变和精准调控结构性能为着力点，创新了结构材料优化方法和多层级高效防控技术，实现了大坝性能最优，使高坝混凝土结构虽可能开裂，但裂而不坏；首创了胶结坝新坝型，实现了漫顶不垮。该项理论弥补了以往只强调应力、稳定的不足，填补了这方面的技术空白。

通过揭示机理、创建模型、提出优化方法，解决了性态预测难、安全保障难的问题，实现了考虑裂缝等影响的高混凝土坝优化设计并保障了安全。提出了基于大坝真实性态的设计新理念，形成了安全优质高效建设成套技术，解决了高混凝土坝施工期开裂、运行期高压水劈裂和性态预测误差大等难题，成果应用于三峡巨型工程和小湾等 300 m 级特高坝工程，为这些世界级工程的成功建设作出了重要贡献，为南水北调中线水源工程丹江口大坝的加高和丰满大坝老坝拆除重建决策提供了重要技术支撑，效益显著。

2.3 技术特点和主要技术经济指标

①揭示了混凝土结构劈裂破坏机理。在国内外首先提出了全级配混凝土结构高压水劈裂模拟试验方法，揭示了 300 m 水头作用下混凝土结构的劈裂破坏机理，提出了高混凝土坝在满足应力、稳定要求外还需满足抗劈裂的新判据。发明了防渗抗劈裂复合结构，使坝踵拉应力区在 300 m 水头作用下开裂不漏水。

②提出了开裂、劈裂、混凝土老化损伤等新模型，解决了高坝考虑裂缝等要素以及施工、运行全过程的有限元精细模拟难题，实现了性态准确预测和性能突变的精准判断，使得 300 m 级超高坝位移预测误差小于 5%。

③提出了性能优化方法。提出了改进有限元等效应力法，消除了应力集中影响，融合材料力学与有限元法，实现了考虑裂缝和动、静荷载多因素耦合作用的拱坝合理体型确定，一般可节省 5% ~ 15% 的投资。

④发现了多元胶凝粉体的紧密堆积效应，提出了新的混凝土配合比优化方法，应用此方法使得大坝混凝土抗裂指标提升 13% 以上。

2.4 推广应用情况

图 17.5 小湾拱坝

图 17.6 丹江口大坝

①小湾拱坝按所提方法进行了性能优化，增强了防渗抗劈裂措施，大坝运行后漏水量仅为 2.78 L/s，为世界最小，并节省投资 8%，与美、欧等高拱坝相比，既安全又经济。

②三峡大坝采用提出的材料配合比优化方法，三期工程没有发现裂缝，并节省投资 2 亿元。

③丹江口大坝是南水北调中线水源工程，建于 1959 年，大坝开裂、缺陷多且需要加高，用所提方法评估后认为大坝是安全的，这一结论被采纳后，工程正常蓄水并供水北京，证

明了结论的正确性。

④丰满大坝建于 1937 年，大坝裂缝多、冻融损伤大，评估后认为是不安全的，结论被采纳，工程已拆除重建。

⑤相关成果被纳入行业规范，还应用于锦屏一级、拉西瓦等其他 100 多座工程。

2.5 科技成果成效

成果列入标准 13 项，获发明专利 15 项、软件著作权 11 项，出版专著 6 部，发表论文 121 篇，获国家科技进步奖一等奖 1 项，二等奖 1 项；省部级特等奖 1 项、一等奖 3 项，专利技术被国际大坝委员会评价为居于国际引领地位。国内已建在建 200 m 以上特高混凝土坝全部应用了该项目技术，成果推广应用到国内外 98 座高混凝土坝工程。12 项工程应用总经济效益达 37.5 亿元，承建 35 项国内外工程（合同额达 250.3 亿元）。

3. 案例介绍

案例　丰满水电站全面治理（重建）工程

（1）工程简介

图 17.7　丰满水电站一址双坝

丰满水电站位于吉林省吉林市松花江上，是我国较早建成的大型水电站，东北电网骨干电站之一，被誉为"中国水电之母"。丰满大坝工程于 1937 年开工建设，1943 年 3 月首台机组投产发电。水库总库容 107.8 亿 m³，电站装机容量 553.75 MW，大坝为混凝土重力坝，最大坝高 90.5 m。在装机容量和发电量两方面，丰满电厂占东北电力系统的 50% 以上，在过去担负着促进国民经济恢复和保障军工产品生产的主要供电任务。大坝在抗洪方面的作用一直延续到 21 世纪，发挥了重要的调洪作用。

由于历史和经济水平限制，大坝的设计与施工存在严重的先天缺陷，虽经多年改造加固，但仍存在大坝混凝土强度低，整体性差，渗漏、冻胀、溶蚀及防洪能力不足等隐患，几十年来，对大坝的修补加固从来没有间断过。按照"彻底解决、不留后患、技术可行、经济合理"的原则，国家发展改革委核准了丰满水电站全面治理（重建）工程。按照重建方案，拆除部分老坝体，并在其坝轴线下游 120 m 处新建一座碾压混凝土大坝。

（2）病害情况

图 17.8　丰满水电站旧坝施工　　　　图 17.9　溢流坝面混凝土被冲成大坑

丰满大坝混凝土没有抗冻指标控制，混凝土质量低劣，施工过程出现了大量的蜂窝孔洞，坝体严重漏水，纵缝没做键槽，止水铜板位置不准确，护坦基础开挖不够深度，溢流坝存在较严重的质量问题。

从 1946 年开始，混凝土大坝开始续建、改建、整体补修加固等。尤其是 1949 年以后，对大坝进行了多次灌浆加固和部分坝段坝顶加宽施工，改建了溢洪道护坦消力设施。至 1953 年，大坝加固扩建工程基本完成，是当时名副其实的亚洲规模最大的水电站。

（3）实施效果

2006—2009 年，中国水利水电科学研究院贾金生带领研究团队承担了丰满水电站全面治理技术方案论证，对老坝混凝土进行了基于全景微结构的损伤老化状态定量评价，采用基于反演的全过程仿真分析方法和开发的仿真平台，对丰满老坝开展了从混凝土浇筑、

图 17.10　丰满水电站重建完成

运行到劣化、老化全生命期性能仿真与预测，论证得出了丰满老坝的安全余度偏小的结论，并提出了重建、放空大修或水下大修三个综合治理比较方案。研究结论对丰满水电站重建工程技术方案的成立起了关键作用，具有重大的经济和社会效益。

2012 年 10 月 11 日，丰满水电站全面治理（重建）工程项目获得国家发展改革委正式核准。丰满重建工程首次攻克"一址双坝"建设难关，在原丰满水电站大坝下游 120 m 处新建一座碾轧混凝土重力坝。新建大坝坝长 1 068 m，最大坝高 94.5 m。新建 6 台单机 20 万 kW 混流式水轮发电机，保留原三期工程两台 14 万 kW 的机组，电站总装机容量 148 万 kW。

2013 年以来，中国水利水电科学研究院项目研究团队研发的施工防裂智能监控系统在丰满大坝重建工程中应用，对施工温控信息进行了实时采集、温控施工质量进行实时评价与预警，对混凝土拌制入仓、仓面环境进行控制，实现了保护全过程智能监控，为大坝施工防裂提供了有效手段。

2019 年 5 月 20 日，运行了 80 余年之久的丰满老坝正式退出历史舞台，建设了 5 年的新坝开始挡水，投入正常运行。通过拆除挡水岩坎缺口，新老坝间开始充水，6 月 15 日水库开始回蓄，并成功实现了百亿立方米库容，实现了当年回蓄当年蓄满的奇迹。

全面投产后的新丰满水电站为吉林和东北地区的电力供应、防洪减灾、生态环保、灌溉养殖等发挥了更好的作用。丰满重建工程自 2006 年开展前期工作、2012 年取得核准并开工建设以来，始终坚持生态优先，在水电工程建设中生动践行了"绿水青山就是金山银山"的理念。工程投运后，清洁能源年均发电量 17 亿 kW·h，可减少标煤消耗 54 万 t、减排二氧化碳 141 万 t，助力东北地区生态环境改善。电站发电出流相比以前更大，调节能力更强。电站以丰满重建工程为契机，新增了鱼类增殖站和丰满、永庆两处过鱼设施，采取分层取水的发电引水措施提高下游河道水温，修复了松花江 467 km 长的鱼类生态环境，打通了中断 80 年之久的鱼类回游通道，充分改善了松花江上、下游水生环境。

丰满大坝重建工程打造了一座世界一流的高质量大坝和技术先进的水电站，为世界水电站病险坝治理提供了"中国方案"。

（4）经济和社会效益

针对丰满水电站的全面治理技术方案论证被采纳，在原大坝下游 120 m 处修建新坝。新坝不仅发电量更大、技术更先进，各项功能也得到全面提升。溢流坝段表孔宣泄能力由原来的 11 700 m³/s 提高到 22 767 m³/s，将近旧坝泄洪能力的两倍；新坝装机容量 148 万 kW，与旧坝相比将近提升了 50%；千米长的大坝，坝基渗水量低于 8 L/s，远低于世界现有的同类大坝，达到国际领先水平；根据鱼类洄游特性，增设了鱼道和增殖站，在新坝后侧建设了过鱼道和升鱼机；运用"互联网+"概念，通过摄像头采集信息，对大坝质量进行实时管控。

新坝投运后，实现清洁能源、生态环保、防洪减灾、灌溉养殖等多重成果目标。清洁能源年均发电量 17 亿 kW·h，可减少标煤消耗 54 万 t、减排二氧化碳 141 万 t。

典型案例技术十八：青藏高海拔多年冻土高速公路建养关键技术

技术名称：青藏高海拔多年冻土高速公路建养关键技术

完成单位：中交第一公路勘察设计研究院有限公司

技术负责人：汪双杰

联系人：金龙

联系电话：18623638591

邮箱：18623638591@ccccltd.cn

通信地址：陕西省西安市科技四路 205 号

1. 专家简况

专家姓名	汪双杰	专业或专长	冻土公路工程

汪双杰，男，1962 年 4 月生，安徽怀宁人，中共党员。全国工程勘察设计大师，中交集团首席专家，原总工程师，极端环境绿色长寿道路工程全国重点实验室主任，青海花石峡冻土公路工程安全国家野外科学观测研究站负责人，是我国冻土公路领域带头人，冻土高速公路技术开拓者之一。

从事青藏高原冻土公路研究与实践近 40 年，主持国家科技支撑计划、国家重点研发计划及冻土公路科研设计项目等 30 余项，创设了我国道路工程第一个国家重点实验室和国家野外站。破解了强吸热沥青公路不均匀融沉大变形防控国际难题，建立了在役公路病害处治与新建公路融沉防控理论、技术和标准体系；建立了公路冻土尺度效应理论，首次解决了冻土融沉风险评估认知难题，突破了冻土路基关键设计尺度卡点；提出能量平衡设计方法，解决不同冻土条件与防控融沉措施的针对性难题；创立冻土工程融沉防控技术体系，攻克工程作用下冻土长时程稳定性难题。创造性地解决了多个具有国际重要影响的冻土公路重大、关键工程科技问题，研究成果应用效果显著。大幅降低冻土路基病害，使全球首条沥青公路——青藏公路延寿至 70 年，成为全球服役年限最长的多年冻土沥青公路，填补多年冻土高速公路建设技术空白，建成全球首条高海拔冻土高速公路（青海共和至玉树公路），树立了国际冻土工程新的里程碑，推动了全球最高海拔冻土青藏高速建设进程，结束了西藏不通高速的历史，为我国冻土公路建设技术世界领先作出了突出贡献。成果支撑新藏公路、青藏铁路等重大工程以及中巴公路、中尼公路、中俄油气道路等"一带一路"沿线重大工程，大幅提升了多年冻土区 3 万余公里公路、管线及机场建设技术水平与工程质量，保障了交通强国、"一带一路"倡议和西部大开发等国家重大战略的实施。

获国家科技进步奖一等奖 1 项、二等奖 1 项，省部级特等奖 6 项、一等奖 12 项；获国家优秀设计金、银奖 3 项及国际路联（IRF）全球道路研究成就奖（GRAA）1 项。主 / 参编国标、行标 13 部，出版专著 7 部，发表论文 100 余篇；授权发明专利 29 项。获何梁何利科学与技术进步奖、光华工程科技奖、全国创新争先奖、全国优秀科技工作者、全国杰出专业技术人才、国家百千万人才、中央企业十大优秀科技领军人才等称号，享受国务院政府特殊津贴。

2. 技术简介

技术名称：青藏高海拔多年冻土高速公路建养关键技术

2.1 研发背景

青藏高原是全球高海拔多年冻土的主要分布区，面积达 150 万 km^2。与北半球高纬度冻土相比，高海拔多年冻土温度高、热敏感性强、升温退化剧烈，冻土融沉及恶劣环境导致沉陷、失稳、开裂等工程病害，这些病害往往呈隐蔽性、长期性、突发性，是世界工程难题。在国内外尚无多年冻土高速公路建设的理论研究和技术实践的情况下，新建高速公路更是难上加难，面临着宽幅路基高聚热、厚层路面结构长时储热、黑色沥青面层强吸热对冻土的"宽厚黑热毯"强热边界作用等考验（图 18.1、表 18.1），需在三方面创新突破：一是冻土地基融沉盆地灾变高风险；二是大尺度工程结构融沉大变形防控；三是宽厚沥青路面减热、融沉协调、抗裂。已有青藏二级公路及铁路被动保护与主动冷却结构面临失效。传统保温和冷却技术的作用范围与强度难以控制大尺度高速公路强热边界下的均匀导冷和冻土地基整体升温，亟待突破冻土高速公路融沉防控理论与方法，攻克大尺度工程构筑物融沉防控、高原大温差厚层沥青路面建养等关键技术。

图 18.1 冻土高速的"宽厚黑"特征

表 18.1 高速公路路基热融风险

	指标	普通公路	高速公路
地基热流	基底总吸热 Q_b/MJ	2212	4311
	融化潜热 L/MJ	972	3534
融沉变形	热融敏感性 S_{te}	0.45	0.82
	最大融沉量 /m	2.7	5.2
综合指标	风险指数 R	42.9	176.5

2.2　技术原理与解决的工程难题

新建高速公路面临宽幅路基、厚黑沥青路面强热边界对冻土的"宽厚黑热毯"作用，大断面桥隧对冻土的强热扰动，其工程灾变风险是普通公路的 3 倍以上，带来 3 大难题：①传统被动保护与主动冷却结构失效，宽幅路基热融大变形控制难；②大断面桥隧穿越冻土加剧群桩热融、洞口融滑，桥隧冻融灾变防控难；③宽厚沥青路面吸、储热剧增，大温差、强冻融加速性能劣化，路面减热、融沉协调、抗裂难。国内外均无先例，亟待自主创新工程灾变理论、融沉防控技术、路面建养技术。

针对上述工程难题，提出了能量平衡理论，其基本原理和路径是以路基 – 冻土地基系统能量平衡为目标，合理确定路基高度，采用冻土上限和地温双控的设计方法，通过导冷、阻热、调控等手段，降低路基吸热量，导出工程建设活动扰动和气候变暖引发的热量，实现冻土高速公路高热融风险有效防控。

2.3　技术特点和主要技术经济指标

（1）创建冻土高速公路融沉防控理论与方法

对青藏公路近 50 年的全断面观测数据深入分析，发现了不同空间尺度公路冻土融沉规律，阐明了工程结构变形破坏机理，系统揭示了宽幅路基下融沉盆地形成的空间尺度效应及演化的时间尺度效应（图 18.2）。首次构建了公路冻土融沉灾变尺度效应理论框架；提出了高速公路地基热能量冻土温度控制基准应为 –1.8 ℃，不同于二级公路（–1.5 ℃）和铁路（–1.0 ℃）的控制基准。构建了路基大变形热能量导、阻、调防控设计体系（图 18.3），提出融沉控制标准，由国际 100 cm 以上降至 20 cm 以下。并基于数值模拟与工程

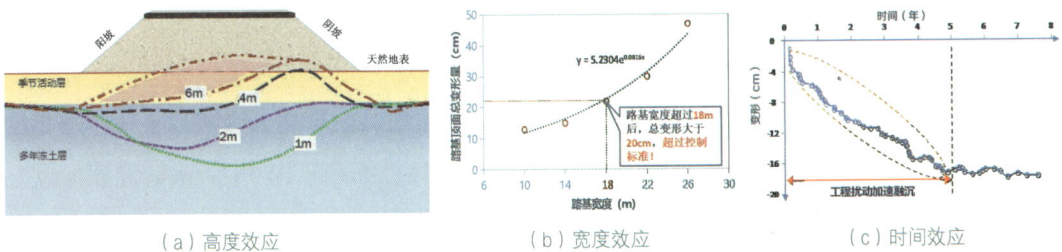

（a）高度效应　　（b）宽度效应　　（c）时间效应

图 18.2　冻土路基尺度效应

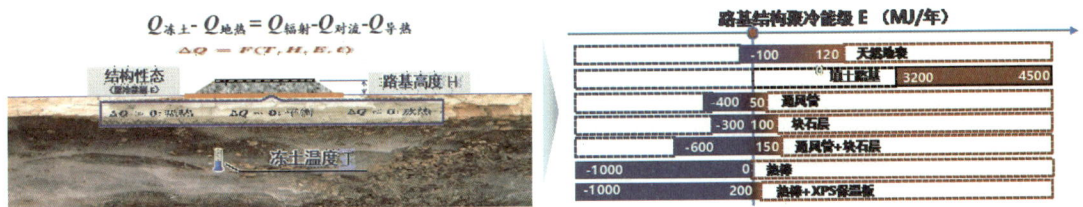

图 18.3　路基大变形热能量导、阻、调防控设计体系

验证，提出厚层沥青路面分期修建的"二次工程"原则。

（2）研发冻土高速公路融沉防控关键技术

创新了高速公路高风险冻土路基融沉防控导阻调路基结构及施工方法（图18.4、图18.5），攻克融沉盆地持续大变形和不均匀变形控制技术；突破桥梁群桩基础承载力增强（图18.6）及大断面隧道冻融圈控制技术瓶颈（图18.7），实现桥梁单排16桩快速同步回冻及双洞四车道公路隧道冻土融滑控制。支撑建成共玉高速公路，运营五年期间，融沉病害率低于国际同类工程的1/10。

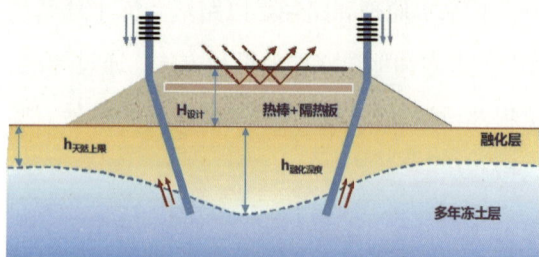

图18.4 热棒+XPS板复合路基

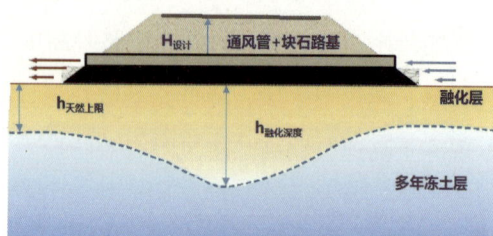

图18.5 通风管+块石复合路基

图18.6 桥梁群桩基础承载力增强技术

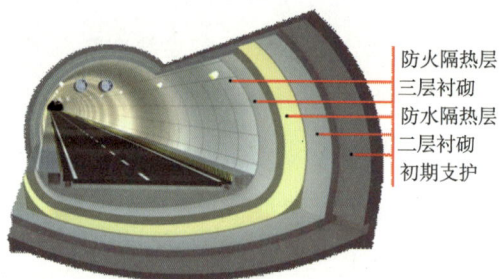

图18.7 大断面冻土公路隧道衬砌结构

（3）攻克冻土高速公路沥青路面建养关键技术

首创热能定向调控路面材料与结构（图18.8），实现路面导热率递减分布和热融能量定向诱导调控。与普通路面监测对比，面层吸热量减少12%（图18.9）；破解高原大温差区沥青结合料高低温长期性能兼顾难题，提出沥青路面结构分层设计准则，建立厚层沥青路面抗冻裂、抗缩裂、抗融沉差异拉裂的均衡抗裂设计理论与方法，裂缝减少30%；创新沥青路面低温施工技术，建立施工质量控制与评价指标体系，将沥青路面施工极限气温降至0～5℃（图18.10），施工效率提升50%～100%；集成开发电磁辅热沥青路面裂缝快速修补车，发明自愈合沥青路面快速修补材料，实现低温环境4 cm沥青面层10 min快速养护目标，养护效率提高1倍以上（表18.2）。

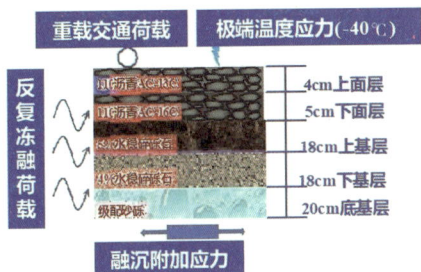

图 18.8　热能定向调控路面材结构

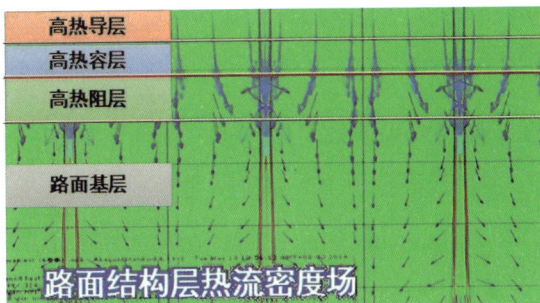

图 18.9　热能定向调控路面材结构热流场

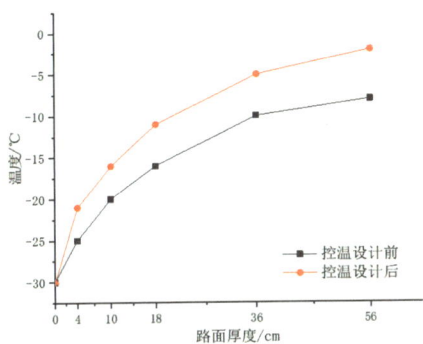

图 18.10　控温设计前后温度对比

表 18.2　沥青路面低温施工技术效果对比

影响因素		有效压实时间 变化规律
因素类型	变化幅度	
风速	提高 1 m/s	降低 1.2 min
太阳辐射	增大 300 W/m²	延长 2 min
气温	升高 5 ℃	延长 2.8 min
摊铺温度	提高 5 ℃	延长 2.5 min
铺筑层厚度	增厚 2 cm	延长 8 min
混合料类型	用石灰岩集料的沥青混合料有效压实时间最长	
基层材料	有效压实时间影响：级配碎石 > 水泥稳定碎石 > 沥青混合料	

2.4　推广应用情况

项目整体技术已实施应用 7 年以上，支撑我国在全球率先建成高海拔多年冻土地区共和—玉树（图 18.11）、花石峡—大武高速公路（图 18.12），并集中核心技术建成我国首段 15 km 高海拔多年冻土高速公路科技示范工程（图 18.13）。共和—玉树公路通车5 年后，青海省交通运输厅评价："有效解决了共玉公路多年冻土工程技术问题，显著提高道路行车条件与服务水平，首次将多年冻土地区道路工程病害控制在 3% 以内。"

图 18.11　建成后的共玉高速

图 18.12　建成后的花大高速

图 18.13　科技示范工程

研究成果直接应用于青藏高速公路（G6 高速）472 km 连续多年冻土段的勘察设计。项目理论、方法及养护技术应用于青藏公路、新藏公路、漠北公路、中印边防公路等全国五省区多年冻土区公路升级改造，以及中巴喀喇昆仑公路建设，大幅降低投资和运营成本。

2.5　科技成果成效

项目授权专利 102 项（发明专利 37 项）、软件著作权 7 项，发表论文 400 余篇（299 篇 SCI/EI），出版专著 11 部。制定公路冻土第一部国标、第一部行标，形成或纳入国家、行业及地方标准 20 部。获国家科技进步二等奖 1 项（图 18.14），全球道路杰出成就奖 1 项（图 18.15），省部特等奖 3 项、一等奖 5 项（图 18.16）。与港珠澳大桥一并入选交通运输部重大科技成就。项目创建了我国独有的高海拔多年冻土公路建设养护技术体系，占领冻土高速公路建设技术国际前沿，发展多年冻土区沥青路面养护技术。系列成果达国际领先水平。国际冻土协会 2017 年度报告指出，"共玉高速公路成功建设，树立国际冻土工程新的里程碑"。

图 18.14　国家科技进步
二等奖　　　　图 18.15　全球道路杰出成就奖　　　　图 18.16　公路学会特等奖

2.6　人才培养成效

结合该项技术研究工作，培育国家高层次人才特殊支持计划青年拔尖人才（万人计划）1 名，国家有突出贡献中青年专家 1 人，交通运输部青年科技英才 2 名，陕西省科技创新领军人才 4 名。

3. 案例介绍

案例　共和—玉树高速公路建设关键技术

（1）工程简介

共和至玉树公路地处青藏高原东部多年冻土边缘，是国家高速公路网络规划"三纵四横十联线"（简称 3410 网）的重要组成部分，是玉树地震灾后恢复重建总体规划中通往玉树地区的"生命线"。沿线平均海拔 4100 m 以上，工程地质和水文地质条件复杂。全线长度 636.754 km，采用分期、分幅方式建设，整体式路基宽度 24.5 m，分离式路基宽度 12.0 m。沿线多年冻土区主要分布在鄂拉山至清水河段，全线多年冻土路段累计 227.7 km，占路线总长的 35.8%。

（2）病害情况

对于多年冻土公路工程而言，多年冻土融化引起的融沉变形占总变形的 80% 以上，路基病害的主要形式有沉陷、波浪、倾斜、开裂等。共和至玉树公路全线高温高含冰量路段占比大、热稳定性差，其中富冰、饱冰冻土超过 30%，融沉等级超过 IV 级的冻土超 60%，-1.5 ℃ 以上高温冻土超过 80%。叠加高速公路"宽、厚、黑"路基结构的热毯效应，冻土热融风险是二级公路的 3 倍以上，热融防控难度前所未有。共玉公路中两座多年冻土区公路隧道建设（鄂拉山和姜路岭隧道）为我国首次设计建造。为攻克共和至玉树公路建设技术难题，依托共和至玉树公路二期工程开展了大量的试验与示范工程研究，包括路基处治技术、低温沥青路面修筑、桥隧病害防控技术等多项关键技术研究，并同步开展了冻土监测。成果应用 2014 年 8 月开始建设，2017 年 8 月建成通车，截至目前已运营 7 年。

（3）实施效果

①冻土路基工程处治技术。通风管路基、块石路基、热棒路基等特殊结构是多年冻土区防控融沉病害的重要调控措施。其中热棒 + 隔热板路基、块石 + 通风管（板）路基等新型复合路基结构被证明在调控冻土高速公路变形稳定工程实践中发挥了良好的作用。对共和至玉树公路的热棒 + 隔热板路基、块石 + 通风管（板）路基等新型或复合路基结构进行长期监测，并开展了路基运营效果调查，结果表明路基冻土融沉病害率控制在 5% 左右。说明这些特殊冻土路基结构在维持冻土热稳定和变形稳定方面发挥了重要作用。

a. 热棒 + 保温板路基。

热棒 + 保温板路基是将导冷和阻热作用组合在一起强化对冻土路基能量调控的特殊路基结构（图 18.17）。该路基通过埋入路基的保温材料阻止黑色路面吸收的热量进入路基

图 18.17　共玉高速公路热棒 + 保温板路基

内部，同时热棒利用二极管效应将路基内部热量导入到外界环境中，实现阻热导冷的效果。该新型路基结构对路基中心和阴坡下多年冻土降温效果显著，可防止冻土路基升温退化和融化盘的形成。

分析大尺度热棒+XPS保温板路基5年的年均地温变化数值得出（图18.18），在地温为 –0.6 ℃ 的高温冻土地基中使用该路基时，该结构对冻土降温效果显著，冻土地温以 –0.06 ℃ / 年的速率在逐年降温。与此相反，普通填土路基因大尺度路基热影响，冻土地温以 –0.08 ℃ / 年的速率在逐年升温，说明热棒+XPS保温板路基保持大尺度路基热稳定方面优势明显。

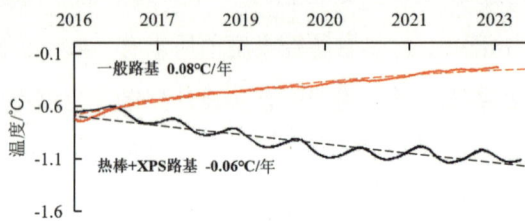

图 18.18　热棒 +XPS 保温板路基应用效果

图 18.19 为 24.5 m 宽幅热棒 +XPS 保温板路基一个年际周期内的降温效果云图。分析可知，热棒进入 9 月后已经发挥出明显的导冷效果，路面中心下出现了低温冻结核，地温云图呈驼峰状。保温板和热棒组合更好地平衡了温度场的不均匀性，实现路基下冷量的均衡传递，进入冷季后路基内部完全冻结，该组合结构是防止路基融化盘形成的首选结构形式。工程验证表明，热棒 +XPS 保温板路基解决了高温低含冰量冻土基准能量储备不足问题，减少基底吸热 85%，有效降低冻土温度。

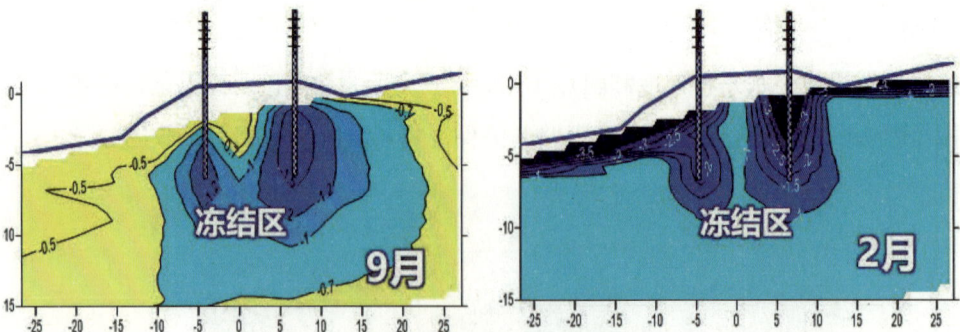

图 18.19　热棒 +XPS 保温板路基地温

b. 块石＋通风管（板）路基。

块石＋通风管（板）路基是将块石的自然对流和通风管（板）的强迫对流组合在一起（图 18.20）。该路基结构增强了块石路基的开放状态和对流条件，形成对流换热新条件，提升了路基的温度调控效能，该路基结构对于平衡路基温度场和抬升冻土上限发挥积极作用，有效地减小了路基的融沉变形。

图 18.20 共玉高速公路块石＋通风管（板）路基

对高温高含冰量冻土中通风管＋块石路基运营 5 年的年均地温变化过程分析可知（图 18.21），通风管＋块石路基下伏冻土地温受气候年际变化影响敏感，地温随气候呈周期性变化，冻土地温以 –0.07 ℃ / 年的速率在逐年降温；而同尺度普通填土路基地温以 –0.1 ℃ / 年的速率在逐年升温，说明通风管＋块石路基能有效降低冻土地温，抬升冻土上限。

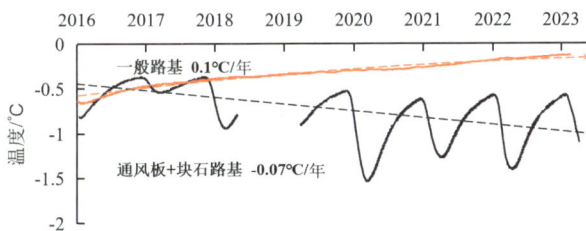

图 18.21 通风管＋块石路基年均地温变化曲线

②对共玉高速公路大尺度通风管＋块石路基 5 年地温观测数据分析可知（图 18.22），路基下伏冻土地温逐年降低，–0.5 ℃地温等温线面积扩大，–0.8 ℃和 –1.0 ℃低温冻结核形成。同时路基两侧温度分布更均匀，冻土上限抬升，说明该通风管＋块石路基一方面能有效调控地温，保护冻土；另一方面能弱化阴阳坡效应，减小路基的横向不均匀

沉降。工程实践表明，通风管＋块石路基使路基基底导冷量增加40%，实现了路基的全断面均匀降温。

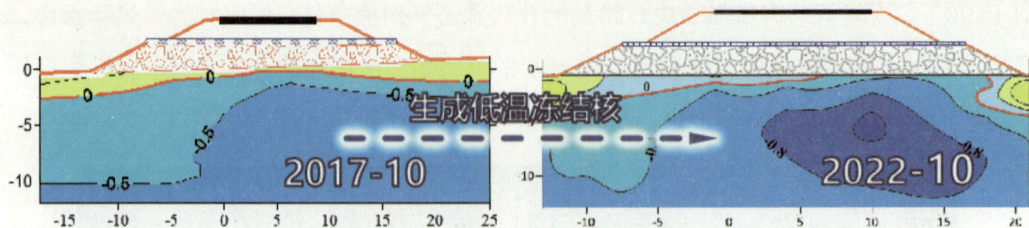

图18.22　通风管＋块石路基地温

③低温大温差沥青路面修筑技术。依托共玉高速公路、青藏高速公路（那曲至拉萨段）建设，采用沥青混合料高温稳定、低温抗裂以及疲劳耐久的指标体系与设计方法，解决了路基路面修筑难题，路面裂缝减少30%。实现了沥青路面结构快速施工，且施工工艺、质量可控，使施工温度降低5~10℃，施工时段延长1~3个月（图18.23）。

（a）　　　　　　　　　　　　　　　　　（b）

图18.23　混合料摊铺碾压施工

④桥涵修筑关键技术。采用"以桥代路"技术，依托共和至玉树公路查拉坪大桥（图18.24），通过现场监测、室内试验和25根桩基现场承载力试验检测，充分揭示和验证桩基浇注过程中水化热影响范围与桩侧温度四阶段（小幅降温阶段、快速升温阶段、迅速降温阶段、缓慢降温阶段）变化规律及桩基础运营期结构变形特征，提出高温多年冻土区桩灌注后桥梁墩台等上部结构开始施工的合理周期为28~45 d（图18.25），为多年冻土区桥梁施工的合理调度与科学组织提供有力支撑。首次将大孔径钢波纹管涵（直径≥3 m）应用于高温多年冻土区，通过对其荷载作用下受力特点进行分析，模拟分析得出温度应力下大孔径钢波纹管与冻土路基具有较好的协同变形性，成果形成了高温多年冻土区钢波纹管涵设计施工技术指南。

图 18.24　共玉高速公路查拉坪大桥

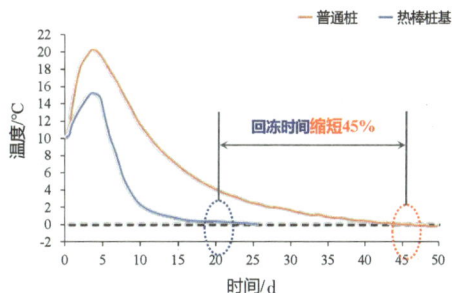

图 18.25　有效缩短回冻时间

⑤隧道病害防控技术。依托青海省共玉高速公路姜路岭、鄂拉山隧道建设（图18.26），基于保护冻土原则，建立了冻土隧道防抗冻结构设计方法；考虑敷设保温层后热交换条件的改变，推导了长度修正系数计算公式，形成了高寒隧道隔热保温系统设计方法。提出冻土隧道防抗冻结构设计方法及衬砌结构型式，基于热微扰动理念，建立了以洞内气温、冻融深度、变形速率为核心指标的施工安全预警体系，形成了热微扰动施工控制技术，实现隧道冻融防治有据、有效，为快速施工提供科学依据（图18.27）。

图 18.26　共玉高速公路姜路岭隧道

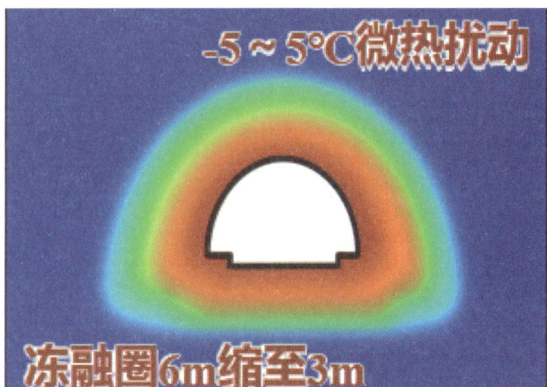

图 18.27　隧道冻融圈控制效果

（4）经济社会效益

整体技术成果直接应用于玉树震后生命线工程——全球首条高原多年冻土区高速公路的建设（图18.28），缩短行车时间4 h，通过技术创新节约工程建设投资约5亿元；支撑建成全球规模最大、功能最全的冻土工程野外暴露试验场（图18.29）和高速公路冻土工程试验示范段，成为世界冻土工程研究的重要基地。形成的技术、标准、指南有力支撑了多年冻土区公路建设与养护，支撑了进藏物资主通道青藏公路的维养，促进了西藏经济发展；服务新藏公路、600多 km 中印边界道路等多条国防"生命线"的升级改造与军事投送保障，提高边疆通道应急应战能力，有力保障了国防及社会安全，推动了行业技术进步，经济社会效益显著，引领了冻土公路向新建高速公路的跨越。

图 18.28　共玉高速公路

图 18.29　青海花石峡观测基地